煤炭职业教育“十四五”规划教材

快掘系统电气传动技术

主　　编　呼少平

副 主 编　胡　俭　绳军锋　杨　哲

参编人员　李小龙　韦　珂　刘　刚　马　柯

审稿人员　李小龙　张思瑞　刘晓飞　孟海强

　　　　　刘小龙　朱　飞　姜小侠　王志鹏

　　　　　李　含　王冠华

应急管理出版社

·北　京·

内 容 提 要

本书共七章，系统阐述了电气传动基础、低压电动机的启动与制动、快掘系统软启动、液力耦合器、快掘系统变频器启动、永磁同步电动机及煤矿电气设备防爆技术。

本书作为煤炭职业教育“十四五”规划教材，可供采矿工程、机电工程、安全工程等专业学生使用，也可作为煤矿企业的培训教材。

序

陕煤集团神木张家峁矿业有限公司是陕西煤业股份有限公司和神木市国有资产运营公司共同出资组建的国有股份制企业，公司煤炭核定产能1000万t/a，是国家发改委在神府矿区南区规划的4对大型矿井之一。矿井井田面积51.98 km^2，地质储量8.65亿t，可采储量5.43亿t。公司紧紧围绕创建世界一流智慧煤矿这一目标，已经实现了矿区5G网络全覆盖，成为陕北地区首家应用5G网络的煤炭企业，标志着公司5G智慧煤矿建设迈出了关键的一步。

致天下之治者在人才。专业型人才是改革和创新实体经济的关键，是推进智慧矿山建设的前提，十年树木，百年树人，公司大力弘扬工匠精神，培养一批又一批新型专业人才，助力推进张家峁矿业公司打造全球先进煤炭企业和智慧矿井。公司设立劳模创新工作室、科技创新实训室、千万吨级矿井技能大师工作室，致力于人才培养，为煤炭企业智慧化发展源源不断地输送新鲜血液。

此次公司与西安科技大学合作编写的系列教材是基于陕北智慧矿井先进的生产设备和工艺技术，依托劳模创新工作室、技能大师工作室，以典型应用实例为主体内容，为新型智慧煤炭企业技能人才培养打造的全新学习培训教材。这对公司的发展具有极强的现实意义！

2023年4月

前　言

本书为煤炭职业教育“十四五”规划教材之一。在编写过程中，作者收集了大量的低压电动机的启动与制动、快掘系统软启动、液力耦合器、变频器、永磁同步电机、煤矿电气设备防爆等技术资料，并依据《煤矿安全规程》《爆炸性环境》等规程标准，按照由浅入深、由简单到复杂编写教材，同时将矿井维修电工的岗位要求及常用工作贯穿其中。

本书内容力求适应矿山快掘生产的现状和发展需求，具有实用性、系统性和前瞻性，资料翔实、结构合理，知识深入浅出、通俗易懂。

本书由呼少平任主编，胡俭、绳军锋、杨哲任副主编。全书分工如下：呼少平编写第一章、第二章第一节、第七章第一、二节；李小龙编写第二章第二节、第七章第三节；胡俭编写第三章第一～三节；韦珂编写第三章第四节；绳军锋编写第四章第一、二节；刘刚编写第四章第三节；杨哲编写第五章、第六章第一、二节；马柯编写第六章第三节。全书由呼少平统稿。

本书的编写得到了西安科技大学智能电气团队的帮助，在此表示感谢。

由于编者水平有限，书中不妥之处在所难免，恳请读者批评指正。

编　者

2023 年 4 月

目　　次

第一章 电气传动基础

第一节 电气传动基础知识

一、电气传动

1. 功能及分类

电气传动有两项功能：一是能量转换——借助于电动机把电能转变为机械能；二是运动控制——其本质就是对工作机械的执行机构实施位置、速度或转矩控制。把电气传动的两种功能结合起来，在电能转换成为机械能的同时，实现控制机械运动的性能指标（功率、力、转矩、速度、加速度、位移和角位移），合理地完成工艺过程，这就是电气传动在生产设备中的作用。

电气传动的主体是电动机，电动机分为交流电动机和直流电动机。二者的结构、工作原理不同，所需的电气传动装置也不同。电气传动可分为直流电气传动和交流电气传动两类。历史上最早出现的是以蓄电池形式供电的直流电动机，直到 1887 年电气工程师尼古拉·特斯拉发明了感应电动机，而后出现了交流电，解决了三相制交流电的输变问题，交流电气传动才出现。20 世纪 80 年代之前，直流电气传动在高性能的电气传动领域占绝对统治地位。此后，随着电力电子技术和计算机控制技术的发展，以及现代控制理论的应用，交流电气传动得到了快速发展，静动态性能可以与直流电气传动相媲美。因此交流电气传动在高性能的电气传动领域所占比例逐年上升，目前已处于主导地位。

根据工艺条件和要求改变电动机的速度或转矩属于高级控制。为了保护工作机械和电气传动设备，还要实施必要的保护和连锁，这属于安全方面的控制。现代电气传动系统的操作，可通过手动、自动或程序控制实现。为了保证执行过程的准确性，即使是手动操作的功能，也要依靠自动化设备来实现，这属于操作方面的控制。

2. 电气传动与节能

电气传动的一个重要使命就是节能。许多工艺过程都需要消耗大量的电能，但这些被消耗的电能不是完全用于生产过程，其中的部分电能被无谓地浪费掉，典型例子是水泵供水系统。以前供水系统使用的是恒速的电气传动设备，无法调节水泵的输出流量，而只能通过改变调节阀门的开度，改变管网阻力调节流量。实际上用户在每个季节甚至每天的不同时段所需要的水量并不固定。如果采用阀门调节流量，一部分电能没有变成有用功，而是白白消耗于管网阻力。此外，操作阀门调节流量很难实现自动化。

现在流行的做法是采用可调速的异步电动机控制水泵的流量。可调速的水泵可以实现两个功能：其一，把电能转变为供水所需要的机械能；其二，控制水泵的工作转速，维持供水的压力和流量。这种调节水泵转速的做法可以节电 20%～30%，节水 10%～20%。如果是供暖用调速水泵，可以节热 5%～10%。这个例子说明，电气传动中的调速技术不但可以优化工艺过程，而且还可以节省大量的电能。

图 1-1　国产的 WK-56 型矿山用电铲

对于很多机器的工作机构，调节速度是它们进行工作的先决条件。也就是说，如果没有可调速的电气传动，很多机器将无法工作。矿山机械中的电铲（又称挖掘机）就是这方面的例子（图 1-1）。

电铲的挖掘工作机构包括铲斗、铲杆、转鼓-钢绳构成的提升机构、可以旋转的铲身以及行走用履带。铲斗在挖掘已经被破碎的岩石时，要借助于铲杆的前推和钢绳的提升。当铲斗装满时，要把铲斗提高到适当的高度。回转铲身使铲斗底部对准运输车辆的货厢，卸下岩石后回转到原位置，重复挖掘动作。行走履带动作可使电铲前进或后退。

电铲的电气传动结构很复杂，简化后的矿山用电铲的电气传动系统结构图如图 1-2 所示。铲斗容积 56 m^3，有效载荷 101 t，整机净重 1265 t，电铲在其作业区域内可以小范围地移动位置。为此，在电铲的作业区域设有 6 kV 或者 10 kV 的电源配电柜，通过柔性的高压电缆向电铲提供电源。在电铲的侧面有引入电源的受电环和配电保护的高压配电柜。同步电动机-直流发电机组向各个运动机构的电动机供电。通过调节各个电动机的励磁电流改变各个驱动电动机的转速。现代的电铲的电气传动开始采用晶闸管-直流电动机或变频器-交流电动机的传动方式。

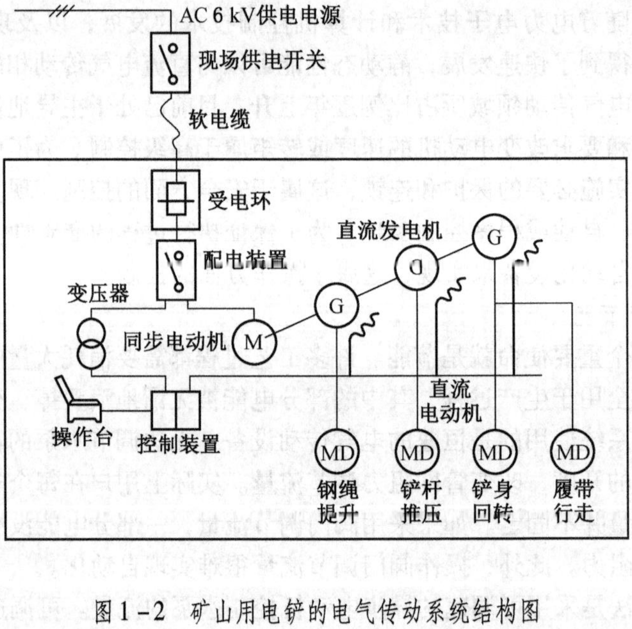

图 1-2　矿山用电铲的电气传动系统结构图

电铲基本动作包括钢绳提升、铲杆推压、铲身回转和履带行走。它们分别由各自的直流发电机-电动机组所驱动。为了操纵电铲，在电铲驾驶员的座椅前还安装了操作台。机械传动机构包括减速机、转鼓－钢绳机构、推压齿条机构、回转齿圈机构和履带行走机构。

电铲是负荷变化很大的机械，一般铲斗的容积为 $4 \sim 20\ m^3$，大型电铲的铲斗容积达到 $75\ m^3$。电铲运动部分的质量也有数百吨，需要有足够的传动功率。同时，还要使铲斗的运动与司机操作的动作相匹配。所以电铲的电气传动系统应该满足如下要求：

（1）在正常工作范围内负荷增大时转速下降必须很小，即机械特性硬，以保证有很高的生产率。

（2）当负荷超过容许值，如铲斗在清理岩石根部或被大块矿石卡住时，转速应能迅速下降并自动限制堵转电流，以保证机电设备不受损坏。

（3）电铲的提升、推压和回转机构处于频繁的起制动和正反转，挖掘周期为 20 ~ 30 s，要求具有快速的过渡过程。

二、电气传动系统的构成

电气传动系统是由电动机、机械传动机构、变流器和控制装置构成的。

（1）电动机是利用电磁原理把电能转变为机械能的机电能量转换器。按照转换成机械能的运动形式划分，电动机可以分为旋转型、直线型、步进型和振动型等几种型式，旋转型电动机是最常用的电动机。

（2）机械传动机构用来把机械能传递给工作机械，它包括齿轮减速机、齿轮－齿条机构、转鼓－钢绳机构、曲柄－连杆机构、传动带机构、蜗轮－蜗杆机构、滚珠丝杠等，如图 1－3 所示。

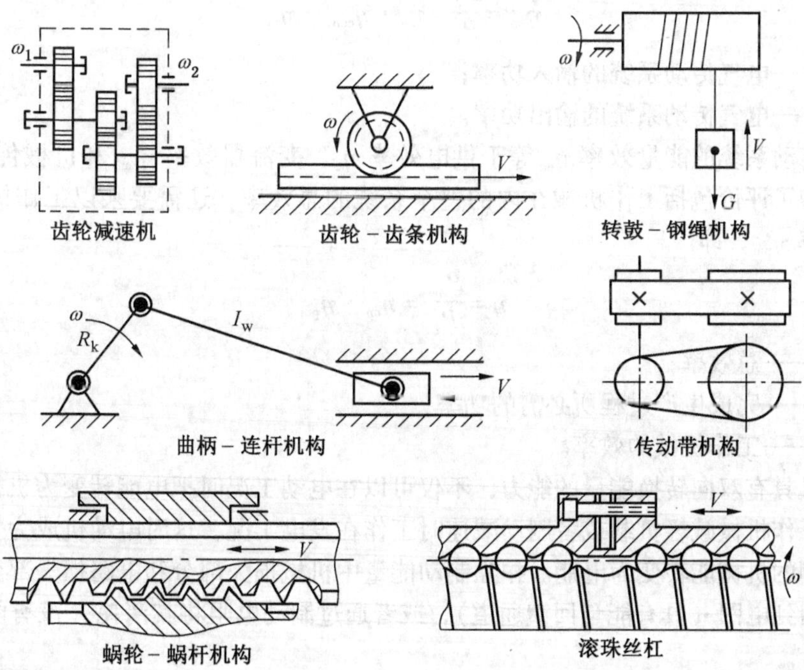

图 1－3　常用的机械传动机构

(3) 普通变流器的主体是由电力半导体器件构成，一般采用不可控的器件（二极管）和可控的器件（晶闸管、可关断晶闸管、IGBT、IGCT 等）。近年来，新型的电力电子器件层出不穷，变流器的种类也越来越多，为传统的电气传动技术注入了新鲜的活力。

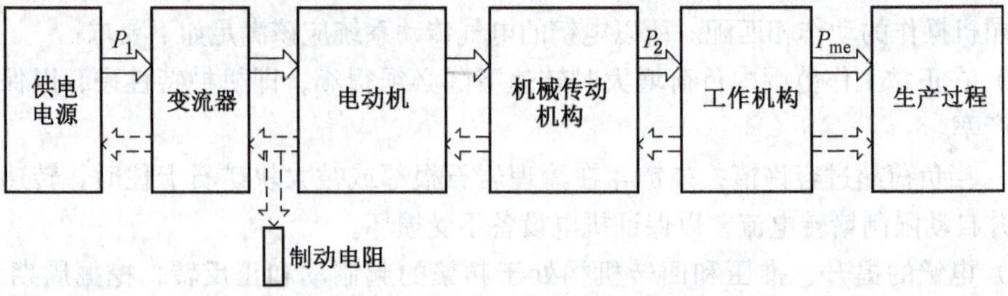

图 1-4　电气传动的电力通道和机械通道

供电电源、变压器和变流器构成电气传动的电力通道；电动机转子、转子输出轴上的可动部件（如测速机和脉冲编码器）、机械传动机构、工作机械构成电气传动的机械通道，如图 1-4 所示。图 1-4 中的实线箭头表示电动工况时能量的传输过程，虚线箭头表示发电工况时能量的传输过程。当电动机工作在电动工况时，来自电网的电能通过电动机转变为机械能，然后传递到工作机械（如轧钢机、水泵等）的工作部分。在能量转换和传递动力的各个环节中有能量损失，评价电气传动系统的能量特性的指标是能量效率 η_{en}，它定义为作用于工作机械上的有用功率与总输入功率之比：

$$\eta_{en} = \frac{P_2}{P_1} = \eta_e \cdot \eta_{conv} \cdot \eta_m \tag{1-1}$$

式中　P_1——电气传动系统的输入功率；

　　　P_2——电气传动系统的输出功率。

电气传动系统的能量效率 η_{en} 等于供电效率 η_e、变流器效率 η_{conv} 和机械传递效率 η_m 的乘积。为了评价包括工作机械在内的整个系统的总效率，还需要乘以工作机械（如水泵）的效率 η_{pm}，即

$$\eta = \frac{P_{me}}{P_1} = \eta_{en} \cdot \eta_{pm} \tag{1-2}$$

式中　η——总效率；

　　　P_{me}——完成生产过程所必需的功率；

　　　η_{pm}——工作机械的效率。

电动机具有双向转换能量的能力，不仅可以在电动工况时把电能转变为机械能，而且还可以在工作机械减轻负载或者制动减速时工作在发电工况，这时电动机成为发电机，可以把负载侧的机械能转变为电能。扣除制动能量中机械损失部分和电路损失部分，其余部分或者回馈到电网（具有能量回馈通道），或者通过制动电阻将其消耗（没有能量回馈通道）。

(4) 控制回路根据检测到的信号去控制电气传动中的电气参数和运动参数，以满足生产工艺对于机械运动的要求。控制回路的另一个重要职能就是力求使生产过程中消耗的

电能最少、成本最低。现代电气传动的控制装置是由数字控制系统构成。数字控制系统的核心是微处理器，外围电路包括各种 I/O 接口和通信接口。为了检测机械和电气的物理量，还需要配备各种传感器，如电压互感器、电流互感器以及检测速度和位置的脉冲编码器等。图 1-5 所示为电气传动自动化系统的结构图。

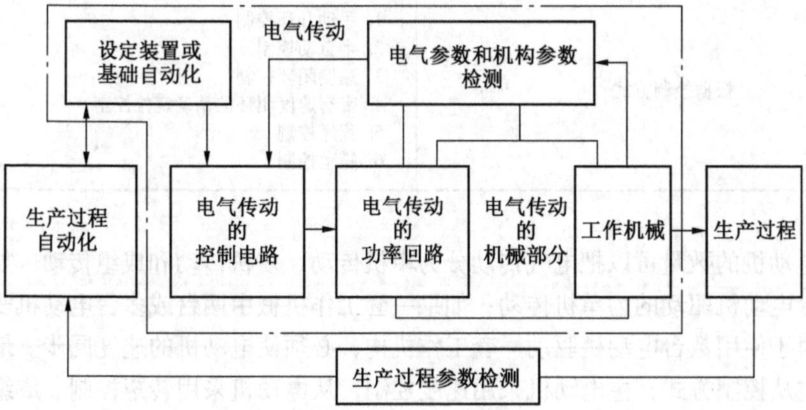

图 1-5　电气传动自动化系统的结构图

近年来，工业计算机、可编程控制器（PLC）、基于微处理器的外围设备和现场通信设备等越来越多地应用于生产工艺的控制之中，使整个生产过程与电气传动紧密地结合起来，形成在基础自动化和过程自动化等更高层面上的控制、管理和服务功能，同时也向电气传动的控制技术提出了新的要求和挑战。

三、电气传动的分类

根据使用场合、原理结构、功能特点、自动化程度等原则，电气传动可以有不同的分类方式。表 1-1 是按照不同原则对电气传动进行分类的结果。

表 1-1　电气传动的分类表

分类原则	分类情况
根据电动机的数量	1. 单机传动 2. 多机传动 3. 成组传动
根据电动机的运动形式	1. 旋转运动 2. 直线运动 3. 多坐标（多轴）运动
根据电动机与工作机构的连接方式	1. 齿轮减速机 2. 直接传动 3. 复合传动机构
根据调速要求	1. 不调速 2. 可调速

表1-1（续）

分类原则	分类情况
根据主要调节参数	1. 转矩调节 2. 速度调节 3. 位置调节
根据控制方式	1. 手动开环控制 2. 半自动控制 3. 速度闭环控制 4. 带有速度闭环的精确定位控制 5. 程序控制 6. 随动控制

根据电动机的数量可以把电气传动分为单机传动、多机传动和成组传动。如果工作机械是由一台电动机驱动的为单机传动；如果一套工作机械由两台或多台电动机驱动的为多机传动。由于使用数台电动机驱动一套工作机构，必须使电动机的速度同步。最常见的技术手段是主从控制方式，主电动机采用速度控制，从电动机采用转矩控制。成组传动是由数台电动机驱动同一机械的几个工作机构，轧钢机左右压下机构的电气传动就是成组传动典型的例子。因为每个工作机构之间安装有离合器、变速器、制动器等机械传动机构，所以在对每个工作机构分别控制时，还要对这些机械传动机构进行控制。这是一种比较复杂的传动方式。

根据电动机的运动形式分类，大多数电气传动系统都使用旋转电动机。但是最近直线电动机越来越受到重视。因为很多工作机构属于平移运动或者往复直线运动，所以在这些工作机构上使用直线电动机就比使用诸如蜗轮－蜗杆、曲柄－连杆、滚珠丝杠等复杂的机械传动机构要方便得多。由于直线电动机的能量转换效率较低，重量和外形尺寸受限，所以在大型设备上还没有得到应用。功率半导体器件和变频器的发展，为直线电动机的应用开辟了新的机遇。直线电动机已经在机床领域得到广泛的应用。

电动机与工作机械的连接有直接连接方式和通过齿轮减速机的连接方式。此外还有通过其他复杂的机械传动机构实现连接的方式。直接连接方式的特点是工作机械要求的转速高，可以和电动机的额定转速相匹配，典型的例子是风机和水泵。采用齿轮减速机方式的主要原因是工作机械的转速低于电动机的额定转速，在实现减速的同时，传递到工作机械轴上的转矩也相应增大。一些对精度和动态性能要求很高的工作机械，为了消除减速机中齿轮间隙的影响，要力求取消电动机轴与工作机械之间的机械传动机构。这被称为无减速机的直接传动。在这种方式中，需要降低电动机的额定转速，这样就增大了电动机的重量和外形尺寸。其原因是在相同功率的情况下，电动机的重量和外形尺寸大致与额定转速成反比。

为了得到更高精度的电气传动系统，可将电动机与工作机械合为一体，形成结构上一体化的电气传动系统。例如，磨床的主轴电气传动系统、电动汽车的电动车轮等。采用机电模块的电气传动系统成为当下的热点，所谓机电模块是指将一个工作机构与一个机电设备（电动机及其控制系统）构成一个具有整体功能的模块。这种模块多用于机器人和数控机床中。

从电气传动的发展历史来看，早期的电气传动设备都是由工频电源供电的笼式异步电动机所驱动，这种电气传动设备无法调节转速和转矩。为了调速只能通过改变普通异步电动机的绕组结构和磁极数，制造出双速或三速异步电动机。这种异步电动机变极调速只能提供两种或三种固定的速度，无法实现平滑调速。与变极调速相类似的还有绕线转子串电阻调速，这种方法多用于绕线转子异步电动机的启动。

根据生产机械的功能和复杂性，电气传动的控制系统可以有多种操作方式。手动开环控制是最简单的控制方式。这是由继电器－接触器构成控制系统，完成启动、停止、保护和连锁等功能。像前文所提到的排风机的控制，就属于这种类型。半自动控制系统是根据操作者通过操作按钮或其他操控器控制机械运转。例如，工厂中的起重机采用绕线转子异步电动机转子绕组串电阻启动，操作者按下启动按钮，自动控制电路根据电流或时间逐级切换启动电阻，保证启动过程平稳。通常电气传动的控制系统对电流和速度进行闭环控制。在这种情况下，操作者只需根据工艺的状况设定给出速度的设定值，不必考虑闭环内部的调节情况。例如，矿山用电铲、轧钢机等生产机械就属于这种类型。设定值也可以是电流或转矩，这时设定值可以由自动化控制系统给出。位置控制系统需要对位置进行闭环控制，以确保工作机构准确停止在指定的位置。位置闭环通常是速度闭环的外环，并用位置检测值作为闭环的反馈量。

第二节 煤矿井下常用电动机

一、电动机的选择

1. 电动机选择的技术要求

（1）矿井环境潮湿，相对湿度可达98%，有淋水，设备润滑与冷却油脂可能侵入电动机内，使绕组积垢与受潮，因此要求电动机有良好的密封。防护等级最低要求：接线腔为IP54，电动机本体为IP44，较高要求为IP55。

（2）电动机需随采掘设备移动，并在运行中因采掘机械振动而承受振动。在顶板压力作用下，电动机可能遭到煤（岩）冒落砸、碰的危险。因此，电动机机壳及外露零部件应能承受规定的冲击力。

（3）多数矿井具有瓦斯与煤尘爆炸的危险，采掘机械用电动机应为矿用隔爆型。

（4）采掘机械多为非限定性负载，有较大且不稳定的阻力矩，电动机存在频繁启动、点动、堵转、过载等复杂工况。矿用电动机的工作制，通常规定为S1（连续工作制），但往往需要适应频繁启动、过载、空载、小时启动次数、连续点动次数等要求，工作制也可定为S1或S4（包括启动的断续周期工作制）S1或S6（连续周期工作制）。装载机械用电动机多为短时工作制S2。为使电动机具有较大的过载能力，一般电动机设计时留有较大的温升裕度，绝缘等级采取降级使用，提高电动机的可靠性。为解决散热问题，采掘机械用电动机，多采用外壳水冷。为有效地保护绕组免于过热，矿用电动机都在绕组端部埋设热保护元件，并设有水压继电器、防轴承过热等多项保护装置。

2. 电动机选择的一般原则

（1）满足所驱动设备的工况要求，如负载性质、工作制、转矩、启动、加速、制动，过载能力以及变速调速等。如水泵、空压机、排风机等负载稳定，电动机为S1工作制；大容量空压机多选用同步电动机，工作制虽规定为S1，但还要满足频繁启动，堵转过载等要求；掘进机用截割电动机要求有较高的最大转矩，并具有S1或S4的工作制；装岩机用电动机多为规定短时的S2工作制。因此，必须根据采掘机械的具体情况，选用适应需要的专用电动机。

（2）依照技术、经济合理的原则，选择电动机的类型、电压等级、结构型式和冷却方法，以保证所驱动机械可靠运行。如通风、排水、压缩空气、提升等设备用大、中型高压电动机，采用6 kV或10 kV电压，以实现供电经济合理化；采掘工作面机械用电动机则需依照设备功率情况与供电电压等级等原则，选用660 V、1140 V或3.3 kV电压；当采用外扇风冷散热电动机散热有困难时，宜采用外壳水冷电动机；掘进工作面岩尘较多，掘进机用辅助电动机一般采用隔爆型无外风扇的机壳冷却方式，以减少岩尘飞扬。

（3）电动机应有适当的备用功率，矿用一般型电动机负载率一般为0.8～0.9。负载波动较大的采掘机械用电动机，则需分析过载、堵转等具体情况，选用专用电动机，以及采用耐温等级较高的F、H级绝缘电动机，以提高运行可靠性。

（4）电动机结构形式、防护和绝缘等级应满足安装与使用环境的要求。根据《煤矿安全规程》的规定，在突出矿井和瓦斯喷出区域，要选用矿用型防爆电动机；在瓦斯矿井的井底车场、总进风巷或主要进风巷可选用矿用一般型电动机；在采区进风巷、总回风巷、主要回风巷、采区回风巷、采掘工作面和工作面进、回风巷要选用矿用防爆型电动机，通常都是采用隔爆型电动机。

二、电动机的分类

矿用电动机可按工作原理、安装与所使用的环境进行分类。

1. 按工作原理分类

（1）三相交流异步电动机。三相交流异步电动机由三相交流电源供电，转子实际转速总是低于旋转磁场转速的电动机。因转子绕组电流是感应产生的，故又称感应电动机。按其结构不同又可分为笼式转子异步电动机和绕线转子异步电动机（转子和定子一样也设置了三相绕组，并通过滑环、电刷与外部变阻器连接的异步电动机）；按功率与电压等级分为大中型高压异步电动机（功率在220 kW及以上，电压为6 kV或10 kV）和中小型低压异步电动机（电压为127 V、380 V、660 V或1140 V）；按变速需要可分为双速、多速（三速、四速）、滑差电磁调速、变频变压调速以及开关磁阻调速电机等电动机。

（2）交流同步电动机。交流同步电动机是指转子的转速与旋转磁场的转速相同的电动机。矿用型交流同步电动机多为高压电动机，电压为6 kV。

（3）直流电动机。直流电动机是指将直流电能转换成机械能的电动机。矿用直流电动机包括用于提升设备的大型直流电动机、直流牵引电动机或隔爆直流牵引电动机。

（4）直线电动机。直线电动机是指电动机的运转部分做直线运动的电动机。用于煤矿井下的多为直线感应电动机，按结构或布置方式可分为平面型、圆筒型、圆盘型、圆弧型以及滚辊型。

2. 按安装与使用环境分类

（1）矿用一般型电动机。矿用一般型电动机用于无瓦斯或通风良好的处所。

（2）矿用防爆型电动机。矿用防爆型电动机包括矿用隔爆型电动机、矿用增安型电动机。采掘工作面用电动机均为矿用隔爆型电动机。

三、三相异步电动机

（一）三相异步电动机的基本结构

三相异步电动机主要由两大部分组成：一部分是静止部分，称为定子；另一部分是旋转部分，称为转子。转子装在定子腔内，为了保证转子能在定子内自由转动，定、转子之间必须有一定的间隙，称为气隙。此外，在定子两端还装有端盖等。笼型三相异步电动机的结构如图1－6所示；绕线转子三相异步电动机的结构如图1－7所示。

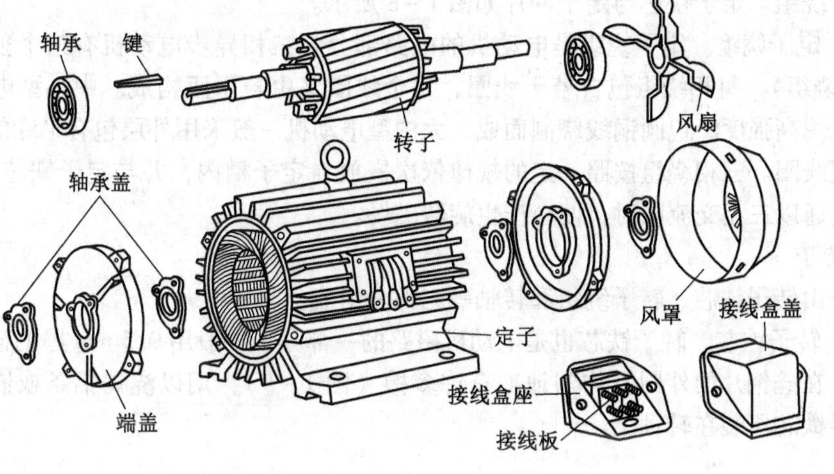

图1－6　笼型三相异步电动机的结构

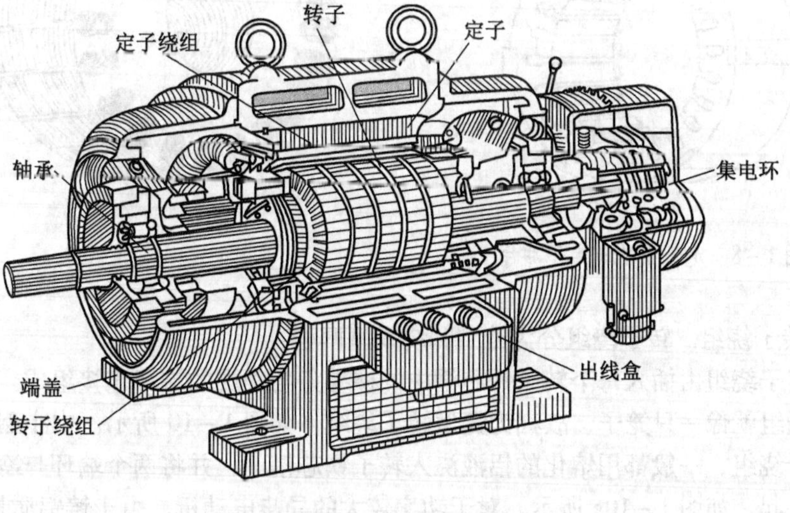

图1－7　绕线转子三相异步电动机的结构

1. 定子

定子主要由机座、定子铁芯、定子绕组等三部分组成。

(1) 机座。机座是电动机的外壳和支架，它的作用是固定和保护定子铁芯及定子绕组，并支撑端盖。中小型异步电动机的机座一般都采用铸铁铸成，小型异步电动机的机座也有用铝合金铸成的。大型异步电动机的机座大多采用钢板焊接而成。机座上设有接线盒，以连接绕组引线和接入电源。为了便于搬运，在机座上面还装有吊环。

(2) 定子铁芯。定子铁芯是电动机的磁路的一部分，一般用 0.5 mm 厚的硅钢片叠压而成。定子硅钢片的表面涂有绝缘漆或硅钢片经氧化处理表面形成氧化膜，使片间相互绝缘，以减小交变磁通引起的涡流损耗。定子铁芯直径小于 1 m 时，用整圆硅钢冲片；定子铁芯直径大于 1 m 时，用扇形硅钢冲片拼成。在定子冲片的内圆均匀地冲有许多槽，用以嵌放定子绕组。定子铁芯与定子冲片如图 1－8 所示。

(3) 定子绕组。定子绕组是电动机的电路部分。三相异步电动机有三个独立的绕组(即三相绕组)，每相绕组包含若干线圈，每个线圈又由若干匝构成。中小型电动机的线圈一般采用高强度漆包圆铜线绕制而成，大中型电动机一般采用外层包有绝缘的扁铜线做成的成型线圈。三相绕组按照一定的规律依次嵌放在定子槽内，并与定子铁芯之间绝缘。定子绕组通以三相交流电时，便会产生旋转磁场。

2. 转子

转子由转子铁芯、转子绕组和转轴等三部分组成。

(1) 转子铁芯。转子铁芯也是电动机磁路的一部分，一般用 0.5 mm 厚的硅钢冲片叠压而成，在硅钢片的外圆上均匀地冲有许多槽（图 1－9），用以浇铸铝条或嵌放转子绕组。转子铁芯压装在转轴上。

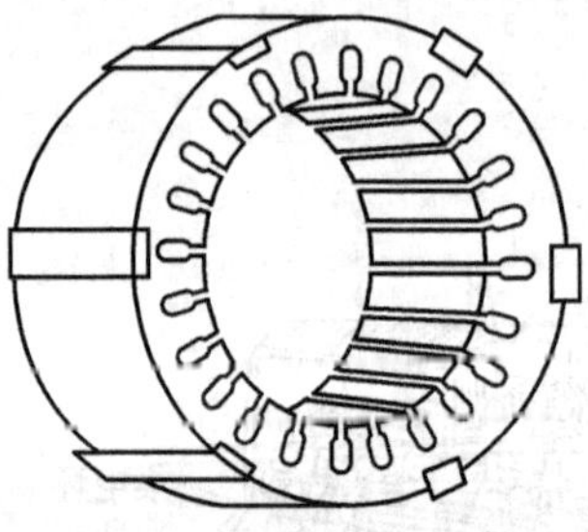

图 1－8　定子铁芯与定子冲片

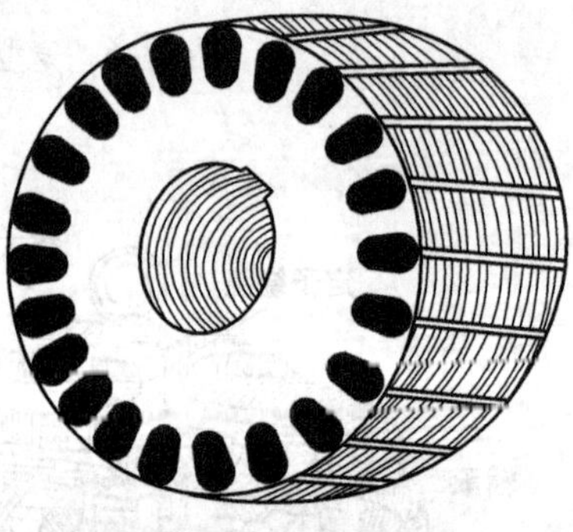

图 1－9　转子铁芯

(2) 转子绕组。转子绕组分为笼型和绕线型两种：

笼型转子绕组由插入每个转子铁芯槽中的裸导条与两端的端环连接组成。如果去掉铁芯，整个绕组就像一只笼子，故称为笼型转子绕组，如图 1－10 所示。中小型异步电动机的笼型转子绕组，一般都用熔化的铝液浇入转子铁芯槽中，并将两个端环与冷却用的风扇叶浇注在一起，如图 1－10a 所示。对于功率较大的异步电动机，由于铸铝质量不易保证，常用铜条插入转子槽中，再在两端焊上端环，如图 1－10b 所示。

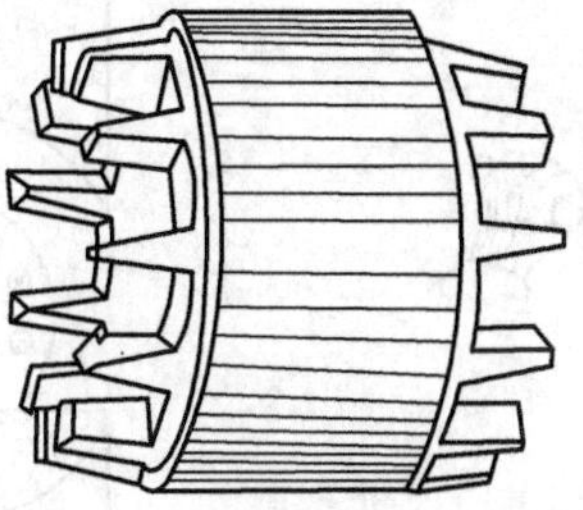
(a)铸铝绕组

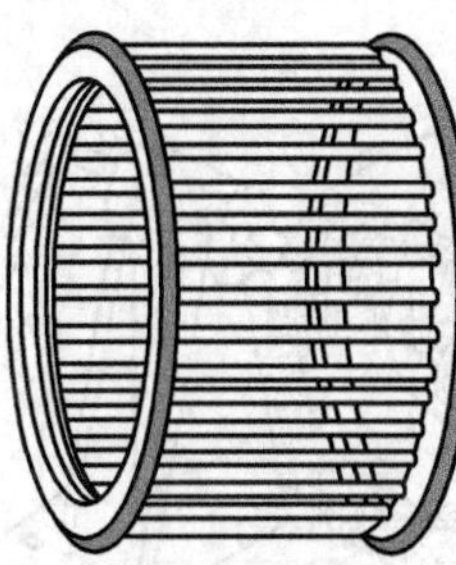
(b)铜条绕组

图1-10 笼型转子绕组

绕线型转子绕组与定子绕组相似，也是把绝缘导线嵌入槽内，接成三相对称绕组，一般采用星形(Y)连接，3根引出线通过转轴内孔分别接到固定在转轴上的3个铜制的互相绝缘的集电环（俗称滑环）上，转子绕组可以通过集电环和电刷与外接变阻器相连，用以改善电动机的启动性能或调节电动机的转速。绕线转子如图1-11a所示。绕线转子绕组与外接变阻器的连接，如图1-11b所示。

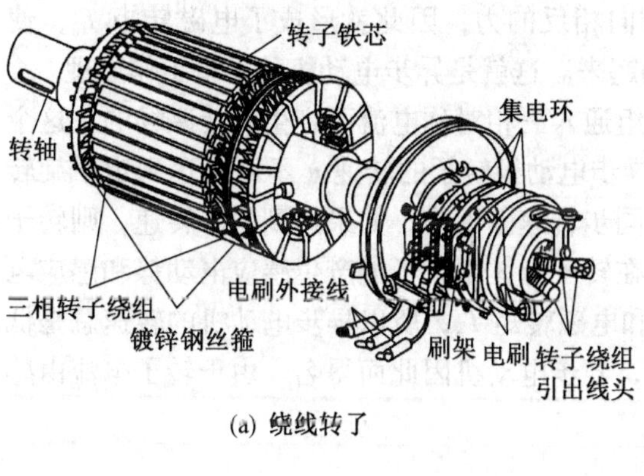

(a) 绕线转了

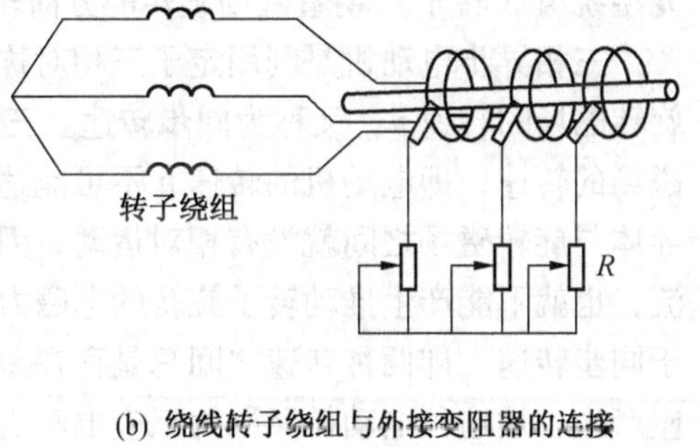

(b) 绕线转子绕组与外接变阻器的连接

图1-11 绕线型转子绕组

(3) 转轴。转轴一般由中碳钢制成，它的作用主要是支承转子、传递转矩，并保证定子与转子之间具有均匀的气隙。气隙也是电动机磁路的一部分，气隙越小，功率因数越高，空载电流越小。中小型异步电动机的气隙为0.2~1 mm。气隙太小，会使定子铁芯与转子铁芯发生“扫膛”现象，并给装配带来困难。

（二）三相异步电动机的工作原理

三相异步电动机工作原理的示意图如图1-12所示。在一个可旋转的马蹄形磁铁中，放置一个可以自由转动的笼型绕组，如图1-12a所示。当转动马蹄形磁铁时，笼型绕组就会跟着它向相同的方向旋转。这是因为磁铁转动时，它的磁场与笼型绕组中的导体（即导条）之间产生相对运动，若磁场顺时针方向旋转，相当于转子导体逆时针方向切割磁力线，根据右手定则可以确定转子导体中感应电动势的方向，如图1-12b所示。

由于导体两端被金属端环短路，因此在感应电动势的作用下，导体中就有感应电流流

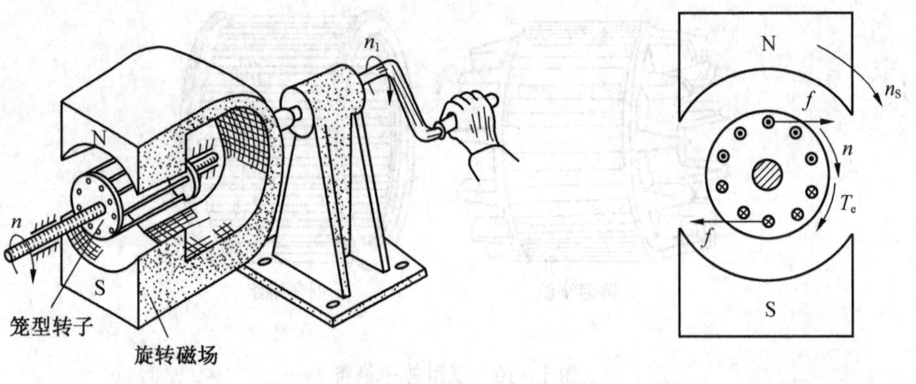

(a) 异步电动机的物理模型　　　　(b) 异步电动机的电磁关系

图 1－12　三相异步电动机工作原理的示意图

过，如果不考虑导体中电流与电动势的相位差，则导体中感应电流的方向与感应电动势的方向相同。这些通有感应电流的导体在磁场中会受到电磁力 f 的作用，导体受力方向可根据左手定则确定。在图 1－12b 中，N 极范围内的导体受力方向向右，而 S 极范围内的导体的受力方向向左，这是一对大小相等、方向相反的力，因此就形成了电磁转矩 T_e，使笼型绕组（转子）朝着磁场旋转的方向转动起来。这就是异步电动机的简单工作原理。

三相异步电动机是利用定子三相对称绕组通入三相对称电流而产生旋转磁场的，这个旋转磁场的转速 n，又称为同步转速。三相异步电动机转子的转速 n 不可能达到定子旋转磁场的转速，即电动机的转速 n 不可能达到同步转速。因为，如果达到同步转速，则转子导体与旋转磁场之间就没有相对运动，因而在转子导体中就不能产生感应电动势和感应电流，也就不能产生推动转子旋转的电磁力 f 和电磁转矩 T_e，所以异步电动机的转速总是低于同步转速，即两种转速之间总是存在差异，异步电动机因此而得名。由于转子电流由感应产生，故这种电动机又称为感应电动机。

旋转磁场的转速为

$$n_s = \frac{60 f_1}{p} \tag{1-3}$$

由式（1－3）可见，旋转磁场的转速 n_s 与电源频率 f_1 和定子绕组的极对数 p 有关。

例如，一台三相异步电动机的电源频率 $f_1 = 50$ Hz，若该电动机是四极电动机，即电动机的极对数 $p = 2$，则该电动机的同步转速为 1500 r/min，而该电动机的转速 n 应略低于 1500 r/min。

四、单相异步电动机

（一）单相异步电动机的基本结构

单相异步电动机一般由机壳、定子、转子、端盖、转轴、风扇等组成，有的单相异步电动机还具有启动元件。

1. 定子

定子由定子铁芯和定子绕组组成。大部分单相异步电动机采用与三相异步电动机相似的结构，定子铁芯也是用硅钢片叠压而成。但在定子铁芯槽内嵌放有两套绕组：一套是主绕组，又称工作绕组或运行绕组；另一套是副绕组，又称启动绕组或辅助绕组。两套绕组的轴线在空间上应相差一定的角度。功率较小的单相异步电动机则制成凸极形状的铁芯（图 1－13），磁极的一部分被短路环罩住，凸极上放置主绕组，短路环为副绕组。

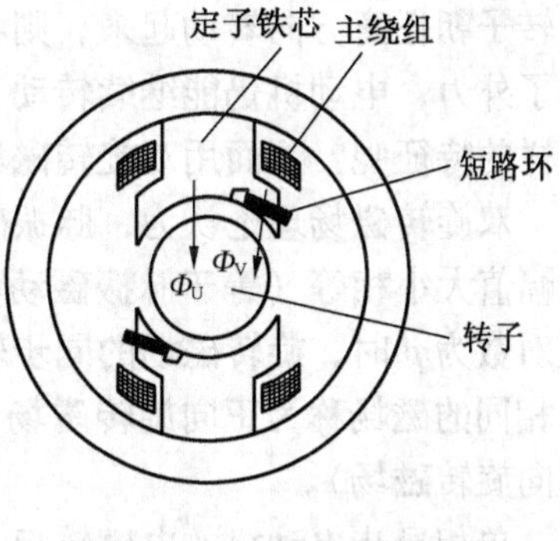

图 1－13　凸极式罩极单相异步电动机

2. 转子

单相异步电动机的转子与笼型三相异步电动机的转子相同。

3. 启动元件

单相异步电动机的启动元件串联在启动绕组（副绕组）中，启动元件的作用是在电动机启动完毕后，切断启动绕组的电源。常用的启动元件有以下几种：

（1）离心开关。离心开关位于电动机端盖的里面，它包括静止和旋转两部分。其旋转部分安装在电动机的转轴上，它的 3 个指形铜触片（称动触头）受弹簧的拉力紧压在静止部分上，如图 1－14a 所示。静止部分是由两个半圆形铜环（称静触头）组成，这两个半圆形铜环中间用绝缘材料隔开，它装在电动机的端盖内，其结构如图 1－14b 所示。

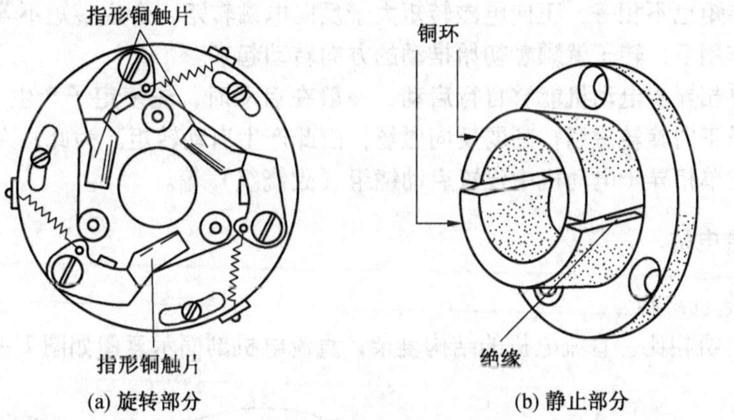

图 1－14　离心开关

当电动机静止时，无论旋转部分在什么位置，总有一个铜触片与静止部分的两个半圆形铜环同时接触，使启动绕组接入电动机电路。电动机启动后，当转速达到额定转速的 70% ~80% 时，离心力克服弹簧的拉力，使动触头与静触头脱离接触，从而使启动绕组断电。

（2）启动继电器。启动继电器是利用流过继电器线圈的电动机启动电流大小的变化，使继电器动作，将触头闭合或断开，从而达到接通或切断启动绕组电源的目的。

（二）单相异步电动机的工作原理

在单相异步电动机的主绕组中通入单相正弦交流电后，将在电动机中产生一个脉振磁场，也就是说，磁场的位置固定(位于主绕组的轴线)，而磁场的强弱按正弦规律变化。

如果只接通单相异步电动机主绕组的电源，电动机不能转动。但如能加一外力预先推动转子朝任意方向转动起来，则将主绕组接通电源后，电动机即可朝该方向转动，即使去掉了外力，电动机仍能继续转动，并能带动一定的机械负载。单相异步电动机为什么会有这样的特征呢？下面用双旋转磁场理论来解释。

双旋转磁场理论认为，脉振磁场可以认为是由两个旋转磁场合成的，这两个旋转磁场的幅值大小相等（等于脉振磁动势幅值的1/2）、同步转速相同（当电源频率为f，电动机极对数为p时，旋转磁场的同步转速$n_s=60f/p$），但旋转方向却相反。其中与转子转动方向相同的磁场称为正向旋转磁场，与转子转动方向相反的磁场称为反向旋转磁场（又称逆向旋转磁场）。

单相异步电动机的电磁转矩，可以认为是由这两个旋转磁场所产生的电磁转矩合成的结果。电动机转子静止时，由于两个旋转磁场的磁通密度大小相等、方向相反，因此它们与转子的相对速度大小相等、方向相反，所以在转子绕组中感应产生的电动势和电流大小相等、方向相反，它们分别产生的正向电磁转矩与反向电磁转矩也大小相等、方向相反，相互抵消，于是合成转矩等于零。单相异步电动机不能够自行启动。

如果借助外力，沿某一方向推动转子一下，单相异步电动机就会沿着这个方向转动起来，这是为什么呢？因为假如外力使转子顺着正向旋转磁场方向转动，将使转子与正向旋转磁场的相对速度减小，而与反向旋转磁场的相对速度加大。由于两个相对速度不等，因此两个电磁转矩也不相等，正向电磁转矩大于反向电磁转矩，合成转矩不等于零，在这个合成转矩的作用下，转子就顺着初始推动的方向转动起来。

为了使单相异步电动机能够自行启动，一般在启动时，先使定子产生一个旋转磁场，或使它能增强正向旋转磁场，削弱反向磁场，由此产生启动转矩。为此，人们采取了不同的措施，如在单相异步电动机中设置启动绕组（副绕组）等。

五、直流电机

1. 直流电机结构

与异步电机相比，直流电机的结构复杂，直流电机剖面示意图如图1－15所示。

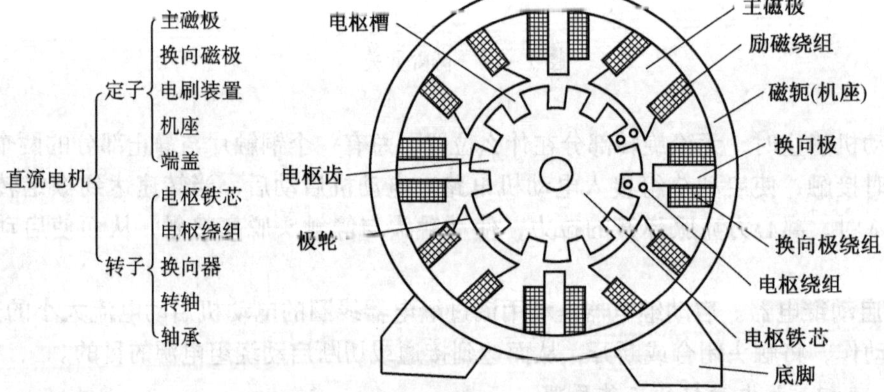

图1－15　直流电机剖面示意图

直流电机结构示意图如图 1-16 所示。直流电机转子结构图如图 1-17 所示。

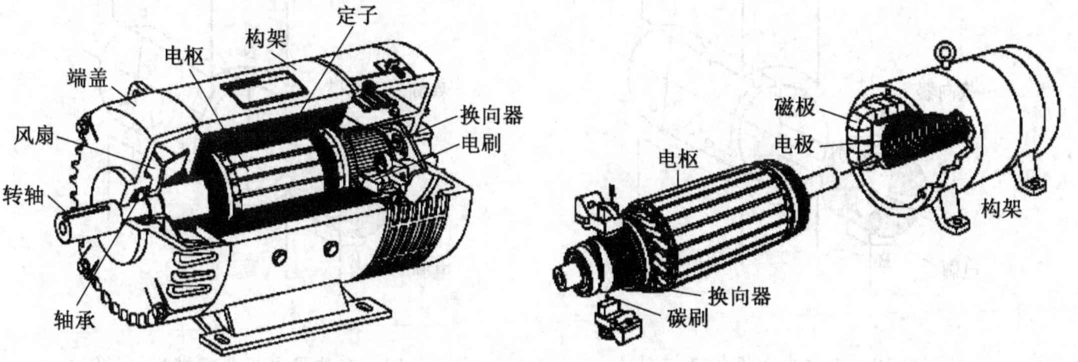

图 1-16　直流电机结构示意图

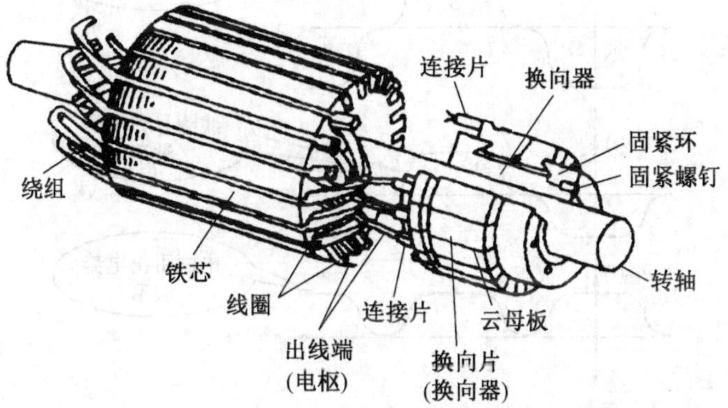

图 1-17　直流电机转子结构图

（1）当直流电机作发电机时是将机械能转变为电能。

图 1-18 为直流发电机物理模型，N、S 为定子磁极，abcd 是固定在可旋转导磁圆柱体上的线圈，线圈连同导磁圆柱体称为电机的转子或电枢。线圈的首末端 a、d 连接到两个相互绝缘并可随线圈一同旋转的换向片上。转子线圈与外电路的连接是通过放置在换向片上固定不动的电刷进行的。

当原动机驱动电机转子逆时针旋转 180°后，如图 1-19 所示。

由图 1-19 可见，和电刷 A 接触的导体总是位于 N 极下，和电刷 B 接触的导体总是位于 S 极下，因此电刷 A 的极性总是正的，电刷 B 的极性总是负的，在电刷 A、B 两端可获得直流电动势。

实际直流发电机的电枢是根据实际需要有多个线圈。线圈分布在电枢铁芯表面的不同位置，按照一定的规律连接起来，构成电机的电枢绕组。磁极也是根据需要 N、S 极交替旋转多对。部分波形图如图 1-20 所示。

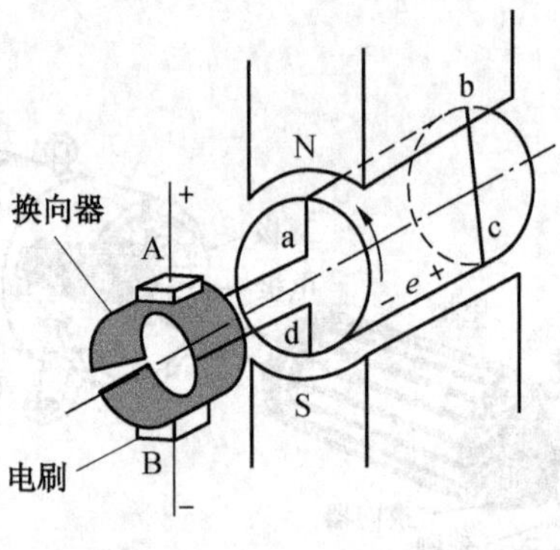

图 1-18　直流发电机物理模型

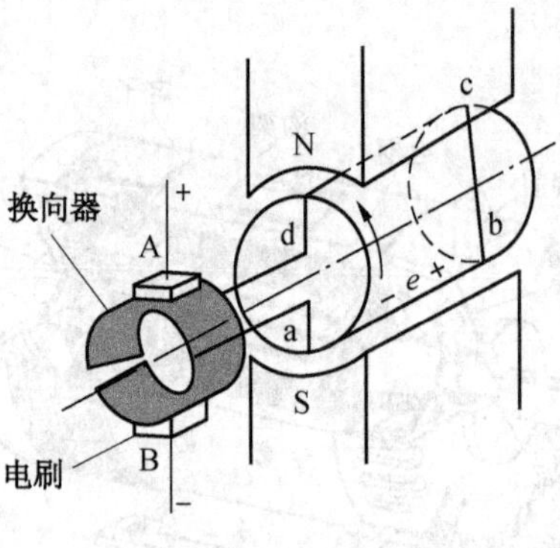

图 1-19　直流发电机物理模型（180°）

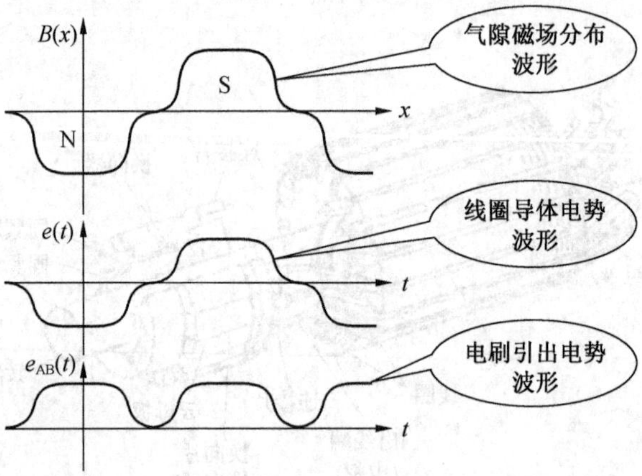

图 1-20　部分波形图

（2）直流电机作电动机时是将电能转变成机械能。

把电刷 A、B 接到直流电源上，电刷 A 接正极，电刷 B 接负极，此时电枢线圈中将电流流过，如图 1-21 所示。

在磁场作用下，N 极性下导体 ab 受力方向从右向左，S 极下导体 cd 受力方向从左向右。该电磁力形成逆时针方向的电磁转矩，当电磁转矩大于阻转矩时，电机转子逆时针方向旋转。

当电枢旋转到图 1-22 所示位置时，原 N 极性下导体 ab 转到 S 极下，受力方向从左向右，原 S 极下导体 cd 转到 N 极下，受力方向从右向左。该电磁力形成逆时针方向的电磁转矩，线圈在该电磁转矩作用下继续逆时针方向旋转。

同直流发电机相同，实际的直流电动机的电枢并非单一线圈，磁极也并非一对。

直流电机作发电机时，额定功率是指电刷间输出的额定电功率，额定电压是指输出额定电压；直流电机作电动机时，额定功率是指轴上输出的机械功率，额定电压是指输入额定电压。额定电流指在额定电压下，运行于额定功率时对应的电流；额定转速指在额定电压、额定电流下，运行于额定功率时对应的转速；额定励磁电流对应于额定电压、额定电流、额定转速及额定功率时的励磁电流。

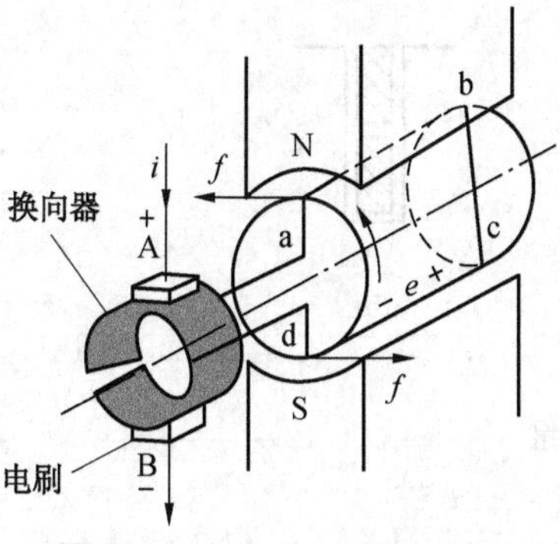

图1－21　直流电动机物理模型

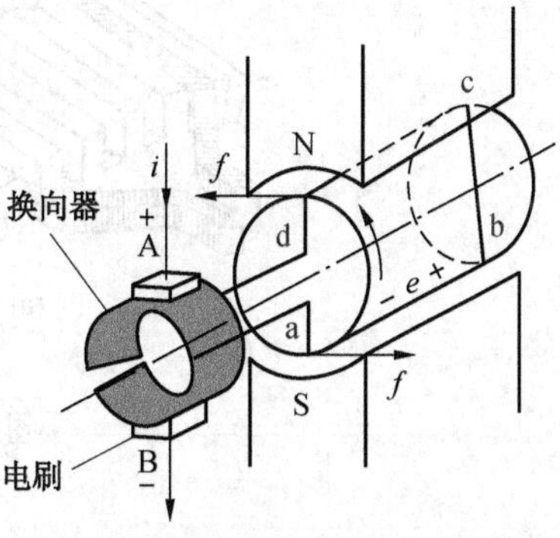

图1－22　直流电动机物理模型（180°）

电机运行时，所有物理量与额定值相同——电机运行于额定状态；电机的运行电流小于额定电流——欠载运行；运行电流大于额定电流——过载运行。长期欠载运行将造成电机浪费，而长期过载运行会缩短电机的使用寿命。电机最好运行于额定状态或额定状态附近，此时电机的运行效率、工作性能等比较好。

2. 直流电机的电枢绕组

构成绕组的线圈称为绕组元件，分单匝和多匝两种。每一个元件均引出两根线与换向片相连，其中一根称为首端，另一根称为末端。相邻两个主磁极轴线沿电枢表面之间的距离称为极距，用 $\tau=\dfrac{\pi D}{2p}$ 表示。叠绕组指串联的两个元件总是后一个元件的端接部分紧叠在前一个元件的端接部分，整个绕组成折叠式前进。波绕组指把相隔约为一对极距的同极性磁场下的相应元件串联起来，像波浪式地前进。第一节距 y_1 指一个元件的两个有效边在电枢表面跨过的距离。第二节距 y_2 指连至同一换向片上的两个元件中第一个元件的下层边与第二个元件的上层边间的距离。合成节距 y 连接同一换向片上的两个元件对应边之间的距离。对于单叠绕组有 $y=y_1-y_2$，对于单波绕组有 $y=y_1+y_2$。换向节距 y_k 指同一元件首末端连接的换向片之间的距离。绕组参数关系如图1－23所示。

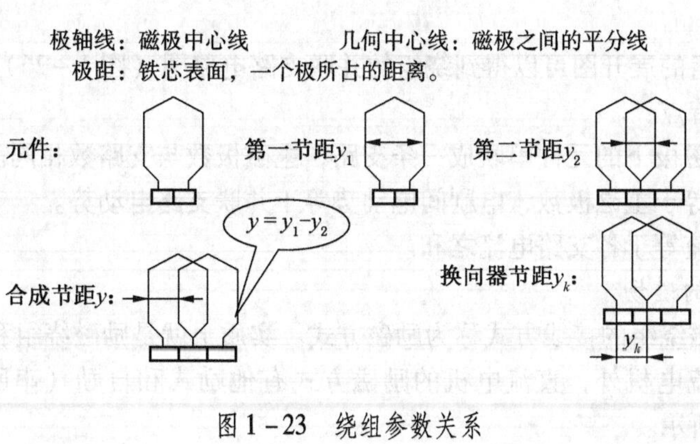

图1－23　绕组参数关系

双层绕组如图 1-24 所示。

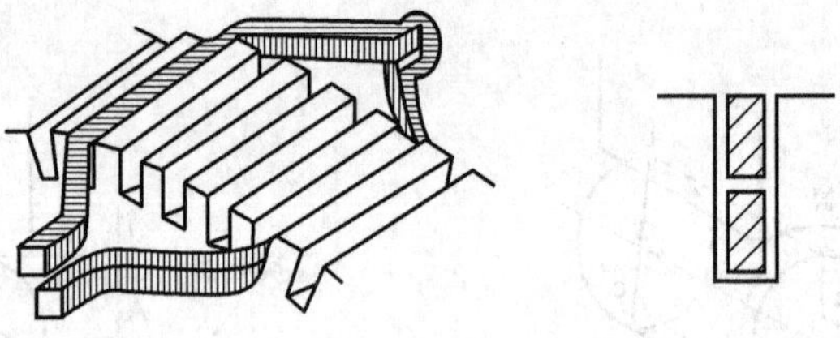

图 1-24　双层绕组

单叠绕组元件的连接如图 1-25 所示。单叠绕组的特点是相邻元件（线圈）相互叠压，合成节距与换向节距均为 1，即 $y = y_k = 1$。单叠绕组的展开图是把放在铁芯槽里、构成绕组的所有元件取出来画在一张图里，展示元件相互间的电气连接关系及主磁极、换向片、电刷间的相对位置关系。

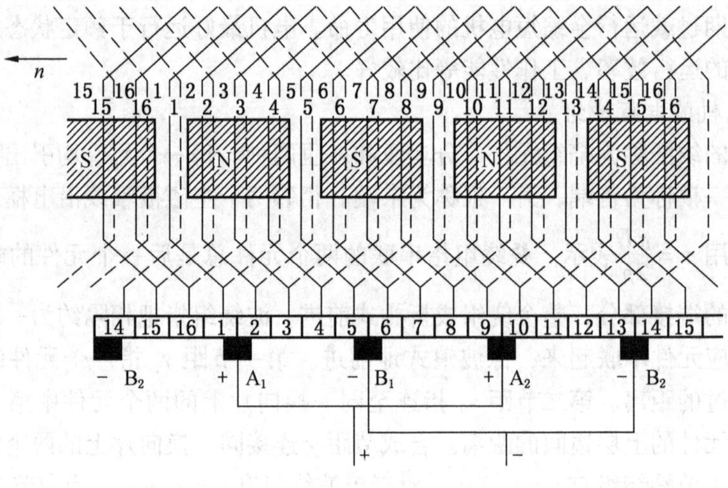

图 1-25　单叠绕组元件的连接

根据单叠绕组的展开图可以得到绕组的并联支路电路图（图 1-26）。

单叠绕组的特点：

（1）同一主磁极下的元件串联成一条支路，主磁极数与支路数相同。

（2）电刷数等于主磁极数，电刷间电动势等于并联支路电动势。

（3）电枢电流等于各支路电流之和。

3. 直流电机的磁场

直流电机励磁绕组的接线方式称为励磁方式。实质上就是励磁绕组和电枢绕组如何连接。除了永磁直流电机外，直流电机的励磁方式有他励式和自励（串励、并励和复励）式，如图 1-27 所示。

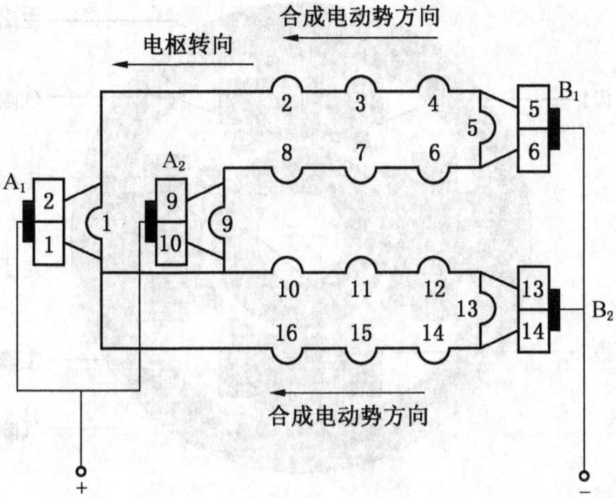

图 1-26 单叠绕组并联支路电路图

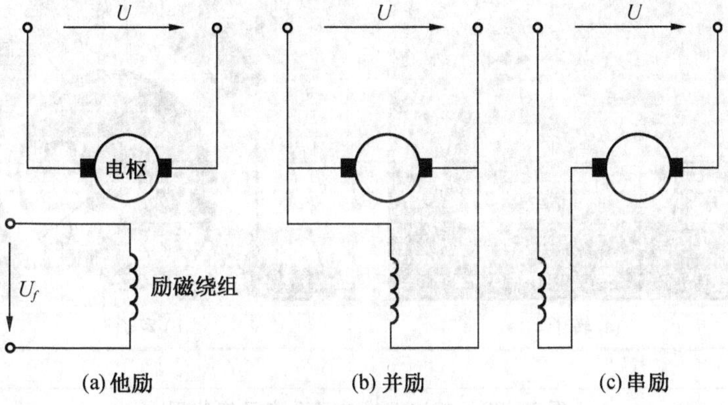

图 1-27 励磁方式

图 1-28 为四极直流电机空载时的磁场示意图。当励磁绕组的串联匝数为 N_f，流过电流为 I_f，每极的励磁磁动势为

$$F_f = I_f N_f \tag{1-4}$$

电机的主磁通是指磁力线由 N 极出来，经气隙、电枢齿部、电枢铁芯的铁轭、电枢齿部、气隙进入 S 极，再经定子铁轭回到 N 极。漏磁通是指磁力线不进入电枢铁芯，直接经过气隙、相邻磁极或定子铁轭形成闭合回路。直流电机中，主磁通是主要的，它能在电枢绕组中感应电动势或产生电磁转矩，而漏磁通没有这个作用，它只是增加主磁极磁路的饱和程度。在数量上，漏磁通比主磁通小得多，大约是主磁通的 20%。直流电机转子及定子实物图如图 1-29 所示。

空载时，励磁磁动势主要消耗在气隙上。当忽略铁磁材料的磁阻时，主磁极下气隙磁

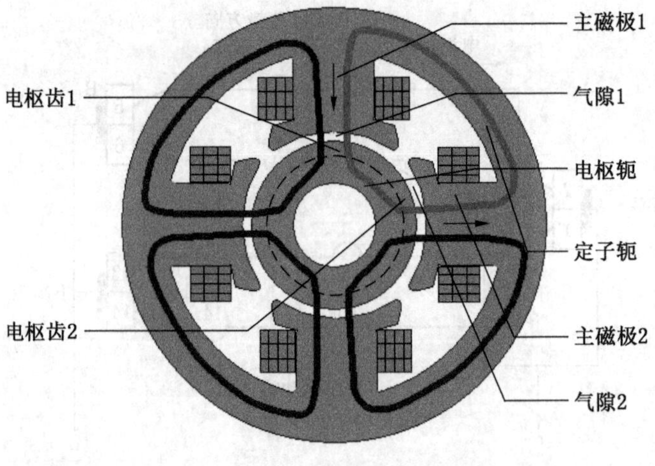

图 1-28　四极直流电机空载磁场示意图

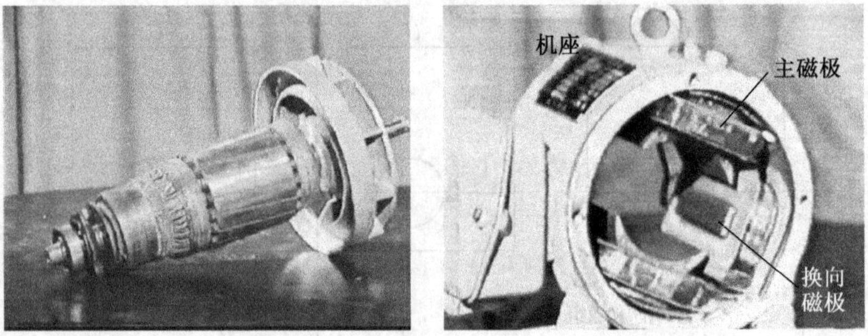

(a) 转子　　(b) 定子

图 1-29　直流电机转子及定子实物图

通密度的分布就取决于气隙的大小和形状。无齿电枢表面的气隙磁密分布图如图 1-30 所示。

磁极中心及附近的气隙小且均匀，磁通密度较大且基本为常数，靠近极尖处，气隙逐渐变大，磁通密度减小；极尖以外，气隙明显增大，磁通密度显著减少，在磁极之间的几何中性线处，气隙磁通密度为零。

为了感应电动势或产生电磁转矩，直流电机气隙中需要有一定量的每极磁通 Φ_0。空载时气隙磁通 Φ_0 与空载磁动势 F_{f0} 或空载励磁电流 I_{f0} 的关系，称为直流电机的空载磁化特性，如图 1-31 所示。

为了经济、合理地利用材料，一般直流电机额定运行时，额定磁通 Φ_N 设定在图 1-31 中 A 点，即在磁化特性曲线开始进入饱和区的位置。

直流电机带上负载后，电枢绕组中有电流，电枢电流产生的磁动势称为电枢磁动势。电枢磁动势的出现使电机的磁场发生变化。

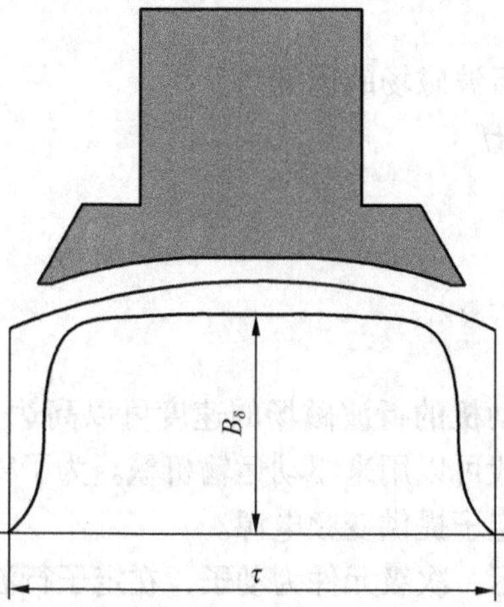

图 1－30　无齿电枢表面的气隙磁密分布

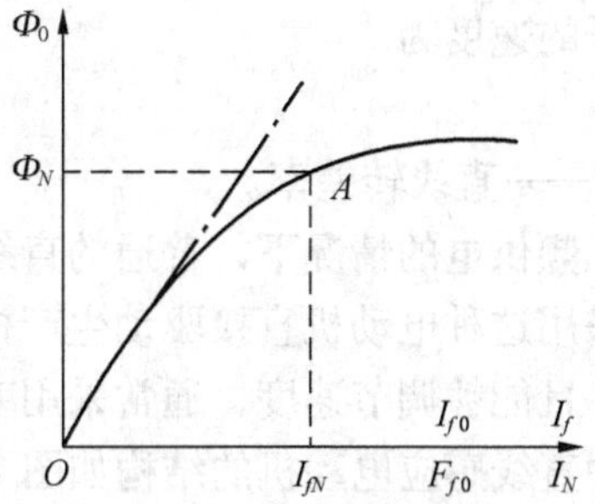

图 1－31　直流电机的空载磁化特性

图 1－32 为一台电刷放在几何中性线的两极直流电机的电枢磁场分布情况。

假设励磁电流为零，只有电枢电流，由图 1－32 可见电枢磁动势产生的气隙磁场在空间的分布情况，电枢磁动势为交轴磁动势。

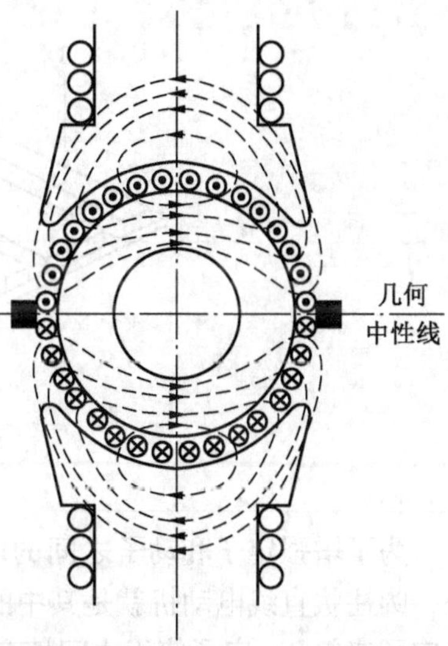

图 1－32　电刷放在几何中性线的两极直流电机的电枢磁场分布

六、直线电动机

绝大多数的电动机都是做旋转运动，而实际工作的机构多数是做平移运动或往复运动，所以要采用蜗轮－蜗杆、齿轮－齿条或者曲柄－连杆等机械机构把旋转运动变为平移运动或往复运动，丁是就萌生出使电动机的转子做平移运动或往复运动的想法。根据这种需求，直线电动机就应运而生了。

1. 直线电动机的基本结构

目前常用的直线电动机有直线感应电动机、晶闸管式异步直线电动机和步进式直线电动机。从原理上讲，任何形式的直线电动机都是把旋转电动机的圆柱状定子展开成为平面型定子所构成的。

直线感应电动机的概念可以这样建立：把普通异步电动机的定子沿径向切开并展开成为平面，原来定子绕组产生的旋转磁场就变成直线运动的行波磁场了。类似原来异步电动机中的定子称为初级元件，类似笼型转子的元件称为次级元件，也叫动子。在定子绕组产生的气隙行波磁场与磁极磁场的共同作用下，气隙磁场对动子产生电磁推力。在这个电磁推力的作用下，如果初级元件是固定不动的，那么次级元件（动子）就沿着行波磁场的运动方向做平移运动或往复运动。动子的运动速度略低于定子行波磁场的速度。直线电动机按原理分为直流直线电动机、交流直线感应电动机、直线步进电动机和交流直线同步电动机，其中前三种应用较多。

直线感应电动机定子所产生的直线运动的行波磁场的速度为

$$V_0 = 3\tau f \tag{1-5}$$

式中　τ——定子相邻磁极的间距。

动子的速度为

$$V = V_0(1 - s_1) \tag{1-6}$$

式中　s_1——直线转差率。

当工频供电的情况下，普通的直线感应电动机的行波磁场的速度可以高达 3 m/s。所以很难采用这种电动机直接驱动生产机械，一般可以用来驱动运输机械。为了得到更低的速度，并且能够调节速度，通常采用变频器为定子提供变频电源。

一种直线感应电动机的结构如图 1－33 所示。次级元件为动子，在定子行波磁场的作用下，沿着导轨做往复直线运动。由于定子磁场的漏磁严重，故这种结构的电动机功率因数很低。

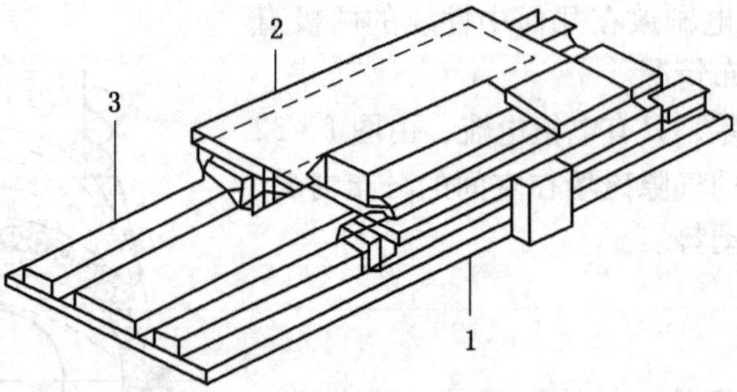

1，2—定子；3—导轨

图 1－33　直线感应电动机的结构

为了增强定子和动子之间的电磁耦合程度，近年来在电动机的结构方面做了很多改进，圆柱状直线电动机就是其中的一种，其结构如图 1－34 所示。圆筒状的定子 1 中分布着定子绕组 2，定子绕组之间填充着由铁磁材料构成的磁路 3，动子 4 是一个铁磁材料制成的空心圆杆。当定子绕组顺序通电时，动子在磁场的作用下，沿左右方向平动。因为减小了定子和动子之间的气隙，故提高了功率因数。

直线感应电动机的缺点是效率低，能量损失大，尤其是动子的转差损失最为显著。以同步电动机的原理制成的直线电动机逐渐增多。把这种同步电动机的定子展开成平面形状，就形成直线电动机的定子。动子由永久磁铁构成。定子绕组的通电顺序取决于动子的位置，为此，在动子上还应当装有位置传感器。根据需要，有时还可以把动子做成固定的结构，而使定子运动。

2. 直线步进电动机的工作原理

为了实现位置控制，最有效的传动方案就是采用直线步进电动机。这种电动机就是把普通的步进电动机的定子展开成为平面形状，转子也做成平面的齿槽形状的动子。如果按

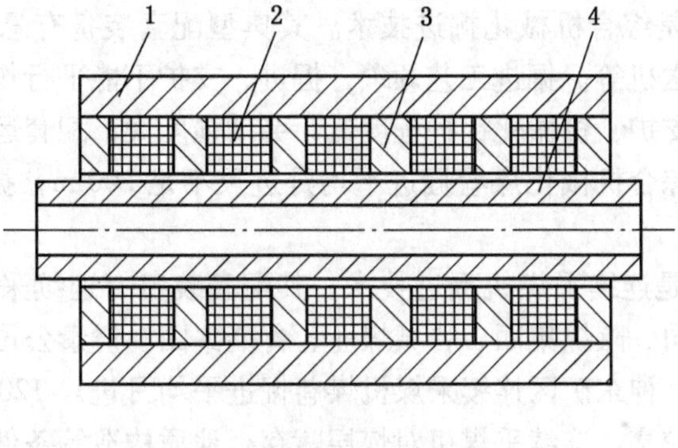

1—定子；2—定子绕组；3—磁路；4—动子

图 1－34　圆柱状直线电动机结构

照步进电动机的开关规律向定子绕组送电，动子将作步进直线运动。这种步进的步距可以做得非常小，甚至达到 0.1 mm 的精度。

直线步进电动机的速度 V 与齿距 τ、相数 m 及开关切换频率 f 有关，即

$$V=\frac{\tau f}{m} \tag{1-7}$$

直线步进电动机的最高速度受到齿距和开关频率的限制，一般情况下齿距与气隙的比值不小于 10。

为了简化单坐标直线电动机的机械结构，并实现用一套传动装置控制多个坐标的直线运动，可以采用正交控制的原理。即在定子驱动部分配置两套正交的绕组，并把动子的导轨也做成垂直方向，那么，在正交控制系统的控制下，运动部分就可以沿着两个相互垂直的方向运动，实现在平面上的位移。

直线步进电动机的牵引力小，效率低，只适合用于轻量级机器人、轻型机床、测量仪器、激光切割等轻型设备上。

第三节　快掘系统中的电气传动

随着我国煤炭产业的结构性调整，矿井规模不断地扩大，采煤速度也越来越快，但掘进速度没有明显提高，采、掘失衡已经成为制约我国煤矿高产高效的主要因素。据不完全统计，掘进效率低的主要矛盾在于掘、锚不平衡，割煤时间占 17% ~34%，锚护时间占 50% ~67%。因此，发展掘、锚平行作业装备及工艺，提高锚护作业效率，是解决问题的关键所在。高效快速掘进系统是用于巷道快速掘进的成套装备，由掘锚机、破碎机、十臂锚杆机、迈步式自移机尾、可弯曲带式输送机组成，其协同控制需要以工作面采掘、支护、运输工艺为基础，实现采掘、破碎、支护等多个移动设备之间协同行走和运输系统联动控制。

一、快速掘进技术发展状况

目前，国内外主要有 3 种类型的煤巷机械化快速掘进技术。

（1）第一种类型是综合机械化掘进技术。其典型配套装备有悬臂式掘进机、桥式转载机、可伸缩带式输送机等。掘进工艺烦琐，掘进、支护不能平行作业，主要以单体气动或液压锚杆钻机配套支护，机械化锚护程度低，劳动强度大；配套运输方式落后，辅助作业强度大。目前我国综合机械化煤巷掘进平均月进尺不足 200 m，掘进功效不足 5 m^3/工日，效率较低。

（2）第二种类型是连续采煤机掘进技术。其配套装备有连续采煤机、锚杆钻车、梭车、铲车等。神东公司、陕煤集团、晋城煤业、鲁能集团、伊泰公司等煤矿使用连续采煤机达 100 余台，其中，神东矿区连续采煤机煤巷掘进平均月进尺 1200 m，掘进功效 9 m^3/工日左右，效率相对较高。连续采煤机对煤层赋存、地质构造等条件要求较高，限制了其在巷道掘进方面的应用范围。

（3）第三种类型是掘锚一体化掘进技术。掘锚一体化掘进技术核心装备是掘锚机，运输系统一般采用桥式转载机、梭车、破碎转载机等。20 世纪 90 年代，国外开始研制第一台掘锚机，目前国际上在用掘锚机已达 200 余台，代表机型有 SANDVIK 公司的 MB670、JOY 公司的 12ED25。2003 年，国内开始引进第一台掘锚机，至今已有 80 余台，主要应用于顶板不稳定、无法采用连续采煤机快速掘进的大型矿井的煤巷单巷掘进。目前神东矿区掘锚机煤巷平均月进尺 600 ~ 800 m，掘进功效 5.5 m^3/工日左右。2008 年，国内开始进行掘锚机的国产化工作，上海天地开发出 MLE250/500 型掘锚机，完成样机试制及初步试验；山西天地于 2016 年研制出 JM340 型掘锚机，整机技术参数及配置达到国际先进水平。

智能快速掘进技术是指采用具有感知能力、记忆能力、学习能力和决策能力的掘锚机、锚杆机、破碎转载机、带式输送机等煤巷掘进装备，以自动化控制系统为枢纽，以远程可视监控为手段，实现掘进工作面巷道掘进系统“全断面快速掘进、掘支运平行作业”的安全协调高效掘进技术。智能快速掘进技术创造了掘进、支护、运输“三位一体”的快速掘进新类型，实现了设备的集中协同控制，为下一步掘进工作面无人化奠定了基础。

二、快速掘进成套装备组成

煤巷快速掘进系统主要由悬臂式掘进机、机载锚杆钻机、除尘系统、桥式转载机、可弯曲带式输送机组成，如图 1－35 所示。通过设备间的相互协同控制实现采掘、破碎、支护、运输等工序和通风、除尘、供水和供电等辅助工序，涵盖了掘进系统工艺需求的全部环节，实现了掘、支、运生产工艺的平行作业，截割断面一次成巷，实现了快速掘进的目的。

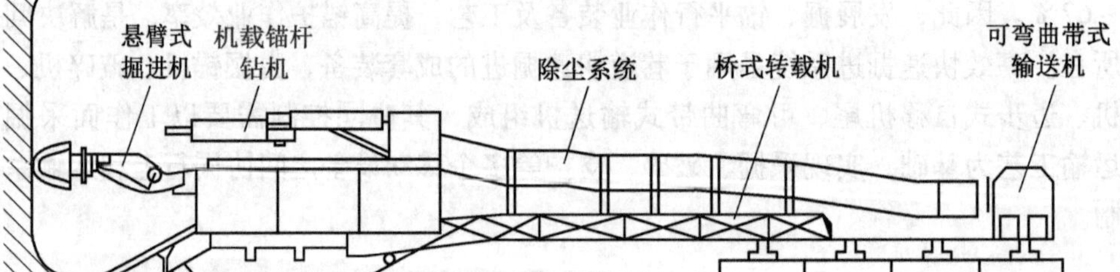

图 1－35　煤巷快速掘进系统总体结构

三、无线通信装置

无线通信装置用于传输煤矿井下快掘系统各设备的控制信号。煤矿无线通信装置通信技术参数见表1-2。

表1-2　煤矿无线通信装置通信技术参数

名　称	技　术　参　数	名　称	技　术　参　数
频率/MHz	430(遥控信号),170(联动信号)	通信距离/km	1(空旷)
带宽/kHz	250	波特率/($bit \cdot s^{-1}$)	38400
功率/W	1		

无线通信装置的数据格式为1 bit起始位、8 bit数据位、1 bit停止位和偶校验位。无线通信装置通过RS485接口写入Modbus地址，Modbus报文格式：命令+地址高位+地址低位+长度+装置设定地址+CRC高位+CRC低位。

高效快速掘进系统控制网络中有4个无线通信装置，分别为1个网管站和3个数据站。网管站负责令牌传递管理，获得令牌的站点可向网内其他所有站点发送本站的节点数据，每个站点均保存接收到的网内站点的控制数据，并按照站点地址从小到大的顺序存储无线通信装置接收遥控发射器的命令信号供电气控制箱读出，同时接收电气控制箱写入的遥控反馈数据，并发送给遥控发射器。

无线通信装置通过RS485总线按照Modbus协议和各设备电气控制箱相连。该连接中，无线通信装置作为从机，各设备电气控制箱作为主机。各设备电气控制箱可向无线通信装置写入控制数据和遥控反馈数据，也可读出任何网内站点的控制数据。

四、快速掘进成套装备智能化控制系统

快速掘进成套装备智能化控制系统应具有适应不断变化的巷道环境的能力，能有效地预测和处理随机出现的各种工况，并实时地将整个系统的运行状况传送至工作面集控中心和地面监控中心，能以安全可靠的方式按照生产计划执行相应的生产工序，从而达到预定的生产目标。

在整个快速掘进工作面的单机设备之间建立一个无线局域网络，将各单机系统的数据接入无线局域网，利用无线网络通信技术将工作面上的多台设备联系起来，实现设备之间的信息互通，从而达到快速掘进成套装备间的协同控制，并且在系统中建立快速掘进工作面监控中心，实现对工作面设备的实时监控和统一协调控制工作。

快速掘进成套装备智能化控制系统主要包括单机智能控制系统、多机协同控制、智能截割、无线数据网络通信系统、集中控制等。

1. 单机智能控制系统

单机智能控制系统是由掘锚机组智能控制系统、多臂锚杆机智能控制系统、可弯曲带式转载机智能控制系统和迈步式自移机尾智能控制系统组成。各设备的电控系统主要由电气控制箱、数据采集系统、无线通信系统、人机交互系统、无线遥控系统、电液比例控制

系统、交流变频调速系统等组成，如图1-36所示。各快速掘进设备的电控系统实现对设备上电机的复合逻辑控制和保护、电磁阀控制和比例调节、传感器数据采集、远程遥控控制、无线数据通信等功能。各设备电控系统通过无线通信装置进行数据通信，实现高效快速掘进系统的协同控制。

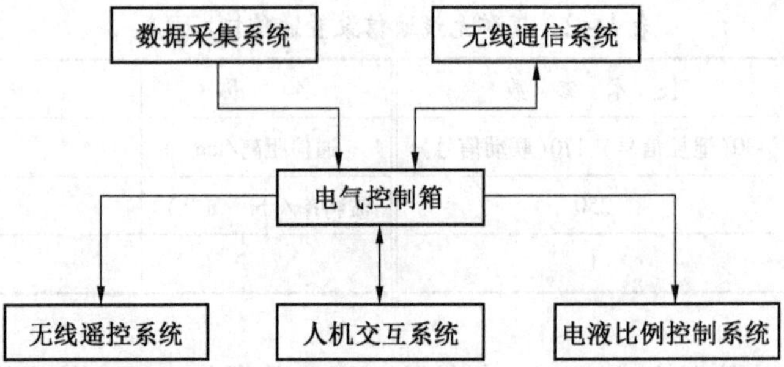

图1-36　单机智能控制系统组成

所有设备的智能控制核心是机载控制计算机，其需要长期工作在振动、粉尘、潮湿的环境下，并且要与大量的传感器、执行器等器件连接，具有向操作人员提供丰富的图形化人机交互界面的能力，而且具有扩展能力强、可靠性高、模块化、通信接口丰富、易维护等特点。

数据采集系统用来感知煤机设备自身与周围的环境数据，它通过采集摄像头、智能终端、传感器（瓦斯、液位、压力、温度、倾角等）等机身设备的数据来实现对人员、设备、环境的监测。电气控制箱中的控制器将采集到的数据经过相应的控制算法使设备保持最佳的运行状态，维持设备正常运行。

通过人机交互系统，操作人员可以方便地查询系统感知到的实时数据、整机的运行状态参数以及实时故障和历史故障，操作人员能安全有效地进行井下作业。

无线通信系统作为单机设备与工作面无线局域网的接口，其负责将单机系统的数据传输到无线局域网中，并且能够接收其他单机设备系统数据，用来实现工作面成套设备的协同控制。

掘锚机组的作业方式是截割煤壁和锚护同步进行，待锚护作业完成后才能将整机通过行走机构向前移动。2017年阳煤集团试验了第3套快速掘进系统，该系统掘锚机组有6部机载锚杆机，五臂运锚机有5部机载锚杆机（其中3部为全自动锚索钻机）。全自动锚索钻机通过钻架上多个传感器可以感知整个自动化过程的实时工作数据，维持自动锚索钻架顺利工作。全自动锚索钻机可以实现锚索的自动打孔，减少锚护工作操作人员的工作强度，提高巷道锚索支护的效率，从而提高整个系统的掘进效率。

2. 多机协同控制

快速掘进成套装备智能化控制系统的多机协同控制主要分为运输系统协同控制、可弯曲带式输送机和迈步自移机尾协同控制、掘锚机与五臂运锚机协同控制、五臂运锚机与可弯曲带式输送机协同控制等，通过设备间的协同控制实现成套智能装备的连续掘进。协调控制运输系统由掘锚机运输系统、五臂运锚机运输系统、可弯曲带式输送机和迈步自移机尾组成，通过该系统可以实现逆煤流启动、顺煤流停车和设备间的联动闭锁等功能。

可弯曲带式输送机和迈步自移机尾协同控制是指当迈步自移机尾接收到前进信号时，可弯曲带式输送机则会向后行走，其向后行走的牵引力将会减少迈步自移机尾的前进阻力，促进迈步自移机尾的移动。

掘锚机与五臂运锚机协同控制功能。通过测距传感器可以精确地感知两设备间的距离，使掘锚机上运输的煤岩块可以落到五臂锚杆机的运输槽中，并且使两设备保持同步移动，增加成套设备前进的速度。

五臂运锚机与可弯曲带式输送机协同控制建立在两设备之间的无线通信网络基础之上，通过相互之间的信息传输，可以得知对方的移动方向。当其中的任一设备向前或者向后移动时，另外一台设备也将随着一起向前或者向后移动，从而增加设备移动的牵引力，实现整套设备的快速移动，提高巷道的掘进速度。

3. 智能截割

掘锚机是快速掘进系统的“龙头”装备，掘锚机的智能化主要体现在智能截割技术上，主要体现在几个方面：

（1）掘锚机的自动定位和导向技术。掘锚机在巷道掘进作业过程中，能够检测自身的位姿，并且能够随时调整行走机构，使机身的位置和行进方向与巷道设计参数相匹配。自动定位和导向的主要方式有全站仪、陀螺仪、电子罗盘、激光导向仪以及视觉测量。目前，光纤陀螺仪技术成功应用于高效快速掘进系统的导向中，有效降低了巷道掘偏的情况，提高了掘进的速度和效率，为实现掘锚机的自动定位奠定了基础。

（2）煤岩特性智能识别技术。煤岩特性智能识别技术是掘锚机智能化的重大技术问题，是实现无人化掘进理念的关键环节。目前的煤岩识别方法主要有：基于煤层厚度原理的射线、雷达探测法；基于煤岩表面检测原理的表面图像法、激光探测法、红外测温法等；基于切削力原理的驱动电流法、振动频谱法等；基于神经网络的多参数融合法基于模糊理论的人工智能法等。

（3）煤岩自适应截割技术。掘锚机通过自动定位技术确定自身在巷道中的三维坐标后，依据采掘工艺的要求自主完成整个煤岩截割过程。整个工艺流程包括截割轨迹指定、截割滚筒转速和截割臂摆动速度根据煤岩特性的调整。截割臂摆动速度的调整可以通过电磁阀控制技术控制截割臂升降油缸来实现。

（4）掘锚机智能诊断技术。煤矿井下特殊工作环境、非正常截割工况、维护保养失当等均是掘锚机故障发生的原因，且故障类型呈多样性、随机性、盲测性、关联性的特点。智能诊断技术实现在线检测和预报功能，是掘锚机智能化的一个重要体现。

4. 辅助工序自动化

供水、供电、通风、除尘、辅助运输、带式输送机延伸等辅助工序也是影响巷道掘进效率和速度的制约因素。从时间上讲，辅助作业时间占全天的1/3；从人力上讲，辅助作业占用人员多，且效率低；从安全上讲，占用大量人员，必然存在安全隐患，也不符合“机械化换人，自动化减人”科技强安发展理念。因此，将部分辅助作业逐步实现机械化、自动化，从而逐步实现掘进与辅助工序的平行作业。

5. 无线数据网络通信系统

工作面无线数据网络通信系统（图1－37）作为快速掘进成套装备智能化控制系统的

重要组成部分，可以实现系统中各台设备间的相互通信、协同控制、相互配合，提高掘进效率。工作面的每台设备都有网络接口，各单机设备通过无线节点接入无线局域网。这样工作面的所有设备的运行状态信息就可以通过无线通信网络实现信息互通，为快速掘进工作面多设备的协同控制搭建了信息通道，从而实现多设备的协同控制。无线数据网络通信由智能化网络管理系统进行集中控制。

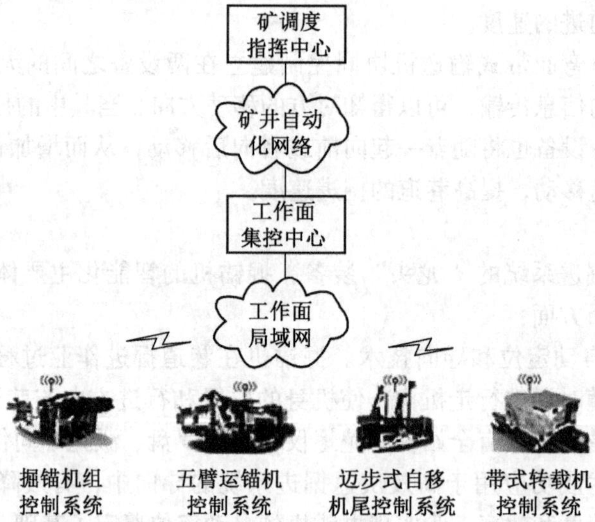

图1-37　快速掘进工作面无线数据网络通信系统

工作面无线数据网络将整个掘进工作面的设备作为一个掘进系统，系统内部设备相互配合共同实现掘进工作面的掘进、锚护、运输、破碎等生产过程，实现掘进设备整机在时间、空间、工艺、参数等多方面的融合，提高整套设备对生产环境的适应能力。

6. 集中控制

掘进工作面的设备每天都会随着巷道的向前推移而移动，系统比较庞大，控制的动作较多，设备间的协同控制功能较多，因此需要在快速掘进工作面设计集中控制中心。一方面通过控制中心可以监控整个快速掘进工作面设备的工作状态和动作参数；另一方面可以为工作面的所有设备提供配电功能，可以实时监控每台设备的用电情况。它是一个集供配电、设备状态监控、视频监测、无线数据网络管理和数据上传功能于一体的集中控制中心。在快速掘进工作面运输巷中建立集中控制中心，该中心通过工作面局域网与工作面的各子系统进行数字化通信，接入掘锚机组控制系统、五臂运锚机控制系统、迈步式自移机尾控制系统及可弯曲带式输送机控制系统，实时监测设备供电、工作面视频、工作面设备运行状态等信息。由掘进队操作人员就地控制工作面设备的生产过程，也能由监控中心操作人员远程监控、移机和控制相关设备启停等工作。通过集中控制中心管理平台接入千兆工业以太环网，地面调度指挥中心可以实时监控掘进工作面的工作状态，实现在地面对工作面设备的远程监控，逐渐形成快速掘进工作面控制系统，实现了“以工作面自动控制为主，监控中心远程干预控制为辅”的工作面自动化生产模式。

五、快速掘进设备协同控制

在高效快速掘进系统中，掘锚机为连续行走，破碎机、可弯曲带式输送机为间歇行走。在不同工况下，各设备的行走一致性要求不同，电控系统可根据具体要求实现超限处理、区间警报、控制调整和区间停车等多种控制方式。

1. 运输系统联动控制

煤矿井下快速掘进设备运输系统由掘锚机刮板输送机、破碎机刮板输送机、迈步式自移机尾、可弯曲带式输送机组成，其联动控制功能如下：

（1）重载启动。可弯曲带式输送机采用头尾变频驱动方式，充分利用变频电动机软启动时启动转矩大、带负载能力强、机械冲击强度小的特点，实现输送机重载启动。

（2）逆煤流启动。当运输系统启动指令发出后，按照迈步式自移机尾→可弯曲带式输送机→破碎机刮板输送机→掘锚机刮板输送机的顺序启动运输系统。

（3）顺煤流停止。当运输系统停止指令发出后，按照掘锚机刮板输送机→破碎机刮板输送机→可弯曲带式输送机→迈步式自移机尾的顺序停止运输系统。

（4）连锁控制。当掘锚机刮板输送机、破碎机刮板输送机、迈步式自移机尾、可弯曲带式输送机中任何一个运输设备发生故障时，整个运输系统停机。

2. 可弯曲带式输送机和迈步式自移机尾联动控制

可弯曲带式输送机和迈步式自移机尾在联动模式下，迈步式自移机尾电气控制箱通过无线通信装置接收行走信号后，驱动迈步式自移机尾前进；迈步式自移机尾确认可以行走后，通过无线通信装置向可弯曲带式输送机无线通信装置发送行走信号，可弯曲带式输送机电气控制箱接收到无线通信信号后，驱动可弯曲带式输送机后退，其后退力与迈步式自移机尾牵引力达到平衡。

3. 掘锚机与破碎机协同作业

通过电控系统采集和分析掘锚机截割功率、掘进速度和破碎机状态等数据，使掘进速度与掘锚机截割功率、破碎机工作能力达到自动优化匹配。掘锚机与破碎机协同作业流程如图1－38所示。在掘进速度与掘锚机截割功率匹配的基础上，若破碎机工作能力小于掘

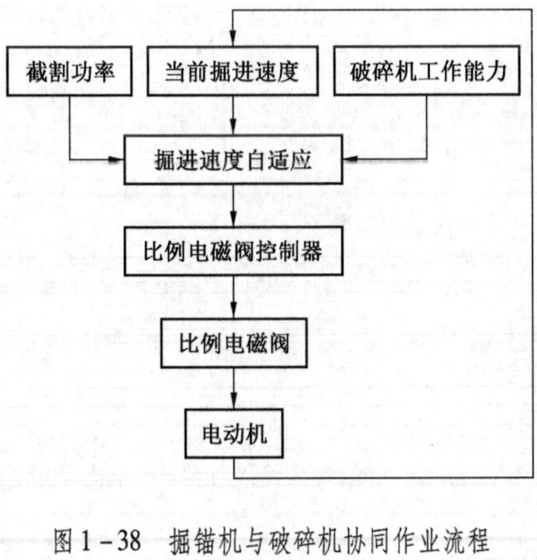

图1－38　掘锚机与破碎机协同作业流程

锚机的运输能力且未达到自身额定工作能力，掘锚机电控系统发出控制信号，破碎机提高工作速度，以提高掘进效率。若破碎机工作能力小于掘锚机的运输能力且达到或超过自身额定工作能力，掘锚机会自动降低掘进速度，使掘进速度与破碎机工作能力达到最佳匹配，达到保护破碎机的目的。掘锚机和破碎机启停控制：破碎机启动后掘锚机才能开始掘进工作；掘锚机开始掘进后破碎机才能行走；破碎机开始倒退后掘锚机才能开始倒退，并且破碎机与掘锚机距离不能小于设定值；若掘锚机停止工作，破碎机需工作一定时间后自动停止工作，避免破碎机下次带载启动，达到节能的目的。

第二章　低压电动机的启动与制动

第一节　低压电动机的启动

一、全压启动

全压直接启动也叫全压启动，是低压电动机最基本的启动方式，应用范围很广。所谓低压电动机，通常是指额定电压为380 V或660 V的异步电动机。在大多数情况下，功率22 kW及以下的电动机可采用直接启动方式。电动机的直接启动电路，一般选用交流接触器作为主开关，不推荐用开启式负荷开关合闸启动，那样安全性较差，有可能产生弧光烧人的事故。

电动机直接启动的一次电路（主电路）和二次电路（控制电路）分别如图2－1和图2－2所示。所谓一次电路，是电动机定子绕组工作电流经过的电路元件和导线；二次电路是保证设备正常运行不可缺少的辅助电路，二次电路的主要功能有控制、测量、信号和保护等。使电动机启动运行和停止运行的电路是二次电路的控制功能电路；电压、电流、功率及功率因数等电参数的测量显示是二次电路的测量功能；运行和停止指示灯的交替亮灭、音响报警装置的鸣叫与停止等是二次电路的信号功能；热继电器、电动机保护器等元件实施的过电流过电压及断相保护是二次电路的保护功能。下面具体分析电动机直接启动电路的工作过程。

图2－2中，FU1和FU2是二次熔断器，SB1是停止按钮，SB2是启动按钮，FR是热继电器的保护输出触头。按下启动按钮SB2，交流接触器KM的线圈得电，其主触头闭合，电动机开始运行。同时，接触器的辅助常开触头KM－1也闭合，它使接触器线圈获得持续的工作电源，接触器的吸合状态得以保持，从功能上讲，习惯上将辅助常开触头KM－1称作自保（持）触头。

电动机运行中，若因故出现过电流或短路等异常情况，热继电器FR内部的双金属片会因电流过大而弯曲，在一定时限内使其保护触头FR动作断开，致使接触器线圈失电，接触器主触头断开，电动机停止运行，保护电动机不被过电流烧坏。保护动作后，接触器的辅助常开触头KM－1断开，电动机保持在停止状态。

电动机运行中，如果按下停止按钮SB1，电动机同样会停止运行，其动作过程与热保护的动作机理类似。停止指示绿灯HLG和运行指示红灯HLR分别受接触器的常闭（动断）或常开（动合）辅助触头KM－2、KM－3控制，用作信号指示。电流互感器TA的二次接电流表PA、电压表PV则直接接在电源线上，它们对电动机的运行电流和电压进行测量。

直接启动的特点：

（1）一般7.5 kW以下电动机可以考虑采用全压直接启动，主要用于小功率电动机的启动，从节约电能的角度考虑，大于 11 kW 的电动机不宜用此方法。

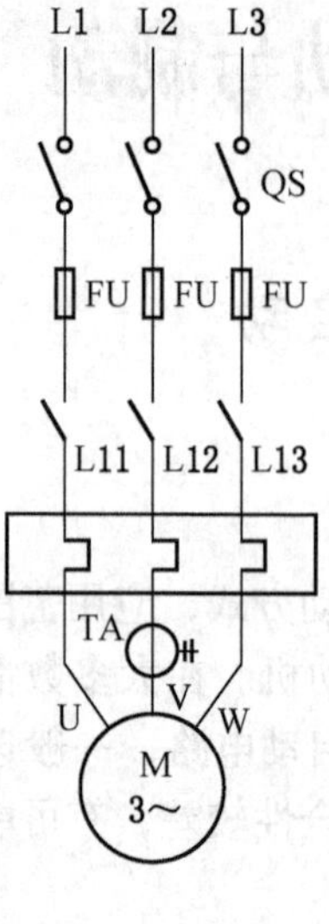

图 2－1　电动机直接启动主电路

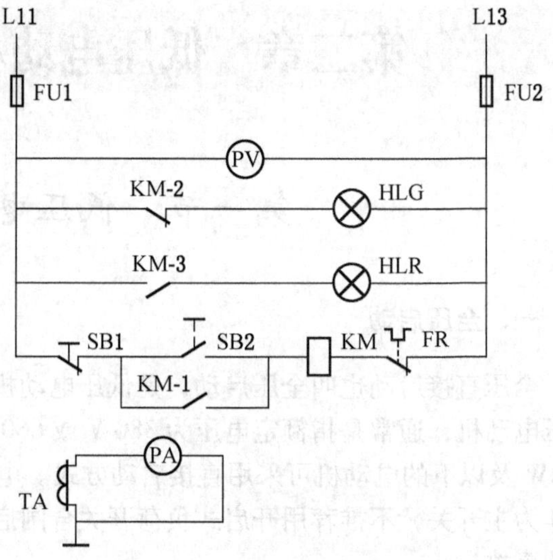

图 2－2　电动机直接启动控制电路

（2）电动机端子少（一般为三端子电极），可带载启动，设备简易，操纵控制方便，维护简单，而且比较经济。

二、星－三角启动

直接启动适用于较小功率的电动机，对于较大功率的电动机通常采用减压启动方式。减压启动的方式很多，有星－三角启动、自耦减压启动、串联电抗器减压启动等。星－三角启动也写成 Y－△启动。所谓 Y－△启动，是指启动时电动机绕组接成星形，启动结束进入运行状态后电动机绕组接成三角形。这种启动方式只适用于定子绕组在正常工作时为三角形连接的三相异步电动机。Y－△启动方式可使每相定子绕组承受的电压在启动时降低到电源电压的 $1/\sqrt{3}$(57.7%)，启动电流为直接启动时电流的 1/3。由于启动电流的减小、启动转矩也同时减小到直接启动的 1/3，所以这种启动方式只能工作在容载或轻载启动的场合。例如轴流风机应将出风阀门打开，离心水泵应将出水阀门关闭，使设备处于轻载状态，才能使用这种启动方式。

图 2－3 所示为电动机 Y－△启动的一次电路图，U1－U2、V1－V2、W1－W2 是电动机 M 的三相绕组。如果将 U2、V2 和 W2 在接线盒内短接，则电动机被接成星形；如果将 U1 和 W2、V1 和 U2、W1 和 V2 分别短接，则电动机被接成三角形。图 2－4 所示的二次电路可控制图 2－3 中的一次元件实现电动机的 Y－△启动。

现在分析 Y－△启动电路的工作过程。按下启动按钮 SB2，接触器 KM3 和时间继电器 KT 的线圈得电，KM3 的主触头闭合，将电动机的三相绕组接成星形；KM3 的辅助常开（动合）触头 KM3－3 同时闭合使接触器 KM2 动作，电动机进入星形启动状态，KM2 的辅助触头 KM2－1 闭合使电路维持在启动状态。待电动机转速接近额定转速时，时间继电器 KT 延时时间到，其延时断开常闭（动断）触头 KT－1 断开，接触器 KM3 线圈失电，主触头断开，辅助常闭（动断）触头 KM3－1 闭合，接触器 KM1 得电工作，电动机进入三角形运行状态。这里时间继电器 KT 的延时时间应根据电动机功率的大小、负载的轻重等因素进行调整，其时间长短应与电动机启动后转速达到接近额定转速所需的时间相接近，一般为 5～15 s。

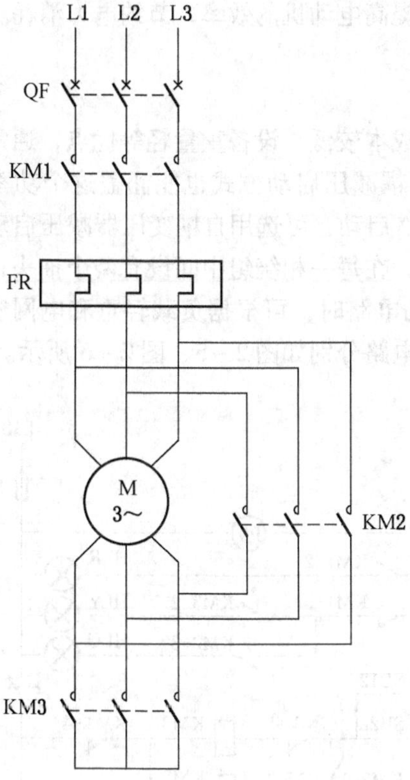

图 2－3　Y－△启动的一次电路

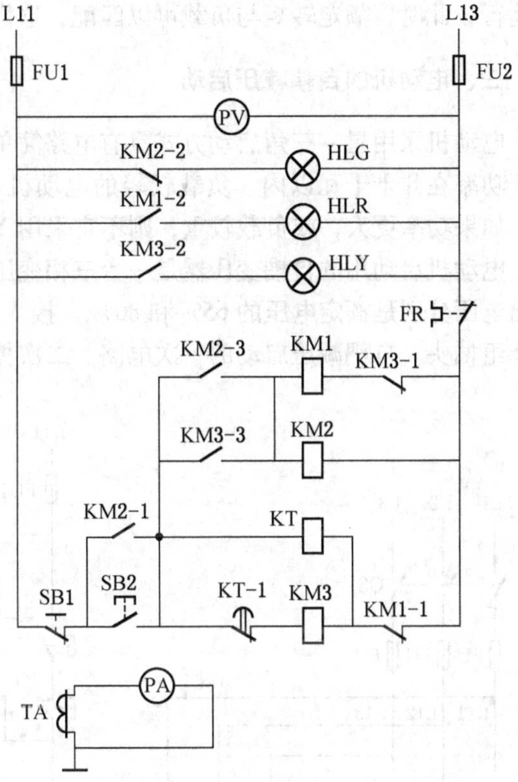

图 2－4　Y－△启动的二次电路

按一下停止按钮，或电动机出现异常过电流使热继电器 FR 动作，电动机均会停止运行。电动机停运时绿灯 IILG 点亮；启动过程中黄灯 IILY 点亮；运行过程则红灯 HLR 点亮。电流表 PA 和电压表 PV 用于电动机运行参数的测量。

热继电器的调整，应根据负载轻重和运行电流的大小，在热态（热继电器接入电路，并经过启动电流的预热）实地进行。观察电流表的读数，按照读数的 1.1 倍整定其电流调整钮。电动机出现 1.1 倍的异常电流时，热继电器会在 20 min 内动作。如果电动机运行电流是随负载不断变化的，则整定值可按较大电流值计算选取，但最大不能超过电动机额定电流的 1.1 倍。

星－三角启动的特点：

（1）对于正常运行的定子绕组为三角形接法的鼠笼式异步电动机来说，如果在启动时将定子绕组接成星形，待启动完毕后再接成三角形，就可以降低启动电流，减轻它对电网的冲击。

（2）采用星－三角启动时，启动电流只是原来按三角形接法直接启动时的1/3，启动转矩也降为原来按三角形接法直接启动时的1/3。

（3）适用于无载或者轻载启动的场合，并且同任何别的减压启动器相比较，其结构最简单。

（4）星－三角启动方式还有一个优点，即当负载较轻时，可以让电动机在星形接法下运行。此时，额定转矩与负载可以匹配，这样能提高电动机的效率，节约电力消耗。

三、电动机的自耦减压启动

电动机采用星－三角启动方式具有电路简单、成本较低、设备重量轻等优点，通常适用于功率在几十千瓦以内、负载较轻的电动机。自耦减压启动方式也能涵盖这个功率范围，如果功率更大，或负载较重，则不宜采用Y－△启动，可选用自耦变压器减压启动方式。电动机启动用的自耦变压器是一台三相变压器，在每一相绕组中间设有两个抽头，其输出电压分别是额定电压的65%和80%。接入启动电路时，可根据负载轻重和电网容量选择组抽头。自耦减压启动的一次电路、二次控制电路分别如图2－5、图2－6所示。

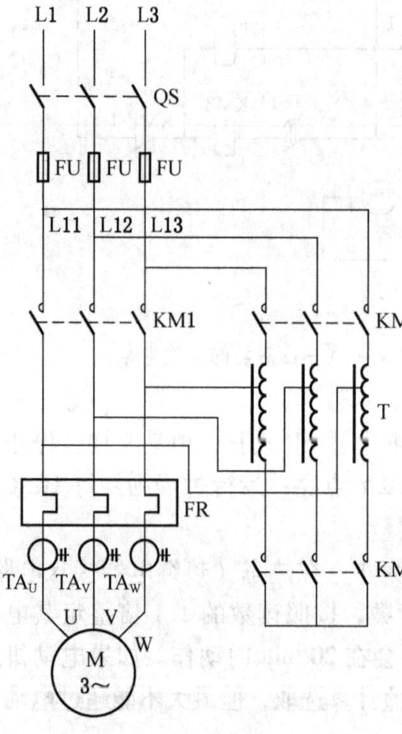

图2－5　自耦减压启动的一次电路

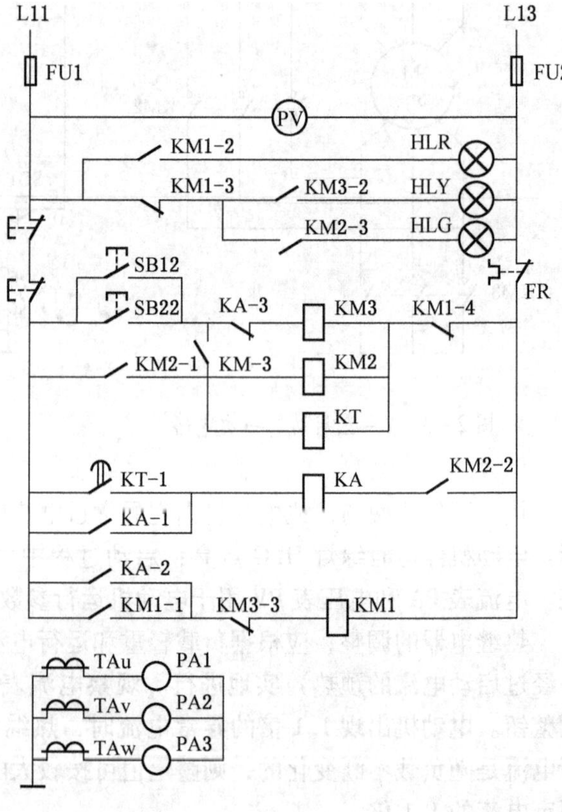

图2－6　自耦减压启动的二次控制电路

下面分析启动过程。SB11和SB12分别是就地启动柜上的停止与启动按钮；SB21和

SB22 分别是远程停止与启动按钮。两处的按钮具有相同的控制权限（均不具有优先控制权）和控制功能。按下启动按钮 SB12（或 SB22），交流接触器 KM3 得电动作，其主触头在电流为零的情况下将自耦变压器 T 的三相绕组接成星形:接触器 KM3 的辅助触头 KM－3 使接触器 KM2 和时间继电器 KT 得电进入工作状态，并由辅助触头 KM2－1 自保持。接触器 KM2 的主触头接通自耦变压器 T 的三相电源，电动机开始减压启动过程。时间继电器 KT 的延时时间应根据负载等情况调整为 8～20 s，延时结束后，其延时闭合常开触头 KT－1 闭合，这将依次出现以下动作：

（1）中间继电器 KA 线圈得电动作，常闭触头 KA－3 切断接触器 KM3 的线圈电源，KM3 线圈失电释放，变压器 T 的中性点打开，KM3 的辅助常闭触头 KM3－3 复位闭合，为接触器 KM1 吸合做好准备。

（2）中间继电器 KA 的常开触头 KA－2 闭合，接触器 KM1 线圈得电动作，主触头闭合，电动机由启动状态转为全压运行状态。

（3）接触器 KM1 的辅助触头 KM1－4 断开，使接触器 KM2 和时间继电器 KT 线圈断电而退出工作。

（4）KM2 断电释放后，其常开触头 KM2－2 断开，中间继电器 KA 断电释放。至此，电动机完成启动过程。

这里有一点需要说明，KM2 是因为 KM1 吸合才断电的，所以有一个 KM2 和 KM1 共同吸合的短暂瞬间。变压器 T 从两个回路接入电源电压，是否会导致变压器损坏，回答：变压器是安全的。因为接触器 KM3 的主触头已先期断开，变压器 Y 连接中点已打开，两路电源因为电压相等而不会在变压器中形成电流。

SB11 和 SB21 是停止按钮，按压其中之一，电动机停止运行。热继电器 FR 可对电动机的过电流等异常进行保护，当出现异常时，其常闭触头断开，接触器 KM1 线圈断电释放，电动机停止运行。一次回路中的熔断器 FU 可对短路故障实施保护。红灯 HLR 是运行指示灯，黄灯 HLY 是启动指示灯，绿灯 HLG 是停止指示灯。PA1、PA2 和 PA3 是 3 只电流表，可同时测量三相电流。电压表 PV 可用来测量电源电压。

以上介绍的是自耦减压启动电路的一种典型应用，根据电动机功率大小的不同、电网容量的差异、对测量和保护功能的要求变化，电源电压有 380 V 和 660 V 的区别，控制电路也有很多种派生方案。这些方案之间的主要区别有：

（1）功率几十千瓦以下的小功率电动机，二次电路中可不使用中间继电器，直接由时间继电器的触头去控制接触器线圈的通断电。

（2）电网供电系统空余容量不足、电动机负载较轻，启动时电动机可接自耦变压器 65% 的抽头，用以减小启动电流，否则接 80% 抽头。

（3）短时间运行的电动机，或保护功能完善的场合，可用一只电流表测量单相电流。

（4）增加一只电压换相开关，配合一只电压表，可选择测量 UV、VW 和 WU 之间的线电压。

（5）大功率电动机自耦减压启动柜往往装有手动/自动转换开关。该转换开关转向“自动”挡时，启动状态与全压运行状态的转换，由时间继电器控制自动完成；转向“手动”挡时，状态的转换由操作人员根据启动电流的变化幅度以及电动机的转速上升情况通过操作按钮实现。

（6）电源电压为 660 V 的电动机，由于各种接触器的线圈工作电压最高为 380 V，故二次控制电源应通过控制变压器将 660 V 降低为 380 V，同时，接触器主触头的额定工作电压应选 660 V。

图 2－7 所示为一台 660 V、160 kW 电动机的控制电路，图中 L11、L12、L13 是 660 V 电源输入端；FU1～FU5 是二次熔断器；T1 和 T2 是两台控制变压器，电压比是 660 V/380 V；它们输出的 380 V 电压作用有两个：一是作为二次控制电路的控制电源，二是给电动机保护器 XJ 提供电压信号。电动机保护器 XJ 具有功能完善的电压保护功能，包括过电压保护、欠电压保护、断相和相序异常保护等。变压器 T1 的容量是 500 V · A，T2 的容量是 50 V · A。电路工作时，如果电源电压正常，而且相序正确，电动机保护器的常开触头 XJ 闭合，中间继电器 KA1 线圈得电，其常开触头闭合，二次电路可以正常工作。如果电源电压偏高、过低或相序错误，电动机保护器的常开触头 XJ 断开，中间继电器 KA1

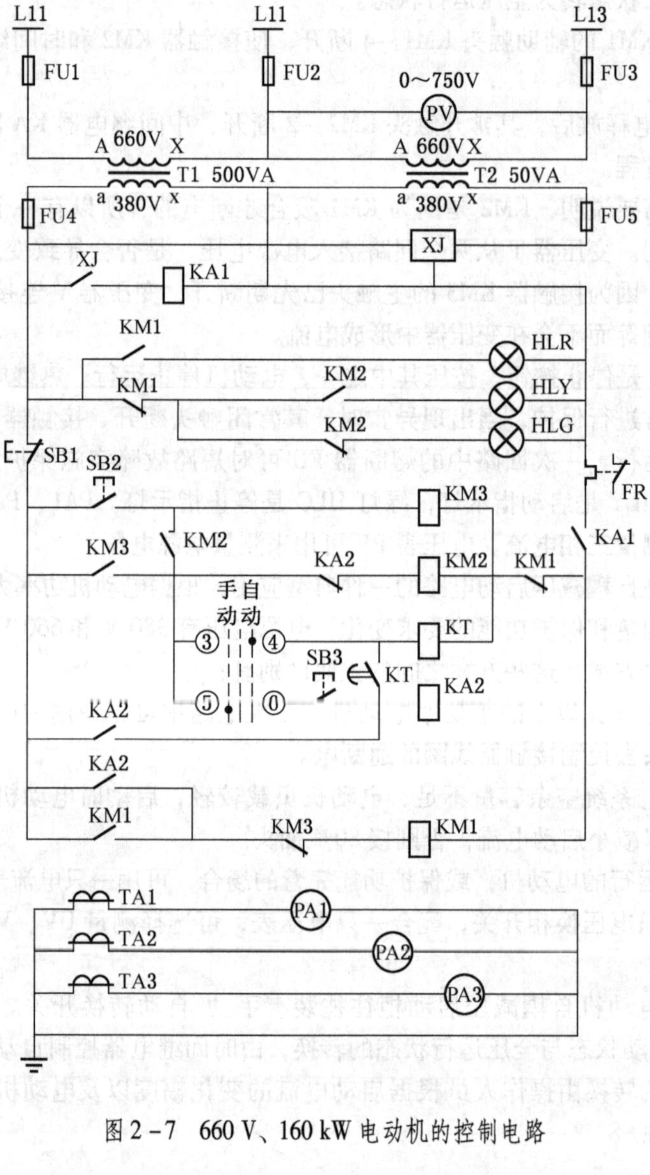

图 2－7　660 V、160 kW 电动机的控制电路

线圈失电，其常开触头断开，则所有交流接触器线圈断电并退出运行，实现对电动机的电压保护。

自耦减压启动的特点：

（1）利用自耦变压器的多抽头减压，既能适应不同负载启动的需要，又能得到更大的启动转矩，是一种经常被用来启动较大容量电动机的减压启动方式。

（2）自耦减压启动的最大优点是启动转矩较大。当其绕组抽头在80%处时，启动转矩可达直接启动时的64%，并且可以通过抽头调节启动转矩。

四、串电阻/变阻器方式启动

绕线转子异步电动机一般采用电阻分级启动或频敏变阻器启动两种方式。前者启动转矩大但控制较复杂，且启动电阻体积大、维修麻烦；后者具有恒转矩的启制动特性，又是静止元件，很少需要维修，因此除下列情况外，绕线转子异步电动机多采用频敏变阻器启动：

（1）有低速运转要求的传动装置。

（2）要求利用电动机的过载能力，承担启动转矩的传动装置，如加热炉的推钢机。

（3）初始启动转矩很大的传动装置，如球磨机、转炉倾动机构等。

1. 转子回路串接电阻启动

在三相绕线转子异步电动机的三相转子回路中分别串接启动电阻或电抗器，再加之电源及自动控制电路，就构成了三相绕线转子异步电动机的启动控制线路。图2－8a是转子

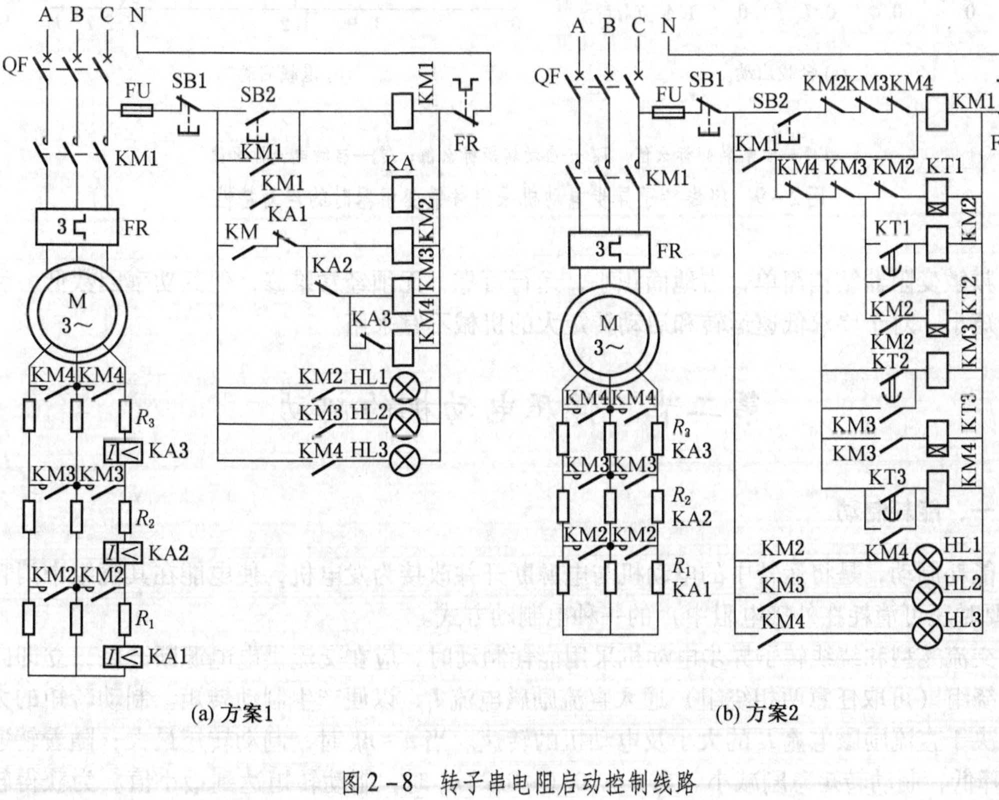

图2－8　转子串电阻启动控制线路

回路中串接电阻的启动控制线路，通过欠电流继电器的释放值设定进行控制，利用电动机转子电流大小的变化来控制电阻切除。图 2－8b 将主电路中的电流继电器去掉，通过时间继电器的定时设定来控制电阻切除。

2. 转子串频敏变阻器启动

频敏变阻器实质上是一个铁芯损耗非常大的三相电抗器。它由数片 E 形硅钢片叠成，具有铁芯、线圈两个部分，制成开启式，并采用星形联结。将其串接在绕线转子异步电动机转子回路中，相当于使其转子绕组接入一个铁损较大的电抗器。频敏变阻器的阻抗能够随着转子电流频率的下降自动减小，所以它是绕线转子异步电动机较为理想的一种启动设备，常用于较大容量的绕线式异步电动机的启动控制。

当电动机反接时，频敏变阻器的等效变阻器阻抗最大，从反接制动到反向启动过程中，其等效阻抗始终随转子电流频率的减少而减少，使电动机在反接过程中转矩亦接近恒定。因此频敏变阻器尤为适用于反接制动和需要频繁正、反转工作的机械。绕线转子异步电动机采用频敏变阻器时的启动特性如图 2－9 所示。

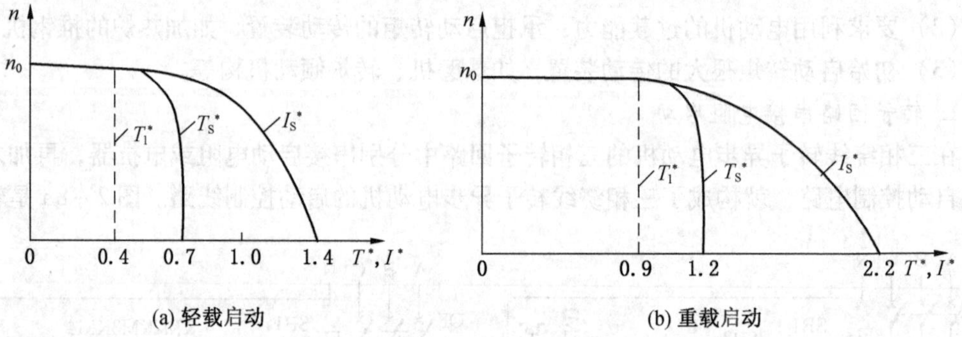

T_1^*—负载转矩标幺值；T_S^*—启动转矩标幺值；I_S^*—启动电流标幺值

图 2－9　绕线转子异步电动机采用频敏变阻器时的启动特性

频敏变阻器结构简单，占地面积小，运行可靠，无须经常维修，但其功率因数低、启动转矩小，对于要求低速运转和启动转矩大的机械不宜采用。

第二节　低压电动机的制动

一、能耗制动

能耗制动，是将运转中的电动机与电源断开并改接为发电机，使电能在其绕组中消耗（必要时还可消耗在外接电阻中）的一种电制动方式。

交流笼型和绕线转子异步电动机采用能耗制动时，应在交流供电电源断开后，立即向定子绕组（可取任意两相绕组）通入直流励磁电流 I_f，以便产生制动转矩。制动转矩的大小取决于直流励磁电流 I_f 的大小及电动机的转速。当 $n \sim n_0$ 时，制动转矩最大；随着转速 n 的降低，制动转矩急剧减小。当 $n = (0.1 \sim 0.2) n_0$ 时，制动转矩达到最小值。为获得较好的制动特性，励磁电流 I_f 通常取电动机定子空载电流 I_0 的1～3倍。绕线转子异步电动机能耗制动时，应在转子回路中串接(0.3～0.4)R_{2N}的常接电阻，可使平均制动转矩等于额定转矩（此时平均制动转矩值为最大）。制动时，励磁所用直流电源 U_b 可为48 V、10 V或220 V，为减小在附加制动电阻 R_b 上的能量损耗，在供电条件允许的情况下，U_b 越小越好。在多电动机集中控制而又都采用能耗制动的情况下（如大型轧钢车间），可设置专用的直流48 V能耗制动电源，这样更为经济。

同步电动机采用能耗制动时，可将其定子从电源上断开，接到外接电阻或频敏变阻器上，并在转子中继续通入适当的励磁电流，电动机即转入能耗制动状态工作。此时电动机作为一台变速的发电机运转，将机械惯性能量消耗在外接电阻或频敏变阻器上。采用频敏变阻器制动，其制动性能比用电阻时更为优良。

表2－1列举各种电动机能耗制动的接线方式、制动特性、特点及其适用场所。交流电动机能耗制动时的机械特性曲线，可由电动机资料查取。

二、反接制动

反接制动是将三相交流异步电动机的电源相序反接或将直流电动机的电源极性反接而产生制动转矩的一种电制动方法。

反接制动时，电动机转子电压很高，有较大的反接制动电流。为了限制反接电流，在转子中必须再串接反接制动电阻 r_{fb}。绕线转子异步电动机在反接制动时，转子接频敏变阻器比接电阻更好。因其阻抗可随频率的变化而变化，能自动地限制反接制动电流，因此它更适应于经常反接的系统，能获得平滑的正反向运转。

反接继电器KA1、KA2是保证当反接制动开始时，将反接电阻 r_{fb} 接入电路，而当制动到电动机转速接近于零时，将电阻 r_{fb} 短接。因此要正确地整定反接继电器的吸合电压及其线圈的连接点，如图2－10所示。继电器KA2的线圈连接在A、B两点上，当反接制动开始时，KA2断开，电阻接入，以限制反接制动电流。此时使电源电压 U_N 与电阻 r_x 上压降相等，则电动机的反电动势 E 大致上与 r_{fb} 上的压降相等，所以继电器KA2线圈两端电压接近于零，KA2不吸合。当电动机转速接近零时，$E=0$，KA2线圈两端电压升高，KA2吸合，使KA2吸合，KA2触头将 r_{fb} 短接，反接制动完毕。

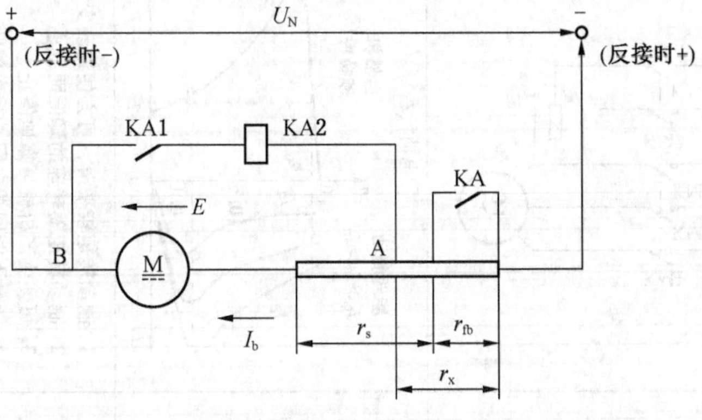

图2－10　反接继电器整定简图

表 2－1　各种电动机能耗制动的接线方式、制动特性、特点及其适用场所

电动机类型	异步电动机	直流电动机	同步电动机	
			电阻	频敏变阻器
接线方式	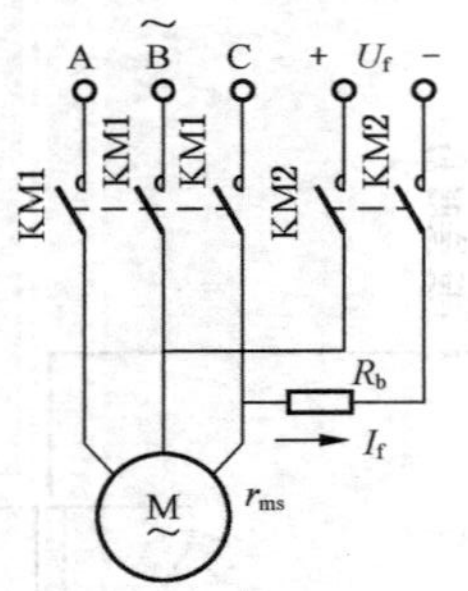	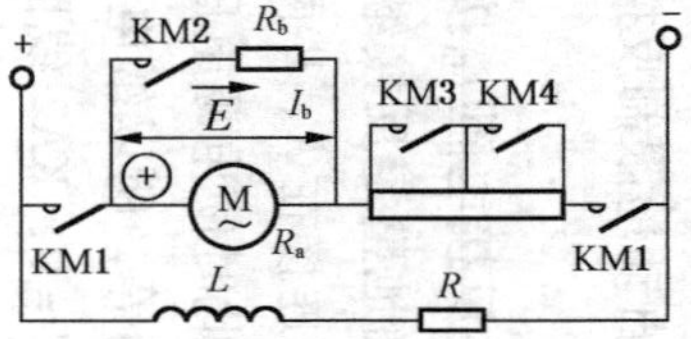	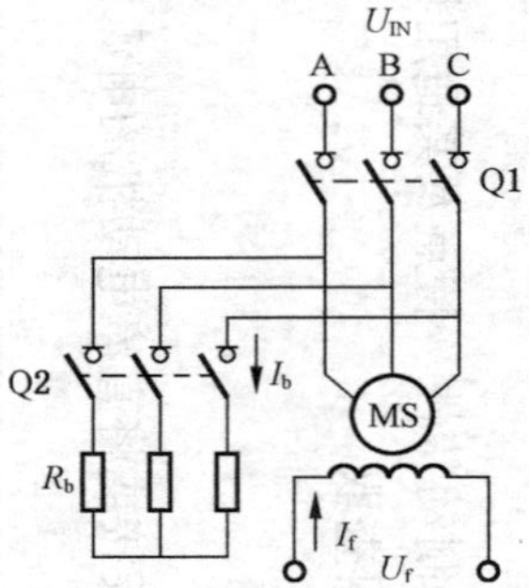	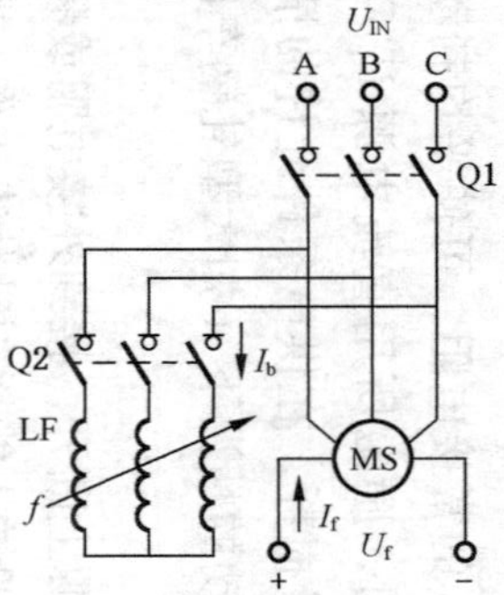
制动特性	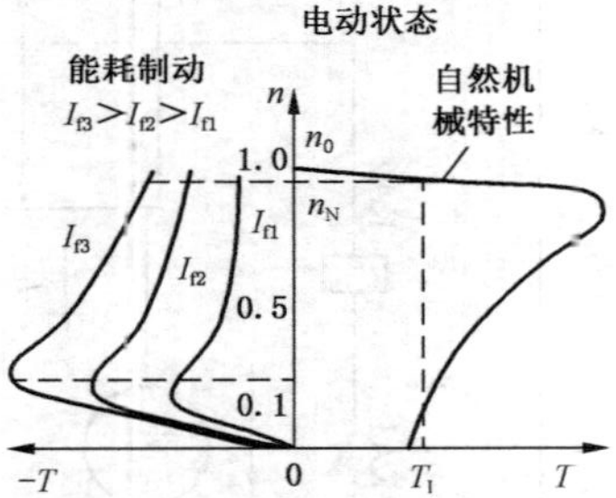	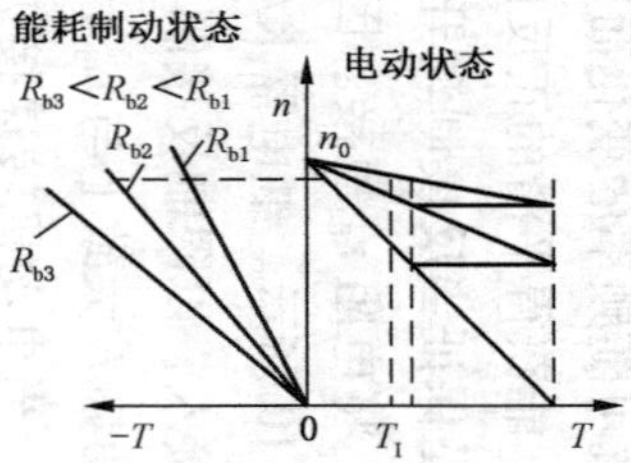	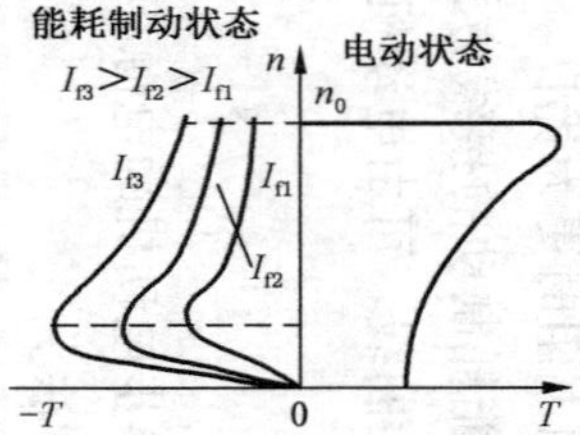	
特点	1. 制动转矩较平滑，可方便地改变制动转矩 2. 制动转矩随转速的降低而减小 3. 可使生产机械可靠地停止 4. 能量不能回馈电网，效率较低 5. 串励直流电动机因其励磁电流随制动电流的减小而减小，低速时不能得到需要的制动转矩，不宜采用能耗制动			
适用场所	1. 适用于经常启动、频繁逆转并要求迅速准确停车的机械，如轧钢车间升降台等 2. 并励直流电动机一般采用能耗制动 3. 同步电动机和大容量笼型异步电动机因反接制动冲击电流太大，功率因数低，亦多采用能耗制动 4. 交流高压绕线转子异步电动机为防止集电环上感应高压，亦多采用能耗制动 5. 采用一套变流器供电的不可逆晶闸管供电系统，亦多采用能耗制动			

表2－2中列出几种电动机采用反接制动时的接线方式、制动特性、特点及其适用场所。

表2－2　反接制动的接线方式、制动特性、特点及其适用场所

电动机类型	异步电动机	直流电动机
接线方式	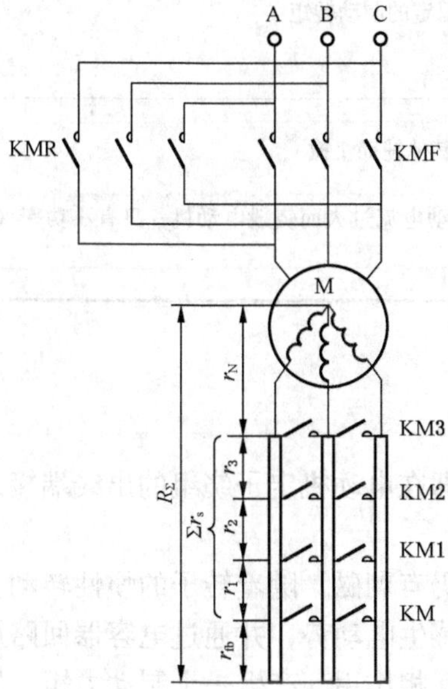	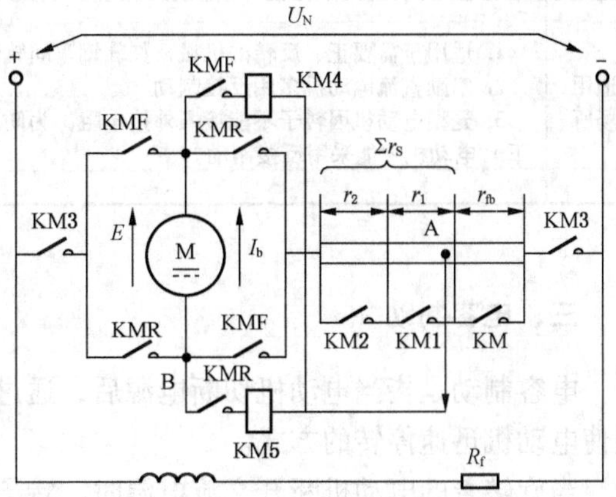
制动特性	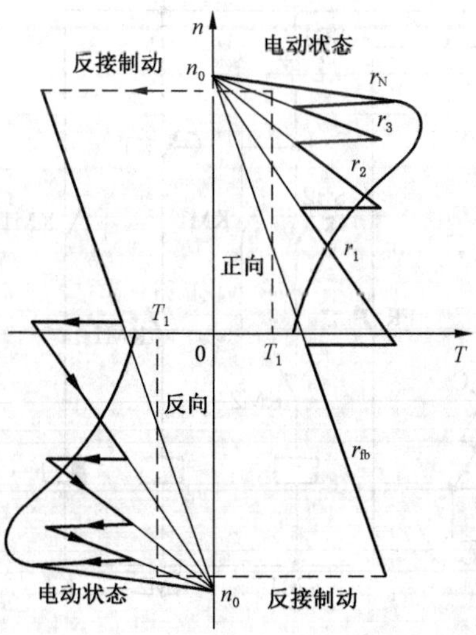	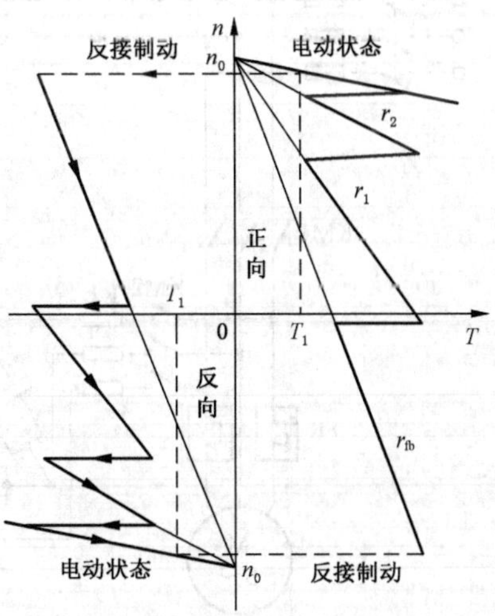

表2-2（续）

电动机类型	异步电动机	直流电动机
特点	1. 在任何转速下制动都有较强的制动效果 2. 制动转矩较大且基本恒定 3. 制动开始时，直流电动机电枢或交流电动机定子上相当于施加两倍额定电压，为防止初始制动电流过大，应串入较大阻值的电阻，能量损耗较大，不经济 4. 绕线转子异步电动机采用频敏变阻器进行反接制动最为理想，因反接开始时，$s_{fj}=2$，频敏变阻器阻抗增大一倍，可以较好地限制制动电流，并得到近似恒定的制动转矩 5. 制动到零时应切断电源，否则有自动逆转的可能	
适用场所	1. 适用于需要正、反转的机械，如轧钢车间轨道及其他辅助机械 2. 串励直流电动机多用反接制动 3. 笼型电动机因转子不能接入外接电阻，为防止制动电流过大而烧毁电动机，只有小功率（10 kW 以下）电动机才能采用反接制动	

三、电容制动

电容制动是指当电动机切断电源后，通过立即在电动机定子绕组的出线端接入电容器迫使电动机迅速停转的方式。

当旋转着的电动机断开交流电源时，转子内仍有剩磁，随着转子的惯性转动，产生随着转子转动的旋转磁场，定子绕组切割磁场产生感生电动势，并通过电容器回路形成感生电流，该电流产生的磁场与转子绕组中感生电流互相作用，产生一个制动力矩，使得电动机受制动停转。电容制动控制电路如图 2-11 所示。

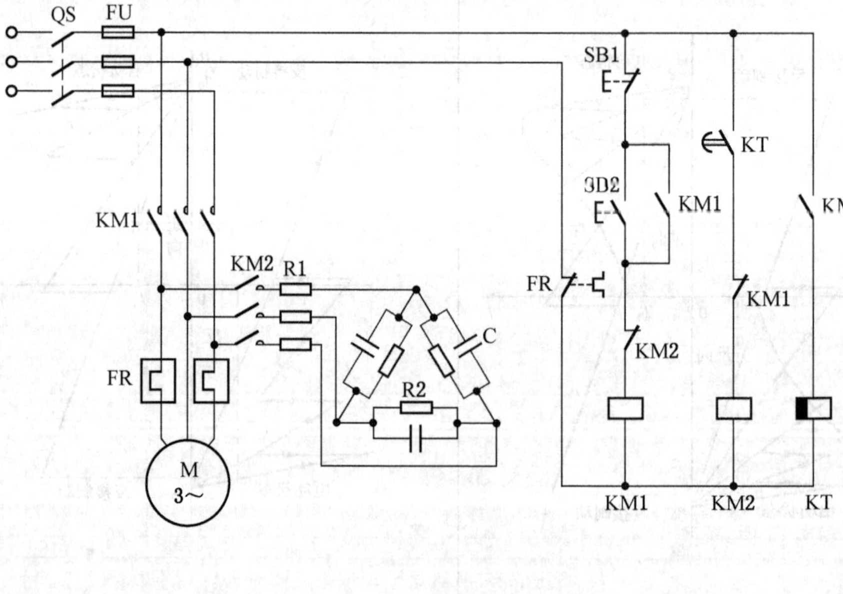

图2-11　电容制动控制电路

四、回馈制动

回馈制动是当三相交流异步电动机转速大于理想空载转速时，将电能返回电源系统的一种电制动方式。当电动机被生产机械的位势负载或惯性拉着作为发电机运转时，将机械能变为电能，送回电网而得到制动转矩。此时，其转速 n 大于同步转速 n_0，其运行特性曲线在第二象限，此时电动机工作状态如同一个与电网并联的异步发电机，同时从电网吸取无功功率作励磁之用。三相交流异步电动机回馈制动，常用于多速（变极对数）三相交流异步电动机由高速换接到低速过程中产生制动作用。表 2－3 列出各类电动机采用回馈制动时的接线方式、制动特性、特点及适用场所。

表 2－3　回馈制动的接线方式、制动特性、特点及适用场所

电动机类型	异 步 电 动 机	直 流 电 动 机
接线方式	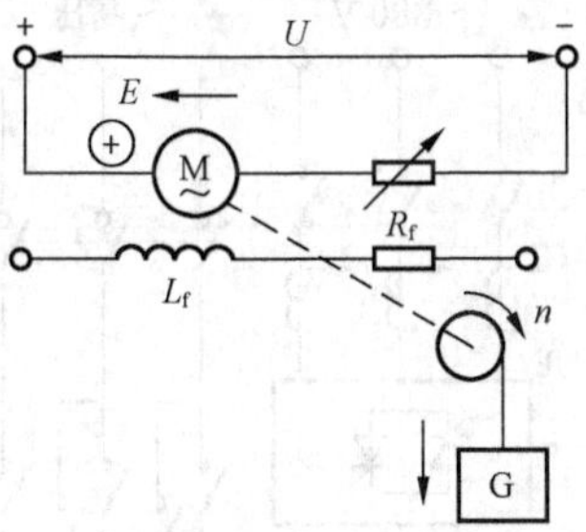	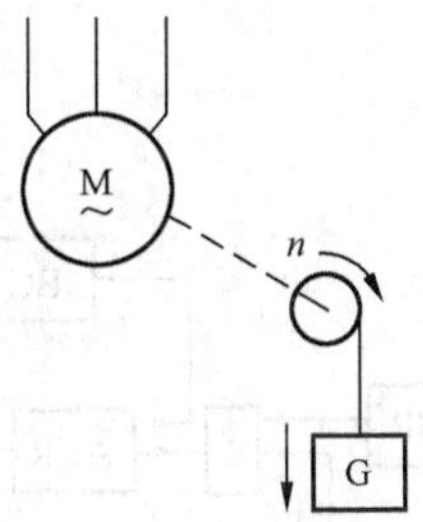
制动特性	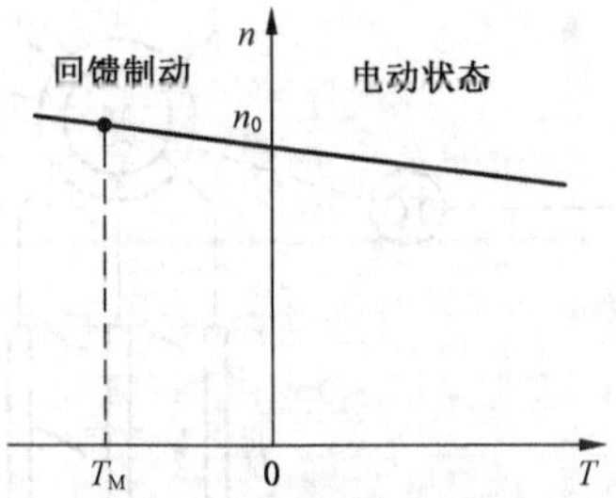	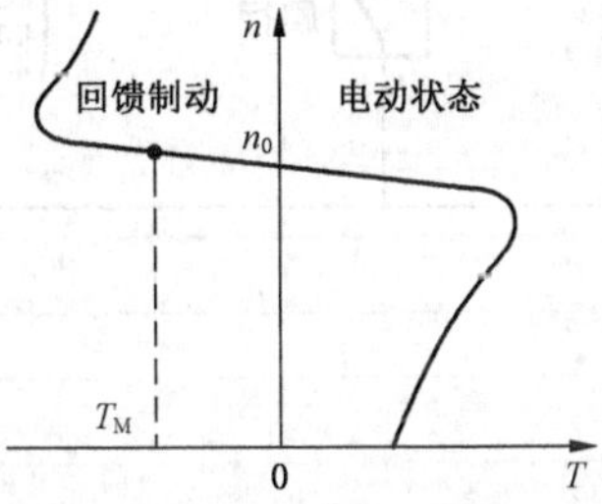
特点	1. 能量可回馈电网，效率高，经济 2. 只能在 $n > n_g$ 时得到制动转矩	
适用场所	适用于位势负载场合，如高速时重物下放；获得稳定制动，如起重机下放负载等	

五、低频制动

某些大功率交流传动机械（如卷扬机等）要求有较好的制动特性，同时也要求有一个很低的稳定的爬行速度，以保证停车时的准确性及减小停车时的冲击。这种传动机械一

般可采用低频制动，如图 2－12 所示。当需要从高速进行制动时，先将高压供电主电路接触器 KMF 和 KMR 断开，并将转子接触器 KM1～KM7 全部断开，转子外接电阻 $r_1 \sim r_7$ 接入，然后接通接触器 KM8，通过交－交型晶闸管变频器 UF 从 380 V 电源向电动机定子电路中通入一个 2～4 Hz 的低频低压电源，使绕线转子异步电动机转入制动状态，其转速从高速 n_1 向低频供电时的空载同步转速 n_{02} 进行减速。此时的制动工作方式与能耗制动完全类似。

为了保证获得较恒定的制动转矩（制动转矩变化过大，容易引起卷扬机钢丝绳打滑），制动时转子电路中采用 7 级电阻逐级切换。全部电阻短接后，转速已减到很低速度时，绕线转子异步电动机便过渡到低频供电时的自然机械特性上，并在稳定的爬行速度下运转。当卷扬机达到停车位置时，切断低频电源（断开接触器 KM8），用机械制动器制动，使生产机械停在准确的位置上。由于此时转速已很低，故停车制动时几乎没有冲击，且停车位置准确。

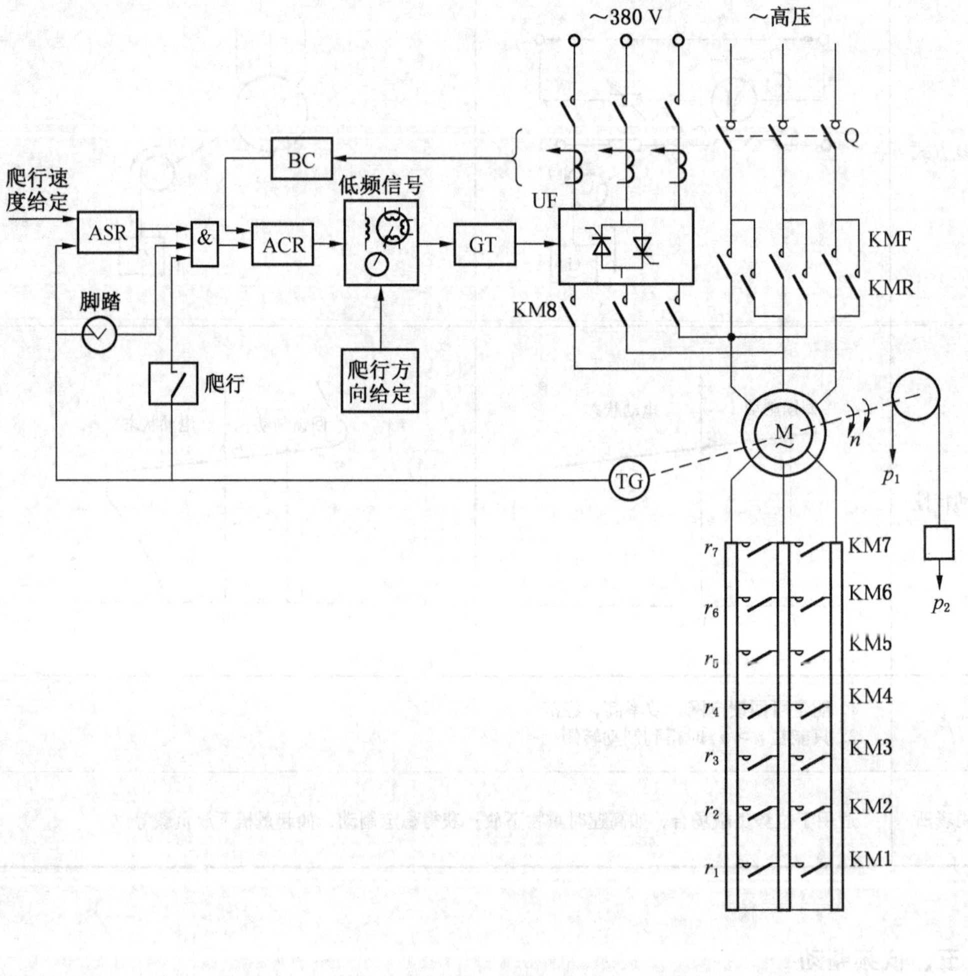

UF—交－交型低频变频器；GT—触发器；ACR—电流调节器；
BC—电流变换器；ASR—速度调节器；TG—测速发电机

图 2－12　低频制动原理电路

低频供电电源可用低频发电机组或采用晶闸管交－交变频装置，其功率大约只为主电动机功率的5%～10%。比如，一台主电动机为1000 kW的卷扬机，其低频供电电源容量约为50 kV·A，采用晶闸管交－交变频装置易于实现闭环控制，故可以获得稳定的爬行速度。

第三章　快掘系统软启动

第一节　矿用软启动器概述

一、软启动器及特点

1. 软启动器

传统的启动辅助装置有定子串电阻启动装置、定子串电抗器启动装置、转子串电阻启动（针对绕线电动机）装置、星－三角启动器、磁控式启动器、自耦变压器启动器等。它们的启动方式都属于有级减压启动，存在明显缺点，要么启动电流和机械冲击过大，要么体积庞大笨重。由于传统的减压启动方式技术落后，国家已明令淘汰。随着电力电子技术和微机技术、现代控制技术的发展，出现了一些新型的启动装置，如变频调速器和晶闸管电动机软启动器。软启动器和变频器是两种完全不同用途的产品。

变频器是用于需要调速的地方，其输出不但改变电压而且同时改变频率；软启动器实际上是个调压器，用于电动机启动时，输出只改变电压并没有改变频率。变频器具备所有软启动器功能，但它的价格比软启动器贵得多，结构也复杂得多。

晶闸管电动机软启动器也被称为可控硅电动机软启动器，或者固态电子式软启动器，它的出现引起了人们的广泛重视，不仅有效地解决了电动机启动过程中电流冲击和转矩冲击问题，还可以根据应用条件的不同设置其工作状态，有很强的灵活性和适应性。现代晶闸管电动机软启动器通常都由微型计算机作为其控制核心，可以方便地满足技术进步的要求，所以，电动机的软启动器正得到越来越广泛的应用。

软启动器是一种集电动机软启动、软停车、轻载节能和多种保护功能于一体的笼型异步电动机控制装置。它一般采用 16 位单片机进行智能化控制，可无级调压至最佳启动电流，保证电动机在负载要求的启动特性下平滑启动，在轻载时能节约电能。同时，对电网几乎没有什么冲击。

2. 软启动器的特点

晶闸管软启动器是现代控制理论、计算机技术和电力电子技术相结合的产物，可以根据不同的应用情况设置初始转矩、启动时间、停机时间和各种保护值等。

在软启动器中，三相交流电源与被控电动机之间串有三相反并联晶闸管及其电子控制电路。启动时，使晶闸管的导通角从 0°开始逐渐增大，电动机的端电压便按照预先设置的控制方式从零电压开始逐渐上升，直至达到电源电压。所以，软启动器实际上是个调压器，输出只改变电压，并没有改变频率。这一点与变频器有所不同。

软启动器的特点如下：

（1）体积小、结构紧凑，同等功率下，体积仅为其他启动器的 30% ~60%，可以节约大量基建投资。

（2）寿命长，晶闸管是无触点的电子器件，一般使用寿命可达10年以上。

（3）免维护，安全可靠。晶闸管不同于其他类型的产品需经常维护，连续运行数年也无须停机维护，更无爆炸或引起高压接地等危险。

（4）安装使用简单。

（5）计算机数字控制，功能齐全，便于实现自动控制，远程组网控制。

（6）启动重复性好，保护功能完善。

（7）具有良好的人机界面，菜单丰富，显示直观。

（8）无电流冲击，对机械负载的转矩冲击小。

（9）能实现软停车，可消除骤然停机对某些设备的冲击与损坏，保证设备安全运行，可提高电动机和相关机械设备的使用寿命。

二、软启动器原理及晶闸管交流调压

（一）软启动器原理

软启器采用三相反并联晶闸管作为调压器，将其接入电源和电动机定子之间（图3－1）。这种电路似三相全控桥式整流电路。使用软启动器启动电动机时，晶闸管的输出电压逐渐增加，电动机逐渐加速，直到晶闸管全导通，电动机工作在额定电压的机械特性上，实现平滑启动，降低启动电流，避免启动过流跳闸。待电动机达到额定转速时，启动过程结束，软启动器自动用旁路接触器取代已完成任务的晶闸管，为电动机正常运转提供额定电压，以降低晶闸管的热损耗，延长软启动器的使用寿命，提高其工作效率，又使电网避免了谐波污染。软启动器同时还提供软停车功能，软停车与软启动过程相反，电压逐渐降低，转速逐渐下降到零，避免自由停车引起的转矩冲击。

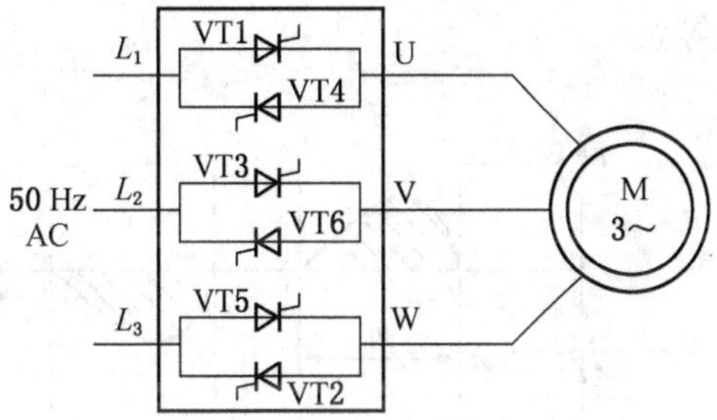

图3－1　软启动器原理示意图

一般的电子软启动器适用于三相220～690 V电压等级，具有比较完善的故障检测功能，能在运行过程中检测任何异常状态，并通过不同的指示灯显示各类故障，配套相应的晶闸管主回路及RC吸收单元可组成一个高性能的电动机软启动控制器，并能适用于任何负载场合的电动机的控制。

交流电源每相由两支SCR反并联连接在线路中，通过SCR导通角的改变，从而改变软启动器输出三相电压（U、V、W）的大小，而其频率仍为50 Hz。它是接在三相交流电源与三相交流电动机之间的电力电子装置。

（二）晶闸管交流调压

在交流供电电源和电动机之间接入晶闸管调压电路，就可以通过改变晶闸管的导通角来达到改变电动机两端电压的目的。在晶闸管交流调压系统中，晶闸管可以采用负载电流波形过零而自关断的换流方式（阻性负载和感性负载均如此），不需要附加额外的换流电路，所以其主要优点是电路简单，调压装置体积小，价格低廉，使用和维修方便。

1. 晶闸管工作原理

工作原理：可将晶闸管等效看成由 PNP 和 NPN 两个三极管连接而成，一个三极管的基极和另外一个三极管的集电极相连，阳极（A）相当于 PNP 的发射极，阴极（K）相当于 NPN 的发射极。在阳极和阴极 K 之间加正向电压（组成主电路），同时在控制极 G 和阴极 K 也加正向电压时（组成控制电路），则可以导通晶闸管。晶闸管的控制极的作用只是使晶闸管导通，而导通后，控制极就失去了作用，所以控制极 G 也称为门极，也有“一触即发”的特点。

2. 晶闸管的控制方法

（1）相位控制。相位控制是在交流的正半周时触发导通正向晶闸管、负半周时触发导通反向晶闸管，且保持两晶闸的移相角相同，以保证向负载输出正、负半周对称的交流电压波形。相位控制方法简单，能连续调节输出电压大小。但输出电压波形非正弦，含有丰富的低次谐波，在异步电动机调压调速应用中会引起附加谐波损耗，产生脉动转矩等。这种控制方式工作时，作为开关的晶闸管在每个电源电压波形周期地选定时刻将负载与电源接通。如图 3－2a 所示，对不同的控制角可得到不同的输出负载电压波形 $u=f(\omega t)$，从而起到调压作用。为使输出电压正、负半波对称，反并联的两个晶闸开管的控制角应相等。

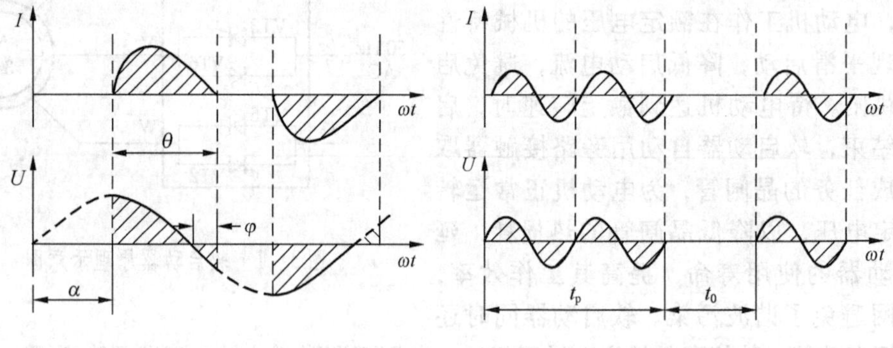

图 3－2　晶闸管的控制方式

（2）通断控制。通断控制是在交流电压过零时刻导通或关断晶闸管，使负载电路与交流电源接通几个周波，然后再断开几个周波，通过改变导通周波数与关断周波数的比值，实现调节交流电压大小的目的。通断控制时输出电压波形基本正弦，无低次谐波，但由于输出电压时有时无，电压调节不连续，会分解出分数次谐波。如用于异步电动机调压调速，会因电动机经常处于重合闸过程而出现大电流冲击，因此很少采用。通断控制的晶闸管的控制角一般为 0°，可连续导通几个周期，晶闸管在控制脉冲消失时自然关断。负载波形如图 3－2b 所示。

通断控制与相位控制的主电路形式是一样的，工作原理也都是根据电压有效值的改变而实现对负载的调压。当通断控制用在异步电动机启动上时，通断交替的频率不能太低，否则一方面会引起电动机转速的波动，另一方面每次接通电动机就相当于一次异步电动机重新合闸的过程。当电源切断时，电动机气隙中的磁场将由转子中的瞬态电流来维持，且随着转子而旋转，气隙磁场在定子绕组中感应的电动势频率将有所变化，当断流时间间隔较长时，这个旋转磁场在定子中感应的电势和重新接通时的电源电压在相位上有可能会有较大的差别，这样就会引起较大的电流冲击，将会危及晶闸管的安全。

（3）斩波控制。斩波控制利用脉宽调制技术将交流电压波形分割成脉冲列，改变脉冲的占空比即可调节输出电压大小。斩波控制输出电压大小可连续调节，谐波含量小，基本上克服了相位及通断控制的缺点。由于实现斩波控制的调压电路半周内需要实现较高频率的通、断，不能采用晶闸管，须采用高频自关断器件，如 GTR、GTO、MOSFET、IGBT 等，这样就带来装置的复杂性以及价格上升等问题。

3. 交流调压电路在电阻－电感性负载时的工作

工业中交流电源多为三相系统，交流电动机也多为三相电动机，应采用三相交流调压器实现调压。三相调压电路的主电路结构形式多样，就晶闸管的连接方式而言可以是全波的、半波的、Y 形连接的以及三角形连接的等，这些电路对电阻性负载和电动机负载都适用。其中以三相 Y 接调压方式最为普遍。

由于这里研究的负载对象为交流电动机，属于电感性负载，因此我们直接研究晶闸管在三相电感性负载的工作情况。

三相 Y 接的交流调压电路在电感性负载下，电路中电流的波形与电压的波形不相同。当电源电压过零点后，在电路自感电动势的作用下电流要滞后一个角度。因此晶闸管的导通角是在电压过零后经过一个延迟才关断。显然，此时晶闸管的工作不只与控制角有关，还与负载电路的续流角（功率因素角）φ 有关。以 A 相电路为例，图 3－3 中画出了负载上的电压、电流波形。

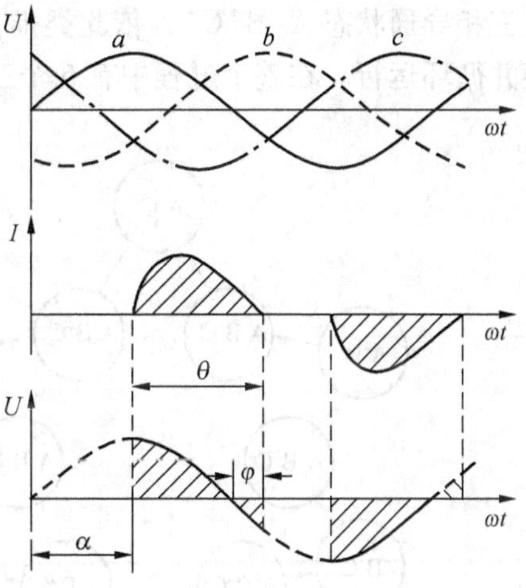

图 3－3　三相 Y 接调压电路的工作波形

图 3－3 中，α 为控制角，θ 为导通角，这些角度之间的关系为

$$\theta = \pi - \alpha + \varphi \tag{3-1}$$

续流角 φ 对调压电路的工作有很大影响，在相同的控制角 α 下，当续流角较大时，导通角 θ 也会增大，即晶闸管关断的延迟角也越大。

下面讨论不同控制角 α 时的工作状态，并通过讨论以确定此电路的最大移相范围。这里，选用电源相应波形的起始点（过零点）作为控制角 $\alpha = 0°$ 时刻。

1）控制角 $\alpha \leqslant \varphi$ 时

当 $\alpha \leqslant \varphi$ 时，每只晶闸管都连续导通 180°，i_A 波形落后于 u_{AO} 波形且基本上都连续，说明任何瞬间都有 3 个晶闸管导通，而负载上所得的电压是不可调的最大值，此时晶闸管已不起调压作用。由于负载对称，所以各相电流相等，负载上的电压波形也对称，因此可以只分析一相的波形。

2）控制角 $\varphi \leqslant \alpha < \varphi + 60°$ 时

设在 $\omega t = \alpha$ 时刻给 VT1 触发脉冲，当触发 VT1 导通时，因 VT5 早已被触发，由于 VT5 通流区间直到 $\omega t = \varphi + \pi/3$ 结束，此时 VT5 仍能维持导通，这时有 VT1、VT5、VT6 三只晶闸管导通，所以负载上的电压即为电源相电压。但到 $(\varphi + \pi/3) \sim (\varphi + \pi/3 + \alpha)$ 区间时，VT5 由于续流结束而关断，只有 VT1、VT6 导通，C 相被开路，所以 A 相负载上的电压为 u_{AB} 的一半。此后，在 $(\varphi + \pi/3) \sim (\varphi + 2\pi/3)$ 区间，VT2 被触发导通，此时又有 VT1、VT2、VT6 三只晶闸管导通，后续各管通断情况依次类推。

根据以上分析，在此区间内，晶闸管呈现出三相－两相交替出现的工作情况，利用有限状态机模型可以对此进行清楚地表达。为了方便分析，晶闸管的编号用它们对应的相电压的编号来代替，其中上标“+”表示的是正向晶闸管，上标“－”表示的则是负相晶闸管，这样就可以分别用 A^+、A^-、B^+、B^-、C^+ 和 C^- 来代替晶闸管 VT1、VT4、VT3、VT6、VT5 和 VT2。在三相－两相交替工作模式下，假设电路的初始工作状态为三相导通状态：$A^+B^+C^-$。当 A 相电流过零时，晶闸管 VT1 因电流过零而自然关断，这样电路就进入两相导通状态 B^+C^-，当 A 相的反向晶闸管 VT4 被触发，使得 A 相导通，电路又进入三相导通状态 $A^-B^+C^-$，依此类推，电路依照图 3－4a 的状态顺序在各个模型之间切换并循环运行。在整个过程中有 6 个三相导通和 6 个两相导通共 12 个工作状态。

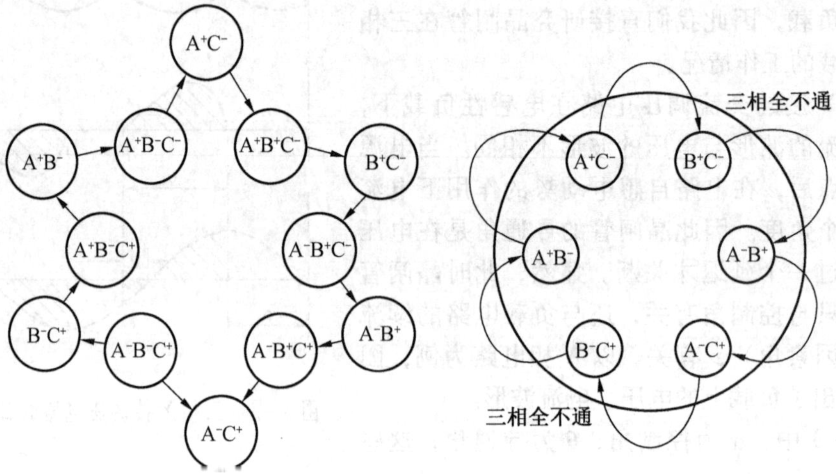

(a) 三相-两相交替工作模式　　(b) 两相-全关断交替工作模式

图 3－4　三相调压电路工作模式

3）控制角 $\varphi + 60° \leqslant \alpha < 150°$ 时

设在 $\omega t = \alpha$ 时刻给 VT1 触发脉冲，此时 VT5 已关断，VT6 的触发脉冲还未消失，由于 VT6 通流区间直到 $\omega t = \varphi + 2\pi/3$ 结束，所以 VT1、VT6 都触发导通，在负载上得到 $u_{AB}/2$ 的电压。

在 $\omega t = \varphi + 2\pi/3$ 时刻，VT6 由于续流结束而关断，故 VT1、VT6 受反压被关断，$u_{RA} = 0$。在 $\varphi + 2\pi/3 \sim \varphi + \alpha + \pi/3$ 区间，整个调压电路中所有晶闸管元件都处于关断状态。

在 $\varphi + \alpha + \pi/3$ 时刻，VT2 开始触发，并且 VT1 的触发脉冲仍存在，所以 VT1、VT2

都导通。在负载上得到的电压为 $u_{AC}/2$。后续各管通断情况依次类推。

根据以上分析，在此区间内，晶闸管呈现出两相－全关断交替出现的情况。在两相－全关断交替工作模式中，电路依照图 3－4b 的状态顺序在各个模型之间切换并循环运行。

4）控制角 $150° < \alpha$ 时

从电源电压波形图可知，当在 $\alpha = 150°$时给 VT1 触发脉冲是没有作用的。因为此时虽然 VT6 的脉冲也还存在，但由于 $u_A < u_B$，所以 VT1 与 VT6 都处于反压状态而无法导通。因此这种交流调压电路控制角的最大移相范围应为 150°。

综合上述讨论可知，当交流调压电路带电感性负载时，为了可靠、有效地工作，应控制晶闸管移相控制角的工作范围为 $\varphi \leqslant \alpha \leqslant 150°$。在三相反并联晶闸管接成的三相交流调压电路中，每一相负载上所得到电压与电流波形在不同 α 角时是不同的。随着控制角的增大，负载所得到的电压也相应随之降低。由于调压控制实质上是改变 1 个周期内电压波形导通角的大小，所以输出的不是正弦波。

三、软启动器的系统组成

如图 3－5 所示，最基本的软启动器系统由三相晶闸管交流调压电路、触发角控制和调节环节、触发脉冲形成和隔离放大环节、反馈量检测环节组成。在此基础上，为了丰富软启动器的操控功能还需要附加外接信号输入和输出电路、显示和操作环节、通信环节等。

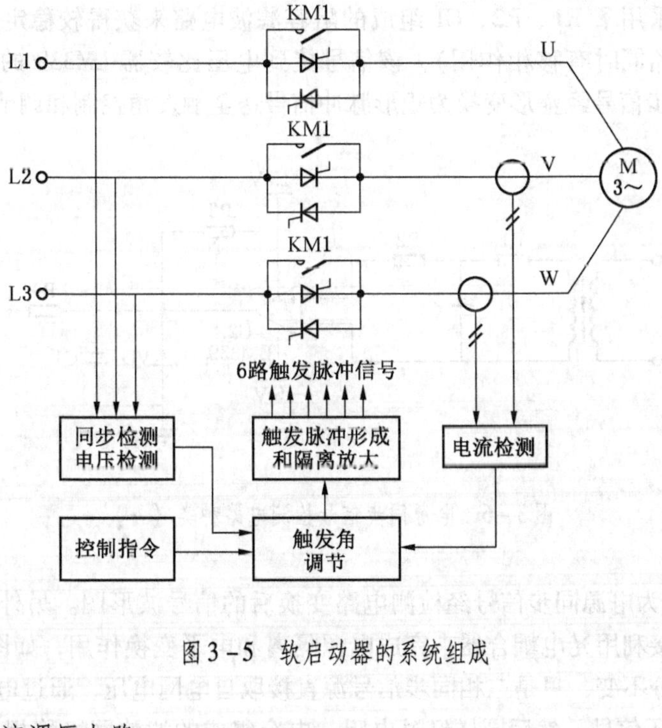

图 3－5　软启动器的系统组成

1. 晶闸管交流调压电路

晶闸管交流调压电路是软启动器的执行机构，控制晶闸管的导通角大小，起到调节输出到异步电动机定子上的电压和电流的作用。

2. 电源同步检测环节

电源同步检测环节是晶闸管交流调压电路的基本环节。晶闸管必须在承受正向电压的同时给门极施加触发信号才可以被触发导通，因此，电路中每只晶闸管的触发相位必须以其刚刚承受正向电压时的相位点（即电源电压过零点）作为参照，这就必须对供电电源电压过零点进行检测，称为同步检测，并由此确定触发信号发出的时刻（该时刻决定触发角的大小）和电路中6只晶闸管的触发顺序。

同步检测是控制电路中至关重要的环节，因此同步信号应满足下面的要求：

（1）同步信号波形干净，必须滤除可能的干扰。

（2）同步信号经检测电路变换后，可以与电网之间产生一定的相位移，但这个相位移的值必须固定，且三相一致、稳定。

（3）同步检测电路的同步信号源应当取自软启动器输入电源端，取自电动机端电压不是适宜的做法，因为在软启动过程中，电动机端电压的大小和相位都在变化，波形也不好。

（4）由于电源的高压信号不能直接送到控制系统中，因此，同步检测电路还必须具有电源隔离和电平变换的作用。

同步检测电路形式比较多，图3－6所示为电源同步信号检测电路的一个例子。在这个电路中，使用同步变压器完成电源隔离和电平变换作用。使用同步变压器是一种比较好的方法，它既能完成电平变换作用，又可以滤除部分干扰，同时其隔离电压可以很高。在该电路中，三相同步信号源取自同步变压器的二次侧，为了减小同步电压信号受电网干扰信号的影响，还采用了R1、R2、C1组成的阻容滤波电路来获得较稳定的同步信号（注意：阻容滤波电路同时有移相作用），该信号接到电压比较器LM339的同相输入端，由LM339将交流同步信号经整形变换为矩形脉冲信号送至触发角控制和调节环节。

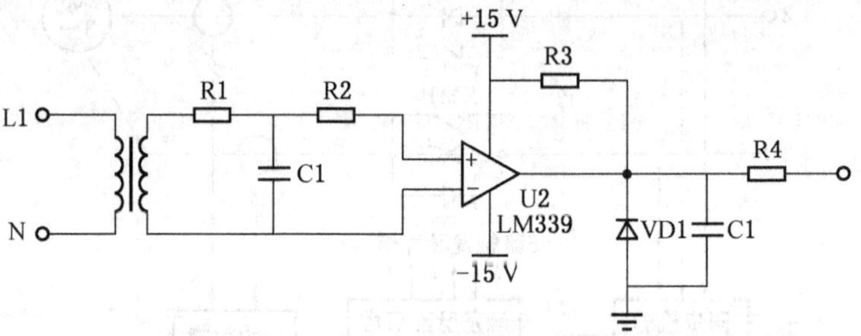

图3－6　电源同步信号检测电路种类（一）

图3－7所示为电源同步信号经检测电路变换后的信号波形图。另外，也可以不使用同步变压器，直接利用光电耦合器来完成电源隔离和电平变换作用，如图3－8所示。此时，电路其他部分不变，只是三相同步信号源直接取自电网电压，通过电阻分压电路得到AC12V的同步电压信号，然后同样经过电阻、电容组成的滤波网络移相后，由LM339将交流同步信号经整形变换为矩形脉冲信号，最后再由光耦对信号进行隔离和送至触发角控制和调节环节。但是这种电路受到电路自身和光耦的耐压能力限制，一般只适合用于低压

软启动器。

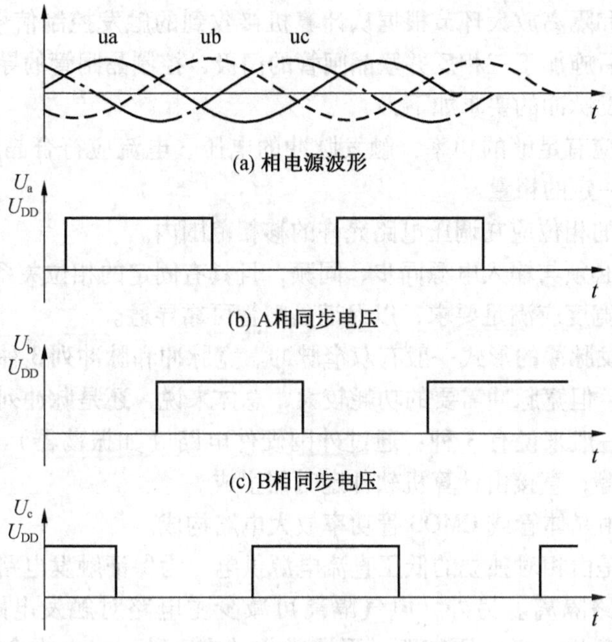

图 3－7　电源同步信号检测电路输出波形

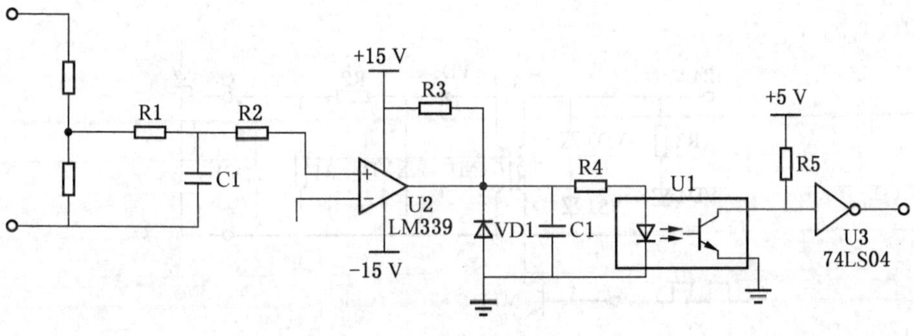

图 3－8　电源同步信号检测电路种类（二）

3. 触发角控制和调节环节

触发角控制和调节环节是软启动器的核心环节，来自电源同步检测环节的同步信号和来自反馈量检测环节的信号都被送入触发角控制和调节环节，通过控制环节对信号进行处理和计算，最后输出晶闸管的触发控制和调节信号。目前，软启动器的控制和调节环节通常由微计算机及其外围电路构成，软启动器的各种启动方式正是由微计算机内不同的程序算法来控制完成的。同时，各种外围功能，如外接信号输入和输出电路、显示和操作环节、通信环节等，通常也都由计算机来进行控制处理。

4. 触发脉冲形成和隔离放大环节

触发脉冲形成和隔离放大环节根据从计算机接收到的触发控制信号，通过脉冲形成、整形、隔离、功放后施加于三相反并联晶闸管的门极，控制晶闸管的导通。

晶闸管门极触发脉冲的要求如下：

（1）触发脉冲应有足够的功率，触发脉冲的电压、电流应符合晶闸管对门极触发参数的要求，并留有一定的裕量。

（2）触发脉冲的相位应在调压电路允许的移相范围内。

（3）触发脉冲必须与输入电源同步、同频，且具有固定的相位关系。

（4）触发脉冲宽度应满足要求，以保证晶闸管可靠导通。

晶闸管门极触发脉冲的形式一般有双窄脉冲、宽脉冲和脉冲列 3 种，对触发的可靠性来说，后两种较好，但宽脉冲需要的功耗较大，总体来说，还是脉冲列比较好。

脉冲列的形成一般来说有 3 种：通过外围硬件电路（如振荡器）构造；用专用集成电路（如 TC787）等；直接由计算机软件定时器生成。

功率放大一般由晶体管或 CMOS 管功率放大电路构成。

触发电路一般是由相对独立的低压直流电源供电，为保证触发电路的工作安全，应使得触发电路与主电路隔离。另外，电气隔离可减少主电路对触发电路及控制电路的干扰，提高电路的可靠性。低压隔离驱动形式常用的有 3 种：光电耦合器隔离驱动；脉冲变压器隔离驱动；辅助电源隔离驱动。高压软启动器的隔离驱动电路比较特殊，对电气绝缘和耐电压要求很高，一般也有 3 种形式：光纤隔离驱动；高压电磁驱动；采用光控晶闸管。

图 3－9 为脉冲变压器隔离驱动电路的一个例子。

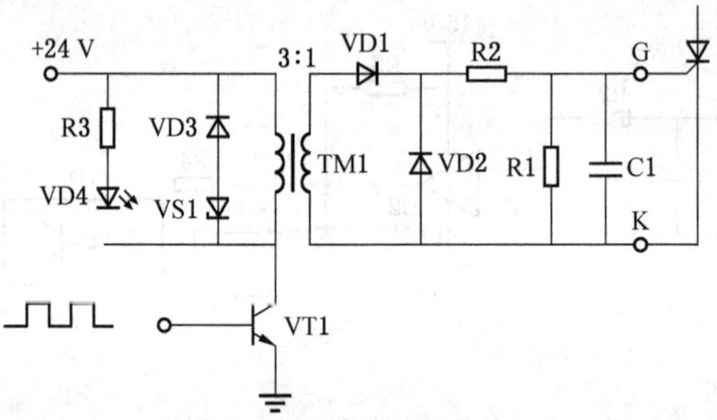

图 3－9　使用脉冲变压器的隔离放大电路

这个电路采用脉冲变压器隔离驱动。由计算机触发脉冲模块产生的触发脉冲信号通过一块达林顿驱动阵列 ULN2004 进行功率放大后与脉冲变压器的一次侧相连，实现标准低电压数字逻辑电路与脉冲变压器线圈之间的接口。采用 ULN2004 的优点是电路简单、使用器件少、6 路脉冲信号波形一致性好。

图中 VT1 为功率放大晶体管，稳压管 VS1 和二极管 VD3 起保护作用，防止在晶体管

VT1 关断的瞬间在脉冲变压器的一次侧感应出的高压击穿晶体管 VT1；二极管 VD1、VD2 用于防止晶体管 VT1 关断时在脉冲变压器的二次侧感应出的高压加在晶闸管的门极；发光二极管 VD4 和电阻 R3 用于灯光指示，在脉冲回路正常工作时，该路发光管将点亮；脉冲变压器 TM1 起电气隔离作用，防止由于晶闸管的损坏而将高电压串至脉冲回路；C1 和 R1 起到脉冲整形的作用；R2 起限制门极电流的作用，因此也被称为门极限流电阻。

5. 反馈量检测环节

根据各软启动器的功能不同，软启动器需要采样多种物理量，软启动器对于这些物理量的采集主要用于实现启动算法和各种保护。

1）电流检测环节

电流检测环节包括电流传感器和信号变换电路，用于采样软启动器输出电流，参与实现电流闭环调节，同时，提供给保护模块，完成诸如过电流、缺相、过载、堵转等保护。

电流检测的方法多种多样，由于软启动器对于电流采样的速度和精度要求并不高，因此一般采用廉价的电流互感器来采样电动机的工作电流。测量电路有瞬时值检测和平均值检测等几种。图 3－10 所示为电流平均值检测电路，在主回路中接入电流互感器，用整流滤波电路把互感器二次侧交流电流变成与之成正比的直流电压，再经过一级电压跟随器，最后输入计算机的模拟量输入口，由软件比较检测电流与给定电流的差值，按照 PID 调节算法完成电流调节和过流保护。其中电压跟随器在这里有两个作用：①隔离作用，提高系统的抗干扰能力；②降低信号源内阻，提高 A/D 转换精度。

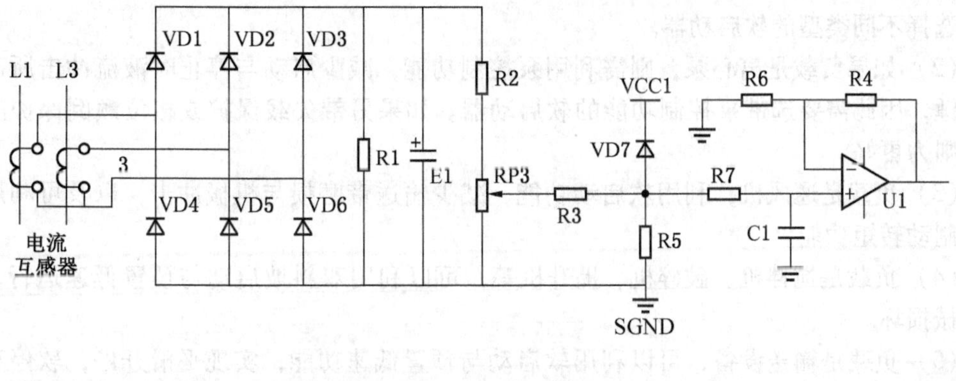

图 3－10　电流平均值检测电路

2）电压检测环节

电压检测环节通常用来采样软启动器输入电压并提供给保护模块，完成诸如过电压、欠电压、缺相等保护，也有的采样软启动器输出电压并提供给控制环节，完成输出电压的闭环调节等作用。

电压信号的采样方法也比较灵活。一般电压信号取自软启动器输入端，然后经电压传感器进行电平变换和隔离，再经整流、滤波、放大（有的还经过 A/D 转换）后送入计算机参与控制和保护。电压传感器可以是电压互感器，也可以通过线性光耦检测，使用线性控制电源的软启动器也可以直接利用控制变压器的二次侧电压。

图 3－11 是用电压互感器进行电压采样检测的电路。电压互感器的输出 U_A 经整流、

滤波和分压后变成直流电压，将此电压信号经放大后输入到计算机的模拟量输入口。

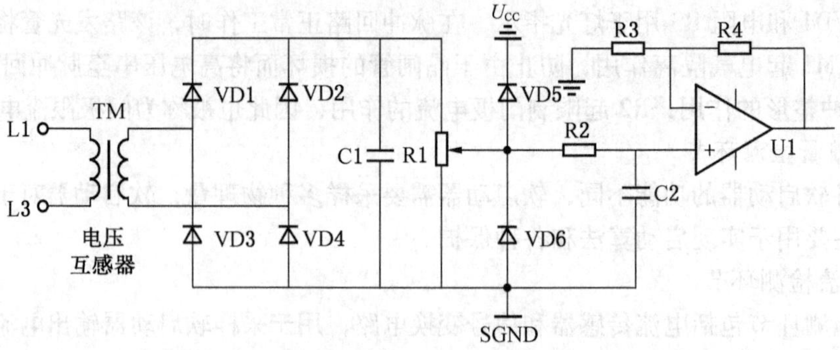

图 3－11　电压采样检测电路

3）其他检测环节

由于各厂商软启动器功能的不同，可能还具有其他检测环节，如功率因数检测环节、电动机转速检测环节等，此处不做更多的介绍。

四、软启动器的选择及注意事项

（1）选择软启动器需要注意负载是标准负载还是重载负载，然后根据负载性质的不同来选择不同类型的软启动器。

（2）如果负载是离心泵，则需利用泵控制功能，减少启动与停止时液流冲击所产生的水锤，因此需要选带泵控制功能的软启动器。如果另带欠载保护或相位颠倒保护的功能，则为更好。

（3）负载是通风机，利用软启动功能，减少输送带磨损与机械冲击，以及可利用停机时制动转矩功能。

（4）负载是搅拌机、破碎机、提升机等，可以利用双斜坡启动与预置低速运行，避免机械损坏。

（5）负载是输送设备，可以利用软启动与预置低速功能，实现平滑升停，软停车消除了由于自由停车带来的拖动系统反惯性冲击，避免产品移位与液体溢出。

（6）软启动器能够满足大多数标准负载与重型负载机械的要求，应用于重型负载机械时需要降挡使用。

（7）要根据电动机的标称功率、电流来选择启动器。一般软启动器容量稍大于电动机工作电流即可。对于水泥厂的一些重载负荷，需要加大一挡使用，以及适当考虑散热因素。

（8）有的地方还需要考虑是否需要保护功能完备的软启动器。

（9）若软启动器不带短路保护，则需要外加快速熔断器，以及与晶闸管容量匹配。当几台软启动器接于同一电源时，需要使用进线电抗器。

（10）软启动器到电动机的接线，大部分产品是 3 根出线，部分产品有 6 根出线。

（11）软启动器可以安装在有功率因数补偿器的系统中，但电容必须位于软启动器的电源进线一侧，避免电容放电损坏软启动器的晶闸管。另外，在电源与电容间接入电感线圈。

（12）如果工艺条件许可，用一台软启动器启动多台电动机时，其容量需要根据电动机中最大的启动负荷考虑。

第二节　软启动器的控制方式

一、软启动器的启动方式

（1）斜坡升压软启动。这种启动方式简单，不具备电流闭环控制，仅调整晶闸管导通角，使之与时间成一定函数关系增加。其缺点是，由于不限流，在电动机启动过程中，有时要产生较大的冲击电流使晶闸管损坏，对电网影响较大，实际很少应用。

（2）斜坡恒流软启动。这种启动方式是在电动机启动的初始阶段启动电流逐渐增加，当电流达到预先所设定的值后保持恒定，直至启动完毕。启动过程中，电流上升变化的速率可以根据电动机负载调整设定。电流上升速率大，则启动转矩大，启动时间短。该启动方式是应用较多的启动方式，尤其适用于风机、泵类负载的启动。

（3）阶跃启动。开机以最短时间使启动电流迅速达到设定值，即为阶跃启动。通过调节启动电流设定值，可以达到快速启动效果。

（4）脉冲冲击启动。在启动开始阶段，让晶闸管在极短时间内，以较大电流导通一段时间后回落，再按原设定值线性上升，进入恒流启动。该启动方法，在一般负载中较少应用，适用于重载并需克服较大静摩擦力的启动场合。

二、软启动器的运行状态

（1）跨越运行模式。晶闸管处于全导通状态，电动机工作于全压方式，电压谐波分量可以完全忽略，这种方式常用于短时重复工作的电动机。

（2）接触器旁路工作模式。在电动机达到满速运行时，用旁路接触器来取代已完成启动任务的软启动器，这样可以降低晶闸管的热损耗，提高系统的效率。这种工作模式下，可能用一台软启动器去启动多台电动机。

（3）节能运行模式。当电动机负荷较轻时，软启动器自动降低施加于电动机定子上的电压，减少了电动机电流励磁分量，从而提高了电动机的功率因数。

（4）调压调速模式。软启动器既然是用晶闸管调压原理来实现的，它就可以用作调压调速运行。由于电动机转子内阻很小，要得到大范围的调速，就需在电动机转子中串入适当的电阻。

三、软启动器停机方式

（1）自由停车。直接切断电源，电动机自由停车。

（2）软停机。在有些场合，并不希望电动机突然停止，如皮带输送机、升降机等。采用软停机方式，在接收停机信号后，电动机端电压逐渐减小。转速下降斜坡时间可调（如1～999 s）。

（3）泵停机或非线性软制动。它适用于惯性力矩较小的泵的制动。泵停机功能是将离心泵的特性曲线事先存储在设备中，软启动器在启动和停止电动机的过程中，实时检测电动机的负载电流，根据泵的负载状况及速度调节其输出电压，使软启动器的输出转矩特性与泵的特性曲线最佳配合，从而消除水锤效应。

（4）直流制动。向电动机输入直流电流，从而加快制动，直流制动时间可在 0 ~ 99 s 间选择。直流制动主要用于惯性力矩大的负载或者需要快速停机的场合。

第三节　QJR 系列矿用启动器

一、QJR 系列矿用启动器概述

QJR 系列矿用隔爆兼本质安全型低压交流真空软启动器（以下简称软启动器）是在矿用隔爆兼本质安全型真空电磁启动器的基础上，改直接启动为软启动。软启动降低了启动电流（由 4 ~ 8 I_e 改善为 0.5 ~ 4 I_e 可调），减少了冲击电流对电网及负载的冲击。QJR 系列软启动器采用 16 位单片机进行中文智能化控制，可以无级调压至最佳启动电流，保证电动机在负载要求的启动特性下平滑启动，节约电能。QJR 系列矿用启动器除具有启动时间可调外，还具有漏电闭锁、断相、过载、欠压、过流、过载、三相不平衡、短路等保护功能及相应的故障指示，适用于煤矿井下、露天煤矿、冶金矿山、港口码头、选煤厂、发电厂等大负荷恶劣环境中运输设备的软启动。

1. QJR 系列启动器型号组成及其含义

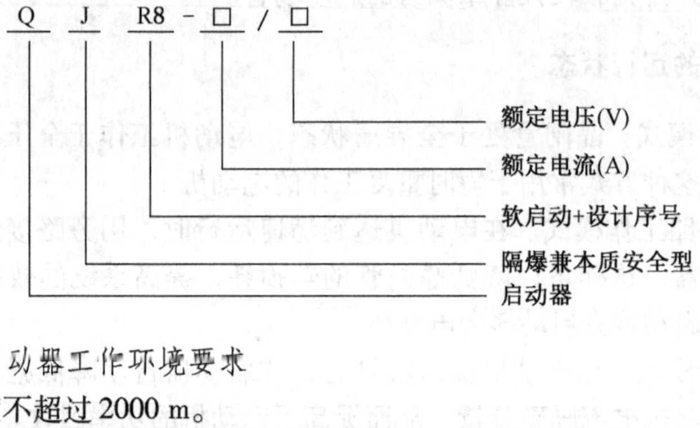

2. QJR 系列启动器工作环境要求

（1）海拔高度不超过 2000 m。

（2）周围环境温度为 −20 ~ 40 ℃。

（3）周围环境相对湿度不大于 90%（20 ℃）。

（4）安装地基处的振动频率范围 10 ~ 150 Hz 时，最大振动加速度不超过 0.5g。

（5）有煤尘爆炸或甲烷混合物的场所。

（6）安装倾斜度不超过 5°。

（7）无破坏金属和绝缘材料的腐蚀性气体场所。

（8）电网质量：①输入电压波形为正弦波；②输入电压幅度值波动不超过额定值 15%；③电源频率波动不超过额定值的 2%。

3. QJR 系列矿用启动器主要技术参数

QJR 系列矿用启动器主要技术参数见表 3－1。

表 3－1　QJR 系列矿用启动器主要技术参数

型　号	$n \times \cos\phi = 0.75$ 时，可控制最大功率/kW	
	660 V	1140 V
QJR8－200/1140（660）	170	290
QJR8－315/1140（660）	270	470
QJR8－400/1140（660）	340	590

（1）额定电压：1140（660）（1 ±15%）V。

（2）工作频率：50(60)Hz。

（3）适用设备：带式输送机、绞车、大型风机、水泵、空压机。

（4）防爆形式：矿用隔爆兼本质安全型。

（5）防爆标志：Exd[ib]IMb。

（6）额定工作制：8 h 工作制。

（7）操作频率：12 次/h 以内。

（8）冷却方式：自然冷却。

（9）软启模式：限流、电压、突跳＋电压、突跳＋电流、电流斜坡、双闭环模式等。

4. 软启动器结构组成

QJR8－400(200、315)/1140(660)型启动器的防爆外壳为长方形，主要由下箱体和上接线箱组成，方形外壳的下箱体装有滑轮式芯架，芯架安装在下箱体的轨道上，由紧固螺栓固定，上箱体由 6 个主接线柱和两个 7 芯接线柱组成，如图 3－12 所示。

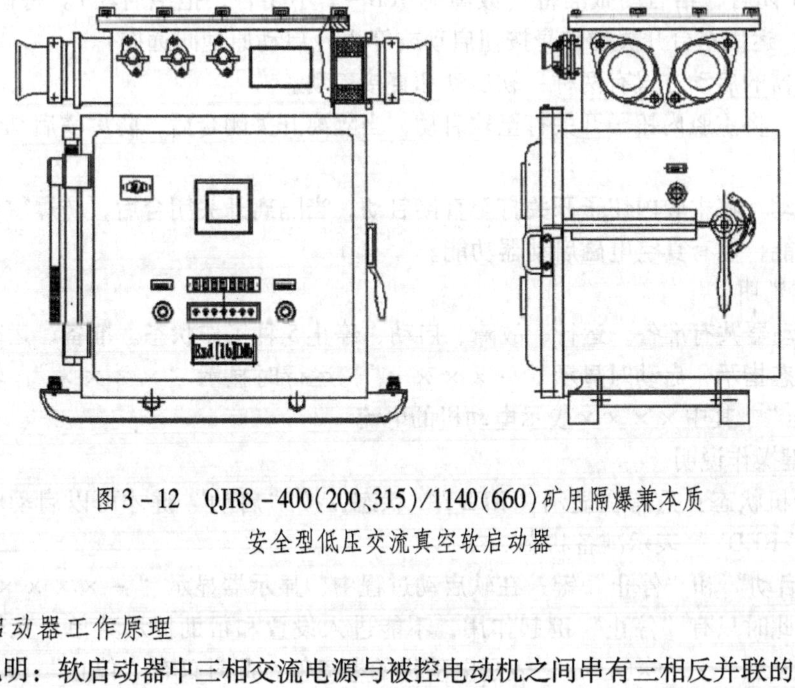

图 3－12　QJR8－400(200、315)/1140(660)矿用隔爆兼本质安全型低压交流真空软启动器

5. 软启动器工作原理

原理说明：软启动器中三相交流电源与被控电动机之间串有三相反并联的三组大功率

晶闸管作为可控硅模块及电子控制电路，利用晶闸管的电子开关特性，通过软启动器中的单片机控制其触发脉冲、触发角的大小来改变晶闸管的导通程度，从而改变加到定子绕组上的三相电压。异步电动机在定子调压下的主要特点是电动机的转矩近似与定子电压的平方成正比。当晶闸管的导通角从 0°开始上升时，电动机开始启动。随着导通角的增大，晶闸管的输出电压也逐渐增高，电动机便开始加速，直至晶闸管全导通，电动机在额定电压下工作。软启动器由电子控制电路转换至旁路真空交流接触器工作，使电动机投入电网全压运行。防爆启动器的真空电磁启动部分由隔离换相开关、真空接触器、漏电闭锁插件组成。当软启动有故障时，可将开关打到直接启动，它就具备真空电磁启动器功能。

软启动器的操作方式有远控和近控两种。

远控方式：将主腔内钮子开关置于远控位置，当隔离开关闭合后，漏电闭锁插件进行绝缘阻值检测，绝缘条件符合 40(1 +20%)kΩ(1140 V)[22(1 +20%)kΩ(660 V)、7(1 +20%)kΩ(380 V)]，闭锁插件 BJ –1 闭合，给启动做准备（故障时 BJ –1 不闭合，拒绝启动），软启动器接线腔的 K1、K2、K9 经三钮开关连接启动或停止（软启状态、远控）。

（1）启动：按下远控按钮 Q 本安插件回路得电→K1 吸合、K1 –1 闭合→K2 吸合、K2 –1、K2 –2 闭合并自保→K1 吸合、K1 –3 闭合→给主控板发启动命令，可控硅触发运行，电动机得电，缓慢匀速运行，电动机运行到标称电流，主控板 01 号与 02 号接通→旁路真空接触器 KM 得电运行，同时可控硅停止触发，接点 KM –1 打开→电动机正常运行。

（2）停止：按下远控按钮 T 本安插件控制回路断电→K1 断电、K1 –1 打开→K2 断电，K1 –3 打开→主板 01、02 号打开→KM 断电→电动机停止运行，同时 KM –1、K1 –1、K1 –2 闭合，漏电闭锁投入检测。

近控方式：将主腔内钮子开关置于近控位置，当隔离开关闭合后，漏电闭锁插件进行绝缘阻值检测，绝缘条件符合 40(1 +20%)kΩ(1140 V)[22(1 +20%)kΩ(660 V)]，闭锁插件 JLB –1 闭合，给启动做准备（故障时 JLB –1 不闭合，拒绝启动）。将接线腔内 K2 与 K9 短接，运用本台开关的自身按钮启动或停止（启动原理同远控）。

软启动器的启动方式有两种：软启动和直接启动。

软启动：将主腔内钮子开关打至软启动，当隔离开关闭合后，防爆软启动器具备软启动功能。

直接启动：将主腔内钮子开关打至直接启动，当隔离开关闭合后，防爆软启动器不具备软启动功能，但有真空电磁启动器功能。

6. 操作说明

QJR 启动器共有准备、运行、故障、启动、停止 5 种工作状态。准备、运行、故障均有相应的状态指示，启动时显示“ – × × × ×”，运行时显示“ × × × ×”，软停时显示“ – × × × ×”，其中× × × ×表示电动机的电流。

1）按键操作说明

（1）开机状态：只有在显示“REDY”状态，按“启动”键才可以启动电动机。初次上电时，“REDY” 表示准备状态。

（2）“启动”和“停止”键：在软启动过程中，显示器显示“ – × × × ×”，表示启动电流值，此时只有“停止”键起作用，不能进入设置和帮助提示菜单；在软停止过程中，显示器显示“ – × × × ×”，表示电动机的电流值，此时只有“停止”键有作用，不能进入设置和帮助提示菜单。“停止”键兼有复位的功能。

(3)“设置”键：在非帮助状态下，按“设置”键进入设置菜单，显示“FX：×××”，再按设置键，冒号闪动，此时可以按上下键修改参数；在冒号闪动时按“确认”键，若参数有修改，则显示“GOOD”，并连响两声，表示新参数已保存，然后退出；若不想保存新参数，则按“设置”键，冒号停止闪动并恢复原来参数，按“确认”键退出，按“停止兼复位”键亦可退出。

(4)“确认”键：在非设置状态下，按“确认”键进入帮助菜单，显示“HX：×××”，再按“确认”键退出，按“停止兼复位”键亦可退出；在设置状态下，按“确认”键保存新参数并退出设置状态。

(5)“上行”“下行”键：在设置状态下，冒号不闪动时按“上行”“下行”键可改变功能号，冒号闪动时按“上行”“下行”键可改变数据，按住“上行”“下行”键超过1 s时，数据将快速连续增减；在帮助菜单中按“上行”“下行”键改变功能号及相应的提示信息内容；旁路在运行时，且未进入设置和帮助菜单，则显示“××××”，表示电动机的运行电流，此时按“上行”“下行”键，可依次显示“P××××”或“H××××”，其中“P××××”表示电动机的视在功率，“H××××”表示电动机过载热平衡系数，当“H××××”指示值大于100%时，将过载保护，显示“－E08”。

2）参数设置及说明

参数设置及说明见表3－2。

表3－2 参数设置及说明

功能		设定范围	出厂值	说明
代码	名称			
F1	起始电压	30%～70%	30%	电压斜坡模式有效，电流模式初始电压为40%
F2	软启时间	2～60 s	16 s	电压模式有效设为0时，自由停车用倒计时方式延时
F3	软停时间	0～60 s	0 s	设为0时自由停车
F4	编程延时	0～999 s	0 s	用倒计时方式延时，设为0时不延时，立即启动
F5	间隔延时	0～999 s	0 s	过热解除时也延时，延时期间状态指示灯闪动提示
F6	启动限制电流	50%～500%	280%	限流模式有效，电压斜坡模式限流最大为400%
F7	最大工作电流	50%～200%	100%	F6、F7参数输入方式有F8决定
F8	输入显示方式	0～3	1	设为1时，F6、F7参数输入方式为百分比，运行显示方为电流数值
F9	欠压保护	40%～90%	80%	低于设定值时保护
FA	过压保护	100%～140%	120%	高于设定值时保护
FB	启动模式	0～5	4	0：限流；1：电压；2：突跳＋限流；3：突跳＋电压；4：电流斜坡；5：双闭环
FC	输出保护允许	0～4	4	0：初级；1：轻载；2：标准；3：重载；4：高级

表3-2（续）

功能		设定范围	出厂值	说　明
代码	名称			
FD	控制方式	0~7	1	0：键盘；1：键盘+外控；2：外控；3：外控+通信；4：键盘+外控+通信；5：键盘+通信；6：通信；7：禁止启动或停止操作
FE	重启动允许	0~13	0	设为0为禁止重启动
FF	参数修改允许	0~2	1	0：除设置项FF外，禁止修改任何参数；1：禁止修改F4、F7、F8、FE、FH、FJ、FU的数据；2：允许修改所有的参数
FH	通信地址	0~63	0	用于串口通信
FJ	编程输出	0~19	6	设6时为运行状态
FL	软停限流	20%~100%	80%	
FP	电动机额定电流		额定值	用于输入电动机标称额定电流
FU	切换时间		禁止	

备注：1. 设置项F7最大工作电流是允许电动机在FP设置数基础上计算的可持续运行的最大电流，超过此值将做反时限保护。

2. 设置状态下若超过2 min没有按键操作，将自动退出设置状态。

3. 在软启和软停过程中不能设置参数，其他状态下均可设置参数。

4. 按“编程”键上电开机，可设置参数（FJ除外）恢复出厂值。

主要技术参数修改举例：修改起始电压为45%，修改软启时间为30 s，见表3-3。

表3-3　主要技术参数修改举例

序号	操作	显　示	
	开机	HS	开机上电显示状态
1	按停止键	READY	复位后的准备状态
2	按设置键	F1：030	进入设置准备状态
3	按设置键	F1：030	冒号闪动进入修改参数状态
4	按3次上行键	F1：045	设定起始电压为45%
5	按确认键	GOOD READY	保留新参数回到准备状态
6	按设置键	F1：045	进入设置准备状态
7	按1次上行键	F2：016	软启时间出厂值为16 s
8	按设置键	F2：016	冒号闪动进入修改参数状态
9	按7次上行键	F2：30	设定软启时间为30 s
10	按确认键	GOOD READY	保留新参数回到准备状态

（1）修改额定电压：先将电源变压器电压改好，再改显示电压。显示电压修改：①按住上行、下行健上电连续响两声，放开按键；②按确认键进入；③按上行、下行键选择；④再按设置键修改，每按一下设置键，有不同电压显示但电流不变；⑤按确认键保存。

（2）修改电流：①按设置键上电，连续响两声放开按键；②按确认键进入；③按上行、下行键选择；④再按设置键修改，每按一下设置键，有不同电流显示但电压不变；⑤按确认键保存。

（3）清除故障记忆和启动次数：按停止兼复位键上电，连续响两声，放开按键，故障清除，启动次数为零。

（4）恢复出厂值：按确认键上电，连续响两声，放开按键，参数修改恢复出厂值。

3）帮助信息及说明

帮助信息及说明见表3－4。

表3－4　帮助信息及说明

显　示	说　明
U：××××	4位数字电压表，用于监测三相交流电源电压
096－6	提示本软启动器规格为90 kW－660 V/50 Hz
H1：E05	提示最后发生过的故障信息－E05
H2：E01	提示次后发生过的故障信息－E01
H3：E06	提示曾发生过的故障信息－E06
⋮	⋮
H9：E00	提示没有故障信息
VER6.7	提示本软启动器软件版本为VER6.7
L××××	成功启动次数总计
RUN××	上次软启动（不论是否成功）所用时间

注：H1－H9用递推的方式保存发生过的故障信息。

（1）在非帮助软启或软停状态，且未进入设置状态时，按编程键可进入帮助菜单，按上行键、下行键可选择提示信息。

（2）在帮助状态下按编程键或停止键可退出帮助状态。

4）保护显示说明

启动器具有多种保护功能，任何故障都会停机，同时显示故障提示，具体见表3－5。

（1）有些故障现象是相互关联的，如－E02软启动器过热时和启动电流或负载短路等可能相关，因此检查故障时应综合考虑，准确判断故障点。

（2）当软启动器启动电动机成功时，表示已处于旁路运行状态，若此时旁路接触器未吸合导致电动机停止运行时，应检查旁路接触器及相关接线是否有误或接触不良。

表3-5 保护显示说明

显示	含义	说明
-E00	故障已解除	刚发生过欠压、过热或过压、瞬停端子开路等故障，现已正常，复位后可启动电动机
-E01	瞬停端子开路	把瞬停端子7与10短接，或接与其他保护装置的常闭触点启动过于频繁或电动机功率与软启动器不匹配
-E02	软启动器过热	限流值太低，启动时间过长（60 s）
-E03	启动时间过长	检查输入或主回路故障、旁路接触器是否卡在闭合位置及可控硅是否开路
-E04	输入缺相	检查输入三相电源及负载电动机是否异常
-E05	输出缺相	负载是否过重或电动机功率与软启动器不匹配
-E06	三相不平衡	负载是否过重或设置项F7、FP参数设置不当
-E07	启动过流	检查输入电源电压或设置项FA参数设置不当
-E08	运行过载保护	修改设置参数或按住编程键上电开机恢复出厂值
-E09	电源电压过低	检查输入电源电压或设置项F9参数设置不当
-E10	电源电压过高	检查输入电源电压或设置项FA参数设置不当
-E11	设置参数出错	修改设置参数或按住编程键上电开机恢复出厂值
-E12	负载短路	检查负载或可控硅是否短路或负载过大
-E13	外控停止端子接线错误	当允许外控方式时，外控停止端子处于开路状态，这样无法启动电动机

7. QJR8系列软启动器的启动模式及应用

QJR8系列软启动器有5种启动模式以适应各种复杂的电动机负载情况，用户可根据不同的应用情况进行选择。

1）限电流启动模式

设置项F9为0时启动模式为限电流启动模式。

图3-13给出了限电流启动模式的电机电流波形。其中I_1为设定的启动限流值，当电动机启动时，输出电压迅速增加，直到电动机电流达到设定的限流值I_1，并保持电动机电流不大于该值，然后随着输出电压的升高，电动机逐渐加速，当电动机达到额定转速时，旁路接触器吸合，输出电流迅速下降至电动机额定电流I_e或以下，启动过程完成。

当电动机负载较轻或设定的限流值较大时，启动时的最大电流也可能达不到设定的限流值，这属正常现象。

限电流启动模式一般用于对启动电流有严格限制要求的场合。

2）电压斜坡启动模式

设置项F9为1时启动模式为电压斜坡启动模式。

图 3 - 14 给出了电压斜坡启动模式的输出电压波形。其中 U_1 为启动时初始电压值，当电动机启动后，在电动机电流不超过额定值400% 的范围内，软启动器的输出电压迅速上升至 U_1，然后输出电压按所设定的启动参数逐渐上升，电动机随着电压的上升不断平稳加速，当电压达到额定电压 U_e 时，电动机达到额定转速，旁路接触器吸合，启动过程完成。

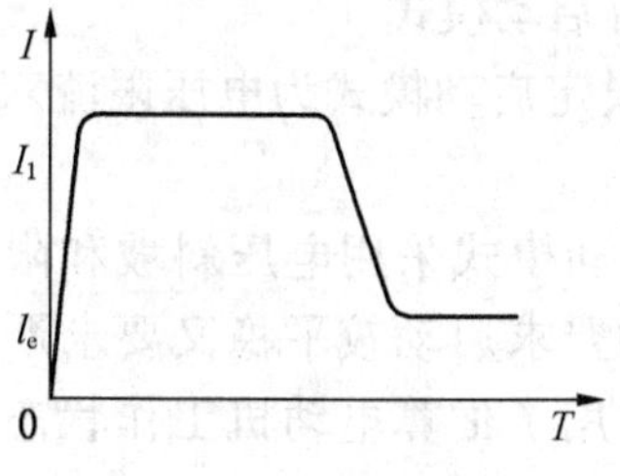

图 3 - 13　限电流启动模式的电机电流波形

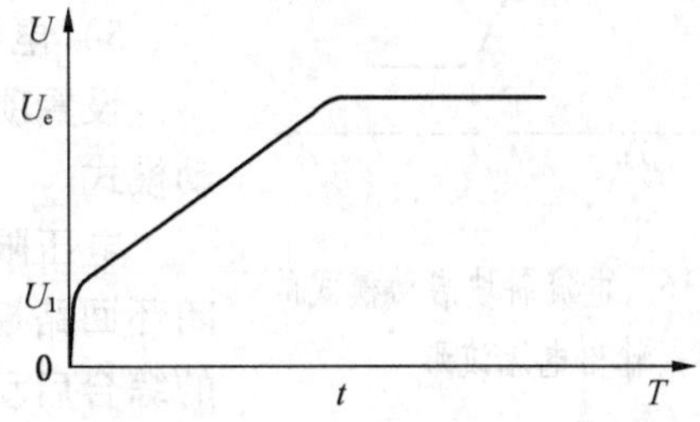

图 3 - 14　电压斜坡启动模式的输出电压波形

启动时间 t 是根据标准负载在标准实验条件下所得的控制参数，QJZ 系列软启动器以此参数为基准，通过控制输出电压使电动机平稳加速，完成启动过程并非机械地控制时间 t 而不论电动机加速是否平稳。鉴于此，在负载较轻时，启动时间往往小于设定的启动时间，只要能顺利启动则属正常。

一般而言电压斜坡启动模式适用于对启动电流要求不严而对启动平稳性要求较高的场合。

3）突跳启动模式

设置项 F9 为 2 或 3 时设定启动模式为突跳启动模式。

图 3 - 15 给出了突跳启动模式的输出变化波形。在某些重载场合下，由于机械静摩擦力的影响而不能启动电动机时，可选用此种启动模式。在启动时，先电动机转动，然后按限电流（图 3 - 15a）或电压斜坡（图 3 - 15b）的方式启动。

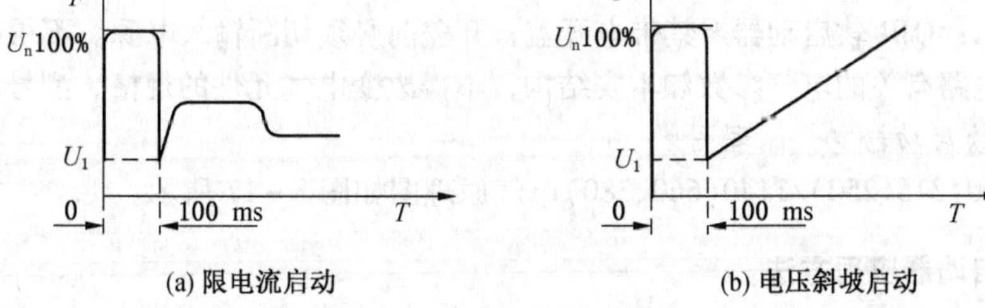

(a) 限电流启动　　(b) 电压斜坡启动

图 3 - 15　突跳启动模式的输出变化波形

在用此模式前，应先用非突跳模式启动电动机，若电动机因静摩擦力太大不能转动时，再选用此模式，否则应避免采用此模式启动，以减少不必要的大电流冲击。

4）电流斜坡启动模式

设置项 F9 为 4 时设定模式为电流斜坡启动模式。

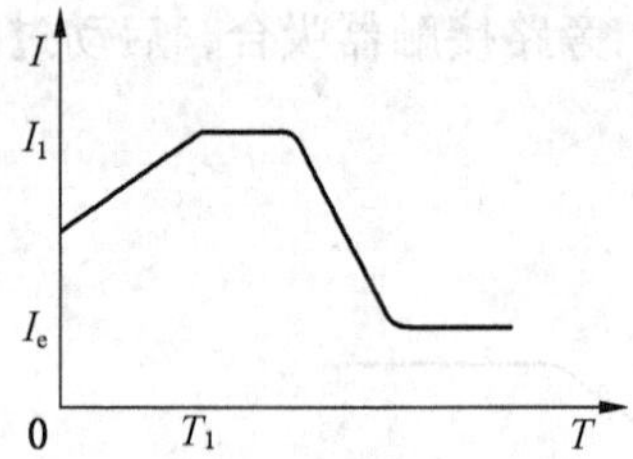

图 3-16　电流斜坡启动模式的输出电流波形

图 3-16 为电流斜坡启动模式的输出电流波形。其中 I_1 为 F5 设置的限流值，T_1 为 F1 设置的时间值。

电流斜坡启动模式具有较强的加速能力，适用于两极电动机，也可在一定范围内缩短启动时间。

5）电压限流双闭环启动模式

设置项 F9 为 5 时设定启动模式为电压限流双闭环启动模式。

电压限流双闭环启动模式采用电压斜坡和限电流双闭环回路控制，是一种要求启动较平稳又要求严格限流的综合启动模式，它采用了估算电动机工作状态的预测算法。

电压限流双闭环启动模式的输出电压波形将根据电动机和负载情况的不同而有所变化。

8. 使用与维护

（1）防爆启动器使用前应检查产品合格证，检查在运输过程中是否有损坏，发现问题及时处理。

（2）定期清除外壳的污垢和煤尘。

（3）检查外壳有无损坏，紧固件是否松动。

（4）检查操作按钮是否完好，显示灯是否正常工作。

（5）不准用电缆接地芯线作本安电路的控制线，本安电路不能与其他非本安电路连接，不准改变本安电路的元器件型号、规格、参数。

（6）防爆软启动器接线腔两侧进出线引入装置，暂不使用的均应用压盘、金属堵板和密封圈进行可靠密封，防爆接合面在使用中严禁碰伤，保持其表面清洁，定期涂 204-1 置换型防锈油。

（7）在产品使用、维护过程中须注意对隔爆面的有效保护，隔爆面应避免与尖锐物或金属物等发生碰撞，划伤隔爆面；隔爆面应涂防锈油。

安全警示：QJR 软启动器严禁带电开盖；开盖前必须切断输入电源。不得改变本安电路和与本安电路有关的电气参数和本安结构，不得改变电气元件的规格、型号。

9. QJR 软启动器电气原理图

QJR-400(315、250)/1140(660、380)电气原理图如图 3-17 所示。

二、软启动器应用方法

1. 控制方式的选择

软启动器控制方式的选择，一般应按照以下 3 个原则来考虑。

1）按负载类型（转矩与转速的关系）选择控制方式

选择软启动器的控制方式应首先考虑负载类型，要做到控制特性和负载特性匹配，这是最基本的要求。

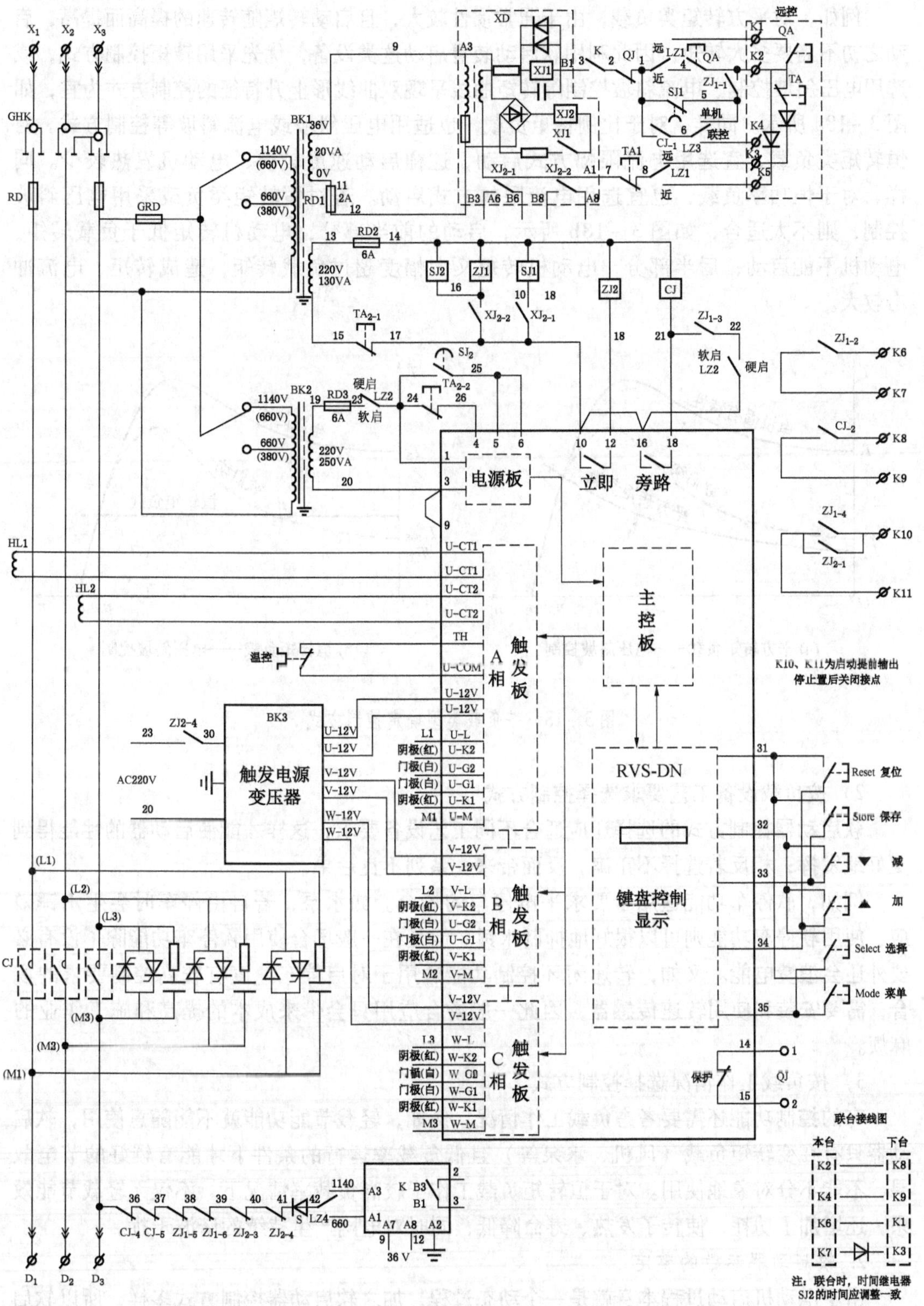

图 3-17　QJR-400(315、250)/1140(660、380)电气原理图

例如，对平方转矩类负载，由于通常惯性较大，且启动转矩随转速的提高而提高，启动之初不需要多大转矩，因此利用软启动装置启动这类设备，优先采用转矩控制方式，或选用电压斜坡控制、电流斜坡控制等转矩曲线呈现双曲线形上升特征的控制方式为宜，如图 3－18a 所示。同样，对于比例转矩负载，也适用电压斜坡或电流斜坡等控制方式。对恒转矩类负载，宜选用电流限幅方式启动，这样启动速度较快，电动机发热较少。同样，对于恒功率负载，也宜选用电流限幅方式启动。若对恒转矩类负载采用电压斜坡控制，则不太适合，如图 3－18b 所示，启动的前半部分，电动机转矩低于负载转矩，电动机不能启动；后半部分，电动机转矩又大幅度超过负载转矩，造成转矩、电流冲击较大。

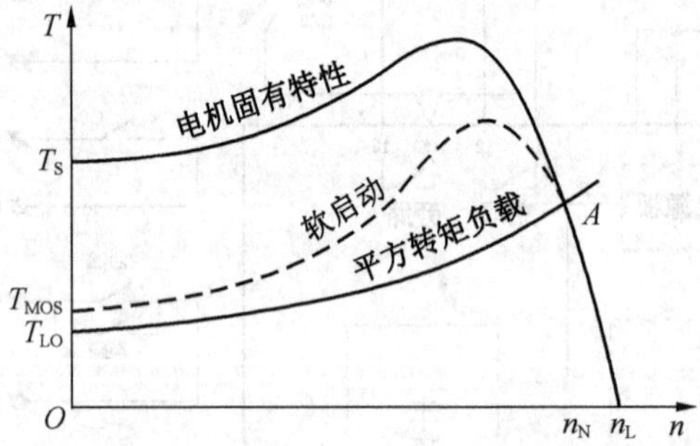

(a) 平方转矩负载——电压斜坡控制

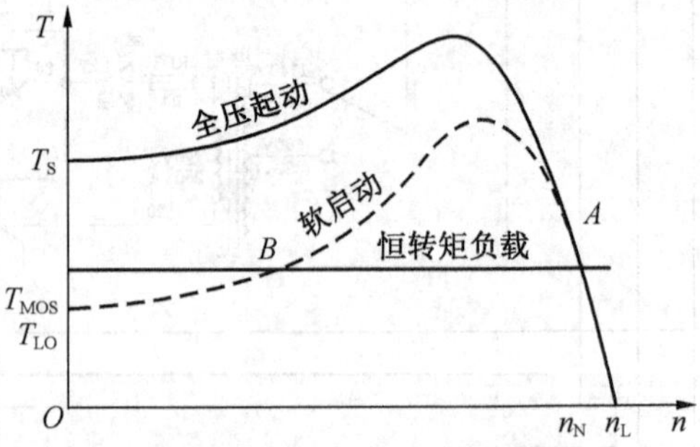

(b) 恒转矩负载——电压斜坡控制

图 3－18　按负载类型确定控制方式

2）按负载设备工艺要求选择控制方式

软启动器控制方式的选择还应适合不同工艺设备要求，这样才能使启动器的性能得到更好地发挥；相反若选择不正确，反而带来一系列不良后果。

例如，软停车功能适用于要求平滑停车的场合。如水泵，若自由停车时会生水锤效应，使用软停车功能则可以很好地抑制水锤。但是在一般场合使用软停车功能除了没有必要外还会浪费电能。又如，转速闭环控制功能适用于对启停车速度有较高控制要求的场合，需要安装和使用转速传感器，因此一般场合应用只会带来成本的提高和施工作业的麻烦。

3）按负载工作情况选择控制方式

有的控制功能还需要考虑负载工作情况。例如，轻载节能功能就不能随意使用，软启动器只有在变转矩负载（风机、水泵等）且低负载率运行的条件下才能有较好的节电效果，不能不分对象地使用。对于恒转矩负载工作于较高负载率情况下，不仅无轻载节能效果，还增加了功耗，使转子发热、寿命降低，同时对电网产生持续的谐波干扰。

2. 软启动器参数的整定

由于电动机启动过程本身就是一个动态过程，加之软启动器控制方式多样，所以软启动器的参数只有一部分可以通过手工计算预先设置，大多数参数难以通过简单的计算获得。因此，软启动器参数的整定一般需要根据工程经验进行初步设置，然后再通过现场调试整定到合适的数值。

如果电动机定子电压很小，则电动机的启动转矩也小，不能克服阻力矩，是无法启动电动机的。所以软启动器的启动电压设计为在额定电压的25% ~75% 间可调，这时的启动转矩为0.252 ~0.752 倍的直接启转矩 T_{dst}。

电压斜坡控制方式转矩特性曲线如图3-19所示。其中，T_L 为负载转矩；T_{LO}为 $t=0$ 时的负载转矩；T_B 为电动机加速转矩；T_s 为电动机堵转转矩；T_N 为电动机额定转矩；T_{MOS} 为软启动 $t=0$ 时电动机转矩；T_{BOS}为软启动时加速转矩。斜坡初始电压应按下式计算。

$$U_0=U_N\sqrt{\frac{T_{LO}\pm0.15T_N}{T_s}} \tag{3-2}$$

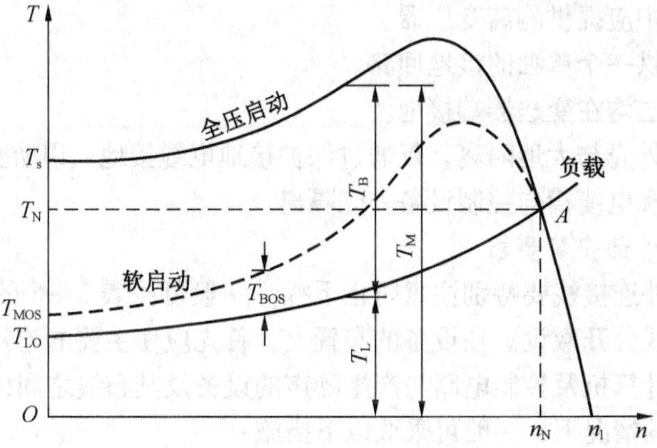

图3-19 电压斜坡控制方式转矩特性曲线

3. 软启动器的安装要求

1）安装的一般规定

应根据《电气装置安装工程 低压电器施工及验收规范》(GB 50254—2014)、《电气装置安装工程 电力变流设备施工及验收规范》(GB 50255—2014) 进行安装。

（1）现场设备验收检查。设备制造厂的技术文件应齐全，型号、规格应符合设计要求；附件齐全，外壳、元器件无损坏情况。

（2）土建要求。主要包括：①与盘、柜、屏、台、箱安装有关的建筑物、构筑物的土建工程质量应符合国家现行的建筑工程施工及验收规范中的规定；②屋顶楼板施工完毕，不得有渗漏；③室内地面工作结束；④预埋件及预留孔符合设计要求，预埋件应牢固；⑤门、窗安装完毕；⑥凡进行装饰工作时有可能损坏已安装设备或设备安装后不能再进行施工的装饰工作全部结束。

（3）基础型钢安装。采用基础型钢安装时，其安装允许偏差应符合相关标准的规定。基础型钢应可靠接地。安装后，其顶部宜高出抹平面10 mm以上。

（4）屏、柜安装。屏、柜单独或成列安装时，其垂直度、平面度以及屏、柜面的平面度和屏、柜间接缝的允许偏差应符合相关标准的规定。安装用紧固件（除地脚螺栓外），应用镀锌制品，屏、柜、箱接地应牢固、良好。装有电器的可开启的柜门，应以软导线与接地的金属架构可靠连接。

2）安装的环境条件

安装设备时要根据使用现场的环境条件，遵守各类电气设备的安装规程，尤其是电子设备应特别注意安装场所的防尘，尘埃附着将导致印刷板和继电器接触不良，使装置的工作可靠性降低，其他环境条件也应满足有关标准的规定。

3）电控屏、柜的内部装配要求

应尽可能减少内部噪声的侵入，一般可考虑以下几点：

（1）必要时，所有信号电缆均应置于钢管或电缆槽内走线。

（2）模拟量信号电缆与数字量信号电缆分开走线。

（3）信号电缆与动力设备之间应具有尽可能大的隔离距离。

（4）控制系统中应提供隔离变压器。

（5）对系统提供一个单独的接地回路。

（6）所有屏蔽层均在变送器端接地。

（7）控制设备外壳与大地隔离，仅通过保护接地电缆接地，以防止产生接地回路。

（8）所有管道和电缆槽与控制设备外壳隔离。

4. 电控设备的外部安装要求

电控设备的对外连接线要特别注意防止干扰，一般可按表 3－6 的分类方式将不同类别及电压等级的导线分开敷设。在设备的布置上，首先应使主要的连接线与干扰源保持适当的距离；其次使计算机及控制电路与产生噪声的设备及其布线之间保持一定的距离。在难以满足距离要求的情况下，一般可采取以下措施：

（1）信号线和动力线垂直交叉或分槽布线。

（2）信号线和噪声线在端子板上两端安装。

（3）在所规定的电流、引线阻抗及布线长度下，尽量减少所用导线的截面尺寸。

（4）不要采用不同金属的导线相互连接。

（5）尽量减少或不设中间端子板或连接点。

（6）满足设备对环境温度、湿度及清洁度的要求。

（7）管道与电缆槽应可靠接地，并保证整个长度接地。

（8）信号电路中使用双绞线或屏蔽电缆。

（9）采用管道屏蔽。

表3－6 电压等级导线分类

类别	名称	电压等级
1	高压动力线	交流 10 kV
2		交流 6 kV 和 3 kV
3	低压动力线	交流 380 V，直流 750 V
		交流 220 V，直流 600 V
		交流 110 V，直流 440 V 以下

表3-6（续）

类别	名称	电压等级
4	一般控制线	交流或直流220 kV
		交流或直流110 kV
5	低压控制线	交流或直流48 kV
		交流或直流24 kV

5. 软启动器安装的方式和要求

1）墙挂式安装

有些型号的软启动器本身具有防护等级较高的外壳，允许直接靠墙安装。为了保证冷却效果，软启动器应垂直安装。此外为了防止异物掉在软启动器的出风口而阻塞风道，最好在软启动器出风口的上方加装保护网罩。

2）柜式安装

软启动器通常装在配电室内，并与配合使用的其他控制电器一同安装在电气控制屏成柜内，称为柜式安装。柜式安装时的注意事项如下：

（1）采用风冷时，应尽量在柜顶加装抽风式冷却风扇。冷却风扇的位置应尽量在软启动器的正上方。当周围环境粉尘较大时，应当在电气柜进、出风口安装防尘滤网。

（2）当一台控制柜内装有两台或两台以上软启动器时，应尽量并排安装。若必须采用纵向安装时，则应在上下两台软启动器间加一块隔板，以避免下面软启动器出来的热风进入上面的软启动器内。

（3）为了保证良好通风，软启动器与周围阻挡物之间的距离应符合制造厂的规定，或满足两侧大于100 mm、上下大于150 mm。

（4）控制柜内的电器元件布置密度不应过高，软启动器的下方不应放置发热功率大的电器部件。

6. 系统的接地

1）接地方式

设备内部有各种不同目的的接地，显然它们之间不允许简单地任意连接，以免通过接地回路发生干扰影响。常见的接地有3种。

（1）保护接地。设备金属外壳等的接地，以免危及操作人员的安全。相应的接地线称为保护地线（PE）。

（2）系统接地。系统接地目的是为系统各部分提供稳定的基准电位，要求接地回路的公共阻抗尽可能小。相应的接地线称为系统地线（SE）。

（3）屏蔽接地。电缆、变压器等屏蔽层的接地，目的是抑制电磁场干扰。相应的接地线称为屏蔽地线（FE）。

2）接地系统设计原则

通常上述3种地线最终都要与大地相连接。在设计接地系统时应遵循下列3个原则。

（1）尽可能短的接地路径，建立一个对各有关装置都是等电位的接地系统。

（2）不要构成接地环路。

（3）避免电源零线引入干扰。

3）保护地线的接法

保护地线常用保护接零和保护接地两种方式，根据电气设备的配电系统接地方式决定。一般三相交流异步电动机所接电源系统通常为中性点不直接接地或不接地系统，如中性点不接地的供电变压器或独立的发配电系统，因此通常必须保护接地。

电控设备壳体的接地主要是从对人身安全保护所需来考虑，无论是在正常工作条件下或者出现故障时，设备都应能可靠地保障人身安全，防止触电。一般要求如下：

（1）设备的壳体及任何导电的金属零件均应具有良好的接地导电连续性，从设备的主接地点到壳体及任何外露的导电金属零件之间的电阻，不得大于 0.10 Ω。

（2）保护导线的截面积推荐按表 3－7 选取。一般来说，如果金属构架的截面积的导电性能和表 3－7 所列的数值相等效，则允许用金属构件当作保护导线，不需另外再接保护导线，但要采取措施保持永久的良好导电性。对于铝合金的构架，要特别注意电解腐蚀的危害性。

表 3－7　保护导线截面积选择

熔断器的额定电流或保护有关电路的其他短路保护器件的整定电流值/A	保护导线的截面积（铜导线）/mm^2	熔断器的额定电流或保护有关电路的其他短路保护器件的整定电流值/A	保护导线的截面积（铜导线）/mm^2
≤200	与有关电路的导线相同，但不小于 16	1000	70
		1250	95
315	25	1600	120
500	35	2500	185
800	50	3200	240

（3）在设备的门、罩等构件上，如果装有电压值超过安全超低电压（交流 50 V）的元件时，必须确保这些构件具有良好的导电连续性。最好用单独的保护导线（截面积可按表 3－7 选取）将这些构件与主接地点连接。

（4）保护导线或接地端子可用字母 PE、图形符号或者颜色来区别。如果用颜色时，必须是黄绿双色线。

（5）用于连接外部保护导线的端子尺寸建议按表 3－8 选取。

表 3－8　外部保护导线端子尺寸

给电气设备供电的相导线的截面积 S/mm^2	供选择端子尺寸参考的外部保护导线的最小截面积 SP/mm^2
$S \leq 16$	等于相导线的截面积 S
$16 < S \leq 35$	最小为 50% 相导线截面，但不得小于 16
$35 < S$	$S/2$

4）屏蔽地线的接法

一般小装置中设独立的屏蔽接地端子，大装置中设屏蔽接地数据线，多台组合装置中设屏蔽接地母线，母线单独接地或与系统的母线一起接地。

电缆屏蔽层要有绝缘护套，并保证屏蔽层的连续性，在接线端子板上要备有供屏蔽层连接用的端子。

用于静电屏蔽、电磁屏蔽的各种屏蔽层一般采用下列接地方式：

（1）信号电缆长度小于信号波长的1/4或信号频率不超过30 MHz，而电缆长度超过1 m时，屏蔽层原则上可在接地的信号源或接收器一侧接地。使用时，一般均在控制装置侧接地。

（2）高频敏感输入信号电缆，屏蔽层两端接地。

（3）热电偶传感器电缆，屏蔽层在被测装置侧接地。

（4）双重静电屏蔽电缆，外屏蔽层接屏蔽地，内屏蔽层接系统地。

（5）交流进线电缆的屏蔽层接保护地。

（6）进线滤波器的外壳接保护地。

（7）电源变压器的静电屏蔽层接保护地。

（8）双重或三重屏蔽电源变压器的一次屏蔽层接保护地，二次屏蔽层接系统地或屏蔽地。

第四节　软启动器的维护与故障排除

一、软启动器的维护

1. 日常维护

（1）如果灰尘太多，将会降低软启动器的绝缘等级，影响软启动器的正常工作。因此，需要用清洁干燥的毛刷轻轻刷去灰尘，也可以用压缩空气吹去灰尘。

（2）如果软启动器结霜，则需要用电吹风或电炉烘干，进行去湿处理。

（3）检查主电路端子是否有连接不良的情况。

（4）检查电力电缆与控制电缆有无损伤。

（5）检查电力电缆鼻子的绝缘包扎带是否脱落。

（6）检查控制端子螺钉是否松动，如果松动，需要用螺丝刀拧紧。

（7）使用旁路接触器时，启动回路相序需要与旁路回路相序一致，以免旁路切换时发生相间短路，使断路器跳闸甚至损坏设备。

（8）一次回路出现爬电、拉弧，可能会危害设备。

（9）二次回路出现漏电、短路，可能使软启动器控制失灵。

（10）软启动器散热器热阻增大，可能导致晶闸管温升增大。

（11）用于提高功率因数的无功功率补偿电容必须连接在软启动器的输入端，严禁连接在输出端，以免损坏软启动器中的晶闸管。

（12）不得将软启动器主电路的输入与输出端子接反，以免导致软启动器非预期的动作，以及损坏软启动器与电动机。

2. 维护注意事项

（1）调试软启动器时，不得接触电路板、晶闸管等导电部件，以免触电。

（2）调试软启动器时，不得用螺丝刀接触到电路板的导电部分，以免损坏软启动器或触电。

（3）软启动器的输入端接通电源后，即使在停止状态，其输出端仍然会带有相当高的感应电压。因此，禁止接触软启动器的输出端，以免触电。

（4）软启动器在运行过程中，可以从设备外部目视检查运行状况有无异常，通常检查技术数据是否满足要求、周围环境是否符合要求、触摸面板显示有无异常、有无异常声音、有无异常振动、有无异常气味、有无过热迹象等。

二、启动故障的排除

排除启动故障的方法见表3－9。

表3－9 排除启动故障的方法

启动现象	原因	整定方法
启动时电动机较长时间才开始转动	启动力矩过小	增大启动电压
启动时电动机突然转动，电流较大	突跳时间过长	减少突跳时间
启动时电动机突然转动，电流较大	启动力矩过大	减小启动电压
启动时间短，启动电流大	启动时间过短	增加启动时间
启动时间过长	启动时间过长	减少启动时间
启动没有完成，显示故障	负载过重，启动时间过短	增加启动时间
起始电压较高时，电动机仍不能转动	负载过重	增加突跳时间

三、QJR系列软启动器故障信息与维修

QJR系列软启动器故障信息与维修见表3－10。

表3－10 QJR系列软启动器故障信息与维修

启动现象	故障原因	维修
过载	1. 电动机负载太重 2. 电动机匝间损害 3. 设定的额定电流值太小	1. 减轻负载 2. 检查电动机是否异常 3. 增大额定电流的设定值
短路	1. 出线短路 2. 电动机异常 3. 设定的额定电流值太小 4. 电流互感器信号线同名端插错	1. 检查开关、电缆是否异常 2. 检查电动机是否异常 3. 增大额定电流的设定值 4. 改正、插好

表3-10（续）

启动现象	故 障 原 因	维 修
漏电	1. 电动机或电缆受潮漏电 2. 过电压抑制器异常	1. 检查电动机、电缆是否异常 2. 检修、更换过电压抑制器
断相	1. 电动机绕组异常 2. 电网电压存在严重不平衡 3. 电流互感器信号线脱落	1. 检查电动机是否异常 2. 需要改善供电质量 3. 接牢电流互感器信号线
一次、二次线间短路	1. 晶闸管异常 2. 真空接触器触头短路	1. 更换晶闸管 2. 检修、更换真空接触器
保护乱动作	实际无故障	复位系统、更换控制器
不启动	短接端子32-34，按“启动”按钮，观察继电器K3吸合或者不吸合	更换控制器、更换继电器、检查回路接线情况
启动不转换	说明软启动时间变大。可以短接端子35-36，按“启动”按钮，观察继电器K2吸合情况与接触器动作是否正确	改小启动时间、更换控制器、更换接触器、检查控制电路

第四章　液力耦合器

第一节　液力耦合器概述

液力耦合器是一种以液体为工作介质的非刚性联轴器，也称液力联轴器。液力耦合器作为一种将动力源（通常是发动机或电机）与工作机连接起来传递旋转动力的机械装置，在工业中有着广泛的应用。

一、液力耦合器工作原理

液力耦合器的泵轮和涡轮组成一个可使液体循环流动的密闭工作腔，泵轮装在输入轴上，涡轮装在输出轴上。两轮为沿径向排列着许多叶片的半圆环，它们相向耦合布置，互不接触，中间有 3 ~4 mm 的间隙，并形成一个圆环状的工作轮。驱动轮称为泵轮，被驱动轮称为涡轮，泵轮和涡轮都称为工作轮。泵轮和涡轮装合后，形成环形空腔，其内充有工作油液。

泵轮通常在内燃机或电动机驱动下旋转，叶片带动油液，在离心力作用下，这些油液被甩向泵轮叶片边缘，由于泵轮和涡轮的半径相等，故当泵轮的转速大于涡轮转速时，泵轮叶片外缘的液压大于涡轮叶片外缘的液压，由于压差液体冲击涡轮叶片，当足以克服外阻力时，使涡轮开始转动，即将动能传给涡轮，使涡轮与泵轮同方向旋转。油液动能下降后从涡轮的叶片边缘又流回到泵轮，形成循环回路，其流动路线如同一条首尾相连的环形螺旋线。液力耦合器靠液体与泵轮、涡轮的叶片相互作用产生动量矩的变化来传递力矩。在忽略不计叶轮旋转时的风损及其他机械损失时，它的输出（涡轮）力矩等于输入（泵轮）力矩。

液力耦合器结构形式比较多，不同的液力耦合器在结构与原理上略有不同，但是其基本原理是相同的，都是通过泵轮将机械能转化为液体的动能，再由流动的液体冲击涡轮，实现液体动能向机械能的转化，向外输出动力，如图 4 –1 所示。

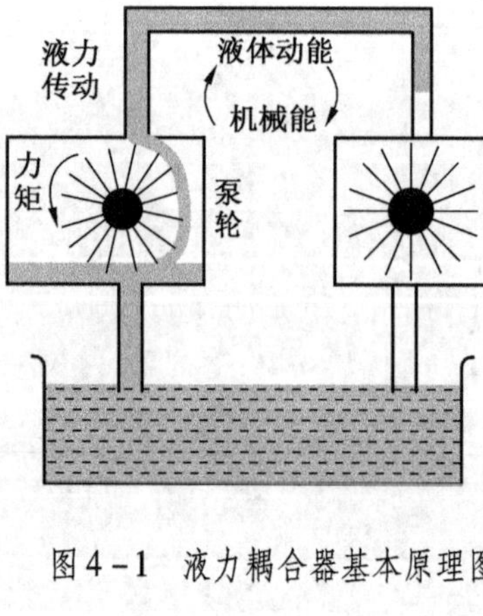

图 4 –1　液力耦合器基本原理图

二、液力耦合器基本特征及关键系数

1. 基本特征

（1）不能改变力矩。如果忽略轴承、密封、空气摩擦、液体等损失，那么泵轮的输入力矩 M_B 与涡轮的输入力矩 M_T 是相等的（$M_B = -M_T$），即液力耦合器只能将输入轴传来的力矩无改变地传递给输出轴，而不具备改变力矩特性。

（2）同向传送。在正常牵引工况下，泵轮与涡轮的转向总是相同的。

（3）始终存在转差率。泵轮转速恒大于涡轮转速，耦合器中转差率 s 来表示泵轮、涡轮转速相差的程度，其定义为

$$s=\frac{n_B-n_T}{n_B}=1-i \tag{4-1}$$

式中 s——转差率；

n_B——泵轮转速；

n_T——涡轮转速；

i——转速比。

（4）效率恒等于转速比。

耦合器效率表达为

$$\eta=-\frac{M_T n_T}{M_B n_B}=\frac{n_T}{n_B}=i \tag{4-2}$$

式中 η——效率；

M_B——泵轮力矩；

M_T——涡轮力矩；

n_T——涡轮转速；

n_B——泵轮转速；

i——转速比。

2. 关键系数

（1）泵轮力矩系数。泵轮力矩系数作为耦合器容量大小的参数之一，记为 λ_B，按相似原理，同一系列几何相似的液力耦合器在相似的工况下所传递的力矩值与液体密度的 1 次方、泵轮转速的 2 次方和工作腔有效直径的 5 次方成反比，即

$$\lambda_B=\frac{M_B}{\rho g n_B^2 D^5} \tag{4-3}$$

式中 M_B——泵轮力矩；

ρ——工作液体密度；

n_B——泵轮转速；

g——重力加速度；

D——工作腔的有效直径。

（2）过载系数。过载系数为液力耦合器最大力矩与额定力矩之比：

$$T_g=\frac{M_{max}}{M_n} \tag{4-4}$$

式中 T_g——过载系数；

M_{max}——最大力矩；

M_n——额定力矩。

（3）启动过载系数。启动过载系数为液力耦合器启动力矩与额定力矩之比：

$$T_{gQ}=\frac{M_Q}{M_n} \tag{4-5}$$

式中　T_{gQ}——启动过载系数；

M_Q——启动力矩；

M_n——额定力矩。

（4）制动过载系数。制动过载系数为液力耦合器制动力矩与额定力矩之比：

$$T_{gz}=\frac{M_Z}{M_n} \tag{4-6}$$

式中　T_{gz}——制动过载系数；

M_Z——制动力矩；

M_n——额定力矩。

三、液力耦合器分类

根据用途的不同，液力耦合器分为普通型液力耦合器、限矩型液力耦合器和调速型液力耦合器。其中限矩型液力耦合器主要用于对电动机减速机的启动保护及运行中的冲击保护，位置补偿及能量缓冲；调速型液力耦合器主要用于调整输入输出转速比，其他的功能和限矩型液力耦合器基本一样。

根据工作腔数量的不同，液力耦合器分为单工作腔液力耦合器、双工作腔液力耦合器和多工作腔液力耦合器。根据叶片的不同，液力耦合器分为径向叶片液力耦合器、倾斜叶片液力耦合器和回转叶片液力耦合器。

四、普通型液力耦合器

1. 普通型液力耦合器的结构及工作原理

普通型液力耦合器是最简单的一种液力耦合器，由泵轮、涡轮、外壳皮带轮等主要元件构成，如图4-2所示。当发动机运转时，曲轴带动液力耦合器的壳体和泵轮一同转动，泵轮叶片内的液压油在泵轮的带动下随之一同旋转。在离心力的作用下，液压油被甩向泵轮叶片外缘处，并在外缘处冲向涡轮叶片，使涡轮在液压冲击力的作用下旋转；冲向涡轮叶片的液压油沿涡轮叶片向内缘流动，返回到泵轮内缘的液压油，又被泵轮再次甩向外缘。液压油就这样从泵轮流向涡轮，又从涡轮返回到泵轮而形成循环的液流。

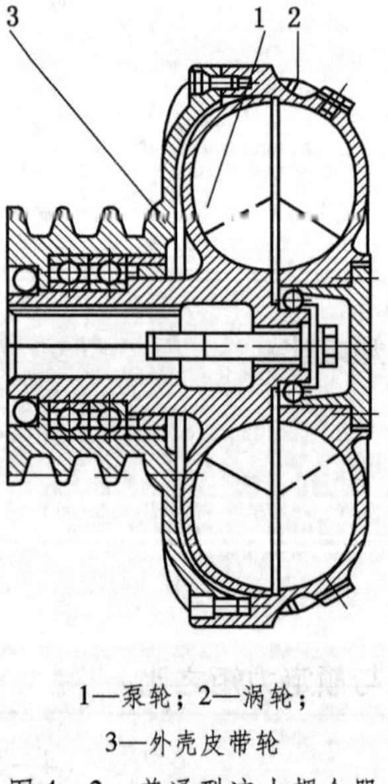

1—泵轮；2—涡轮；
3—外壳皮带轮

图4-2　普通型液力耦合器

普通型液力耦合器没有任何限矩、调速及其他安全保护措施，结构最为简单，只有泵轮、涡轮、输出轴、输入轴、易熔塞等基本零部件。泵轮力矩系数较高，性能曲线陡直，过载系数高，启动性能强。

2. 普通型液力耦合器分类

普通型液力耦合器的分类见表4-1。

3. 普通型液力耦合器的优缺点

1）普通型液力耦合器的优点

（1）普通型液力耦合器结构简单、轴向尺寸短、价格低廉。

表4-1 普通型液力耦合器的分类

分类标准	分类名称	分类标准	分类名称
传动结构特征	简单直联式普通型液力耦合器	安装型式	卧式普通型液力耦合器
	带皮带轮式普通型液力耦合器（平行传动）		立式普通型液力耦合器

（2）工作腔体容积大、效率高（最高效率达0.96~0.98）。

（3）启动力矩较大，启动性能强，常常是全冲液工作。

（4）传动力矩可达6~7倍的额定力矩。

2）普通型液力耦合器的缺点

（1）过载系数大，过载保护性能很差。

（2）转矩变化慢，在某些应用中需要更快速的反应时间。

4. 普通型液力耦合器常规参数

普通型液力耦合器的型号表示如图4-3所示，普通型液力耦合器的结构特征代号见表4-2。

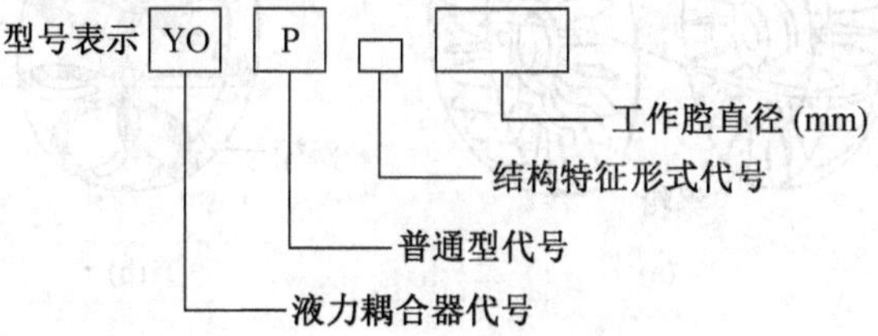

图4-3 普通型液力耦合器的型号表示

表4-2 普通型液力耦合器的结构特征代号

结构特征代号	型号P		
	快放阀式	滞环式	放油式
	K	H	F

五、限矩型液力耦合器

1. 限矩型液力耦合器结构及工作原理

在动力机带动耦合器转动时，首先由泵轮将耦合器腔内液体搅动，在离心力的作用下，腔内液体在半径较小的流道进口处被加速，并抛向半径较大的流道口处，从而液体的动量加大，在泵轮出口处液流以较高的速度和压强冲向涡轮叶片，释放液体动能来推动涡轮旋转做功，实现涡轮将液体动能转化为机械能的过程。当液体的动能减小后，在其后的液体推动下由涡轮流出而进入泵轮，再开始新的能量转化。如此周而复始，输入与输出在没有直接机械连接的情况下由液体动能完成柔性的连接。限矩型液力耦合器结构、工作示意图分别如图4-4、图4-5所示。

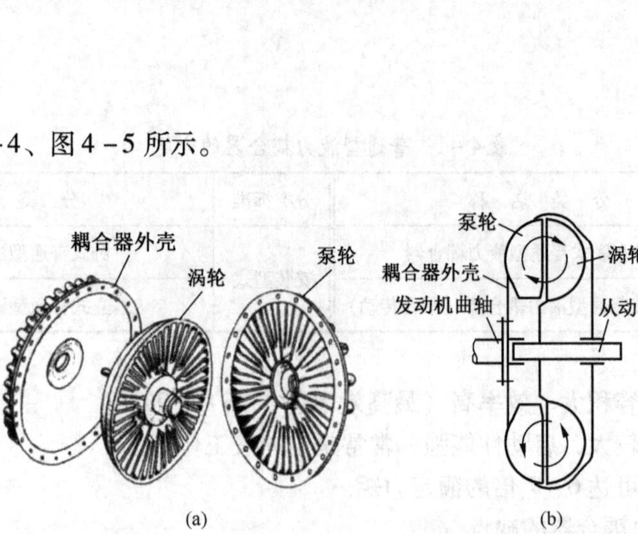

图4-4　限矩型液力耦合器结构示意图

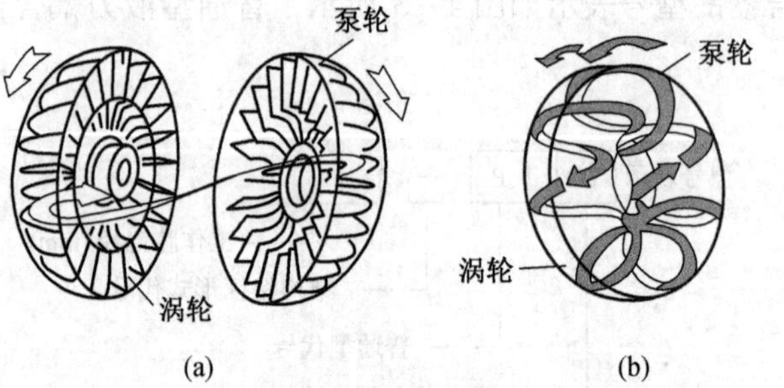

图4-5　限矩型液力耦合器工作示意图

限矩型液力耦合器在结构上，采用某种措施在低转速比时限制力矩的升高，除了具有泵轮、涡轮、输出轴、输入轴、易熔塞等零件外，还增加了为限制力矩而设置的前辅腔、后辅腔、侧辅腔挡板等构件，其性能参数见表4-3。

表4-3　限矩型液力耦合器性能参数

型　式	循环圆有效直径/mm	$q_c=80\%$ 时泵轮力矩系数/$(\min^2\cdot m^{-1})$	额定转差率 s/%
限矩形液力耦合器	≤320	$\geq 1.30\times10^{-6}$	4
	360～560	$\geq 1.45\times10^{-6}$	
	≥650	$\geq 1.55\times10^{-6}$	

2. 限矩型液力耦合器分类

按照结构分，常见的限矩型液力耦合器有静压泄液式、动压泄液式和复合泄液式三种基本结构。前两种在建设机械中应用较为广泛。

1）静压泄液式液力耦合器

图4-6是静压泄液式液力耦合器结构图。在结构上静压泄液式液力耦合器与普通型液力耦合器有所不同。它的主要特点是泵轮2、涡轮3对称布置，并且有挡板5和侧辅腔4。挡板装在涡轮出口处，起导流和节流作用。

静压泄液式液力耦合器在高速传动比时，侧辅腔存油很少，因而传动力矩较大；而在低传动比时，侧辅腔存油较多，使特性曲线较为平坦，能较好地满足工作机械的要求。但需指出的是，由于液体出入侧辅腔跟随负载变化而反应的速度慢，所以不适于负载突变和频繁启动、制动的工作机械。因此这种液力耦合器多用于车辆的传动中，所以也称为牵引型液力耦合器。

2）动压泄液式液力耦合器

动压泄液式液力耦合器能够克服静压泄液式液力耦合器在突然过载时难以起到过载保护作用的缺点。图4-7是动压泄液式液力耦合器结构图。

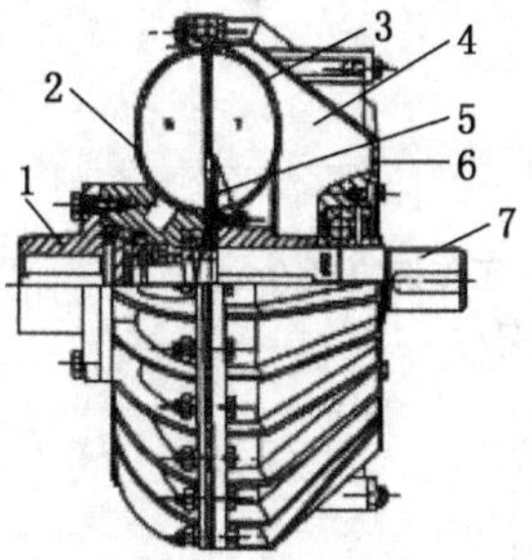

1—输入轴套；2—泵轮；3—涡轮；
4—侧辅腔；5—挡板；6—外壳；
7—输出轴

图4-6 静压泄液式液力耦合器结构图

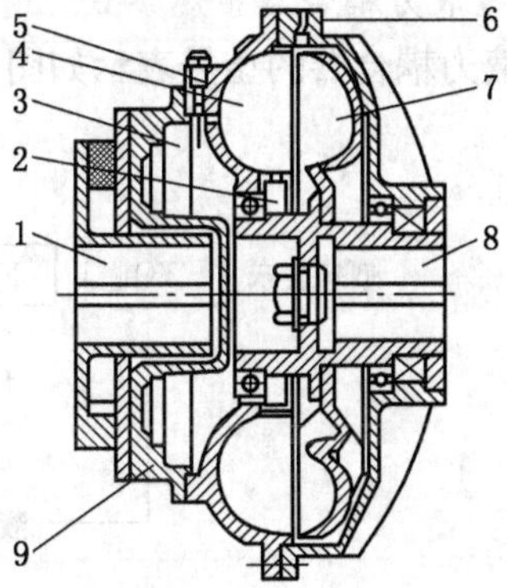

1—主动半联轴器与输入轴套；2—前辅腔；3—后辅腔；
4—泵轮；5—注油塞；6—易熔塞；7—涡轮；
8—涡轮轴（输出轴套）；9—后辅腔外壳

图4-7 动压泄液式液力耦合器结构图

输入轴套1通过弹性联轴器及后辅腔外壳9与泵轮4连接在一起，涡轮7用输出轴套8与减速器或工作机械相连起来，易熔塞6起过热保护作用。这种液力耦合器有前辅腔2和后辅腔3，前辅腔是泵轮、涡轮中心部位的无叶片空腔；后辅腔由泵轮外壁与后辅腔外壳9所构成。前后辅腔有小孔相通，后辅腔有小孔与泵轮相通，前后辅腔与泵轮一起转动。

后辅腔除了起到将前辅腔和泵轮联通的作用外，还有“延充”作用。延充作用可改善启动性，当发动机开始启动时（涡轮还没有转动），工作腔液体呈大循环，使液体充满前辅腔后又经小孔进入后辅腔。由于工作腔充液量很少，力矩很小，因而发动机可轻载启动。随着发动机转速（也即泵轮转速）的升高，后辅腔内的液体因形成的油环压力增加而沿小孔进入工作腔，又使工作腔的充液量增加，这就是“延充”。由于延缓充液作用，涡轮力矩增加，力矩达到启动力矩后，涡轮开始转动。

3. 各类限矩型液力耦合器结构区别及优缺点

各类限矩型液力耦合器结构区别及优缺点见表4－4。

表4－4　各类限矩型液力耦合器结构区别及优缺点

形　式	结构区别	优　缺　点
静压泄液式	在涡轮一侧设置容积较大的侧辅腔	限矩系数较好，但突然超载时，因泄液较慢，故动态过载系数较高，防瞬时过载能力差，由于结构简单，小型耦合器常用此型式
动压泄液式	不仅设置前辅腔，而且在泵轮一侧设置后辅腔。前、后辅腔间，后辅腔与工作腔间均有过流孔	启动性能好，防瞬时过载能力强，通过调整过流孔面积或改变后辅腔的容积，可以使过载系数降到很低，延时启动时间加长，结构比较复杂，轴向尺寸较长

4. 限矩型液力耦合器常规参数

限矩型液力耦合器的型号表示如图4－8所示，限矩型液力耦合器的结构特征代号见表4－5。

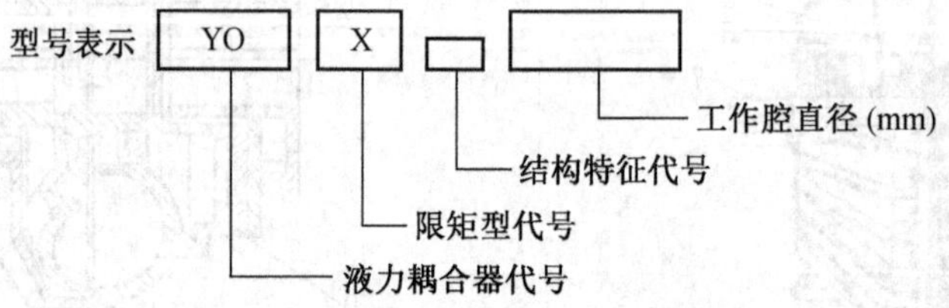

图4－8　限矩型液力耦合器的型号表示

表4－5　限矩型液力耦合器的结构特征代号

结构特征代号	型号 X				
	静压泄液式	动压泄液式	复合泄液式	阀控延冲式	闭锁式
	J	D	F	T	B

5. 限矩型液力耦合器注意事项

（1）液力耦合器传动方向在正反方向都能传动，当安装完毕第一次试车时，必须检查耦合器是否符合所要求的旋转方向，不得急剧正反转。

（2）在耦合器上安装网状防护罩。

（3）当电动机达到额定转速时，从动机开始运转，若从动机不动，必须马上停机，检查负载是否有制动现象。

（4）运转时，不允许耦合器渗漏。

（5）连续运转时，工作油温不超过90 ℃。

（6）运转3000 h后，对工作油进行老化检查，若油已老化，则需换油。

（7）应随工作机检修周期而定期检查联轴节弹性盘的磨损情况，定期检查电动机和工作机轴（如减速机）安装的同轴精度并进行校正，保证运行平稳。

（8）不允许随意拆卸耦合器，以免破坏密封及装配精度。

（9）易熔塞、易熔合金的熔点为 120 ℃，如果由于故障工作油温升高，使易熔合金熔化，工作油就喷出，此时应排除故障、重新充油。注意，切不可用金属螺塞取代易熔塞。

（10）不得频繁启动，以防工作油超温。

（11）应有良好的通风条件，防止太阳光直接照射。

6. 限矩型液力耦合器常见故障及排除方法

限矩型液力耦合器常见故障及排除方法见表 4－6。

表 4－6　限矩型液力耦合器常见故障及排除方法

故障	原　因	排　除　方　法
达不到额定转速	1. 电动机故障或连接不正确； 2. 工作机卡死； 3. 工作机消耗功率过大； 4. 充液量过大，电动机无法达到额定功率； 5. 充液量过少； 6. 液力耦合器漏油	1. 检查电动机的电流、转速和消耗的功率； 2. 检查工作机，消除卡死原因； 3. 检查功率消耗，并核算是否超过标准数值； 4. 检查充液量，放出适量的油； 5. 检查充液量，按规定量充液； 6. 更换密封，拧紧螺栓
易熔塞经常熔化	1. 充液量太少； 2. 液力耦合器漏油； 3. 工作机消耗功率过高； 4. 启动时间过长； 5. 工作机制动时间过长； 6. 液力耦合器启动频繁； 7. 易熔合金点过低； 8. 耦合器选型不当	1. 按规定量充液； 2. 按规定量充液，更换密封，拧紧螺栓； 3. 核实功率是否超过规定值； 4. 加速时电动机切换成三角形接线； 5. 排除工作机长时间制动故障； 6. 排除不应有的频繁启动，适当选用大规格低充油量耦合器； 7. 适当提高易熔合金熔化温度，选用合适的易熔塞； 8. 选配规格大的耦合器
运行不平稳	1. 安装不当，不同轴； 2. 基础刚性差，松动； 3. 耦合器或电动机或工作机轴承损坏； 4. 弹性块或弹性盘磨损	1. 重新找正； 2. 检查并拧紧基础螺栓，增强刚性； 3. 根据噪音和振动判断，若损坏则更换； 4. 更换失效弹性块或弹性盘

六、调速型液力耦合器

1. 调速型液力耦合器结构及工作原理

调速型液力耦合器的结构如图 4－9 所示。当主动轴带动泵轮旋转时，在泵轮内叶片及腔的共同作用下，工作油将获得能量并在惯性离心力的作用下，被送到泵轮的外圆周侧，形成高速油流，泵轮外圆周侧的高速油流又以径向相对速度与泵轮出口的圆周速度组成合速度，冲入涡轮的进口径向流道，并沿着涡轮的径向流道通过油流动量矩的变化而推动涡轮旋转，油流至涡轮出口处又以其径向相对速度与涡轮出口处的圆周速度组成合速度，流入泵轮的径向流道，并在泵轮中重新获得能量。如此周而复始的重复，形成工作油

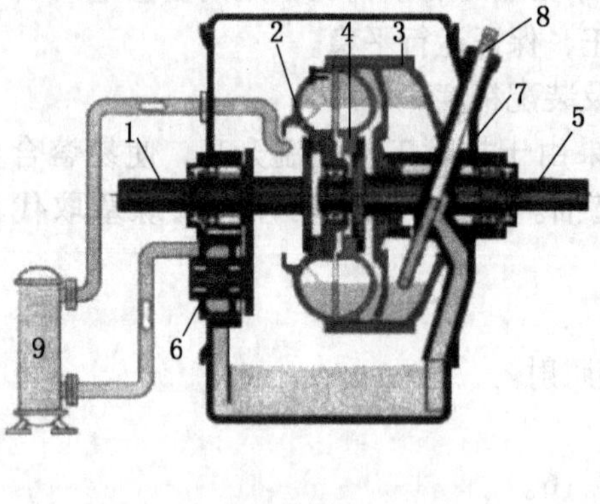

1—输入轴；2—涡轮；3—外壳；4—泵轮；
5—输出轴；6—调整装置；7—箱体；
8—勺管；9—供油组件

图4-9 调速型液力耦合器结构

在泵轮和涡轮中的循环流动。由此可见，泵轮把输入的机械功转换为油的动能，而涡轮则把油的动能转换成为输出的机械功，从而实现动力的传递。

调速型液力耦合器的无级变速是通过改变勺管的位置而改变循环圆中的工作油量实现的。当勺管插入液力耦合器腔室的最深处时，循环圆中油量最小，泵轮和涡轮转速偏差大，输出转速最低；当勺管插入液力耦合器腔室的最浅处时，循环圆中油量最大，泵轮和涡轮转速偏差小，输出转速最大。

调速型液力耦合器的泵轮和涡轮转速存在着一定的差值，称之为速度滑差。由黏性流体性质可知，耦合器滑差损失和轴承摩擦损失将生成大量的热，并被耦合器工作油吸收。耦合器滑差越大，转机功率越大，产生的热量越大。为了使耦合器油温不超过规定值，可利用油循环系统把高温油带出，经过冷油器冷却后回到耦合器内，从而保证了液力耦合器内热量的平衡。不同的液力耦合器的油冷却方式是不同的，这也是液力耦合器在应用过程中一个比较重要的问题。

2. 调速型液力耦合器分类

调速型液力耦合器按照调速方式可以分改变输入转速调节、机械调节、容积调节3类，具体见表4-7。

表4-7 调速型液力耦合器分类

调速方式	原 理	优 缺 点
改变输入转速调节	当负载力矩不变时，通过改变液力耦合器的输入转速，使额定工况点力矩降低，迫使耦合器加大转速，降低输出转速	应用范围窄，只适合与能调速的动力机，如柴油机、汽油机、绕线式电动机等匹配。优点是不需要特殊耦合器
机械调节	利用机械传动机会挡住耦合器工作腔的一部分或全部，通过改变循环流量，从而改变输出力矩和输出转速	结构复杂，调速范围窄，液力损失大。优点是不存在不稳定区
容积调节	通过改变工作腔的充液量来改变耦合器的输出力矩和输出转速	调速方便，调节方式多样，调速精度较高，适用范围很广。缺点是存在不稳定区和转差功率损失

3. 调速型液力耦合器优缺点

1）调速型液力耦合器优点

（1）对环境的适应性强，可以在寒冷、潮湿、粉尘、需防爆的环境下工作，同时对环境没有污染。

（2）可以使用廉价的笼式电动机替代价格昂贵的绕线式电动机。

(3) 传递功率与其输入转速的平方成正比，输入转速高时，容量大，性能价格比高。

(4) 具有节电效果，能降低电动机的启动电流和持续时间，降低对电网的冲击，降低电动机的装机容量，离心式机械应用调速型液力耦合器节能效果显著。

(5) 除轴承、油封外无任何直接机械摩擦，故障率低，使用寿命长。

(6) 结构简单，操作维护简便，不需要特别复杂的技术，养护费用低。

2) 调速型液力耦合器缺点

(1) 始终存在转差率，有转差功率损失，调速型液力耦合器与离心式机械匹配的相对运行效率为0.85~0.97。

(2) 输出转速始终低于输入转速，且输出转速不能像齿轮传动那样准确不变。

(3) 调速型液力耦合器需要附加冷却系统，会增加投资费用和运行费用。

(4) 占地面积较大，需要在动力机与工作机之间占有一定空间。

(5) 调速范围相对较窄，与离心机械匹配调速范围为1~1/5，与恒力矩机械匹配调速范围为1~1/3。

(6) 传递功率的能力与其输入转速的平方成正比，输入转速过低时，耦合器规格增大，性能价格比降低。

4. 调速型液力耦合器常规参数

调速型液力耦合器的型号如图4-10所示，调速型液力耦合器的结构特征代号见表4-8。

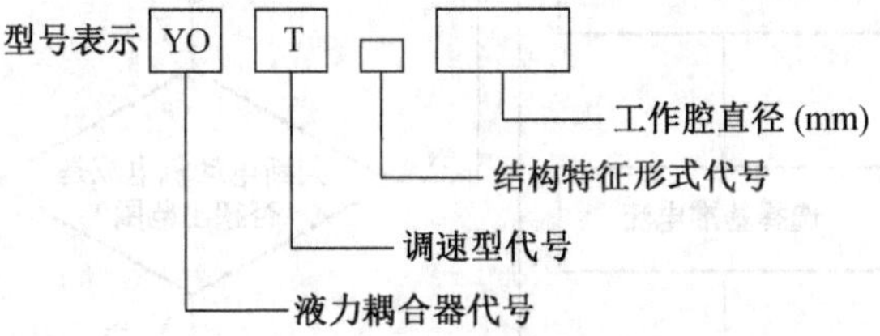

图4-10　调速型液力耦合器的型号

表4-8　调速型液力耦合器的结构特征代号

结构特征代号	型　号　T		
	进口调节式	出口调节式	复合调节式
	J	C	F

5. 调速型液力耦合器实现多电动机功率平衡

为避免矿用电动机负载功率失衡，导致偏载烧坏电动机等事故，要求各驱动单元能做到合理地分配驱动功率，即实现功率平衡。传统做法是利用在电动机转速一定的情况下，电动机输出扭矩的大小直接反映电动机功率的大小，通过采集电动机输出扭矩作为功率平衡的控制依据，继而调节驱动电动机的输出转速来达到多台电动机的功率平衡。这种方法在大功率情况下很少采用，主要是扭矩传感器体积庞大，其体积远远大于同功率电动机的大小，不适用于煤矿井下安装使用。

当电动机性能参数基本相同且工作在同一电网中时，依据电动机功率计算公式 $P = UI\eta\cos\varphi$ 可知，电动机电流基本能够反映其功率大小。而电动机定子电流的采集则比较容易，所以选择电动机电流作为功率平衡控制的依据，相对要方便很多。下面以头部双滚筒、调速型液力耦合器为例讲述功率平衡控制方法。

调速型液力耦合器功率平衡控制流程图如图 4-11 所示。带式输送机电控系统启动完成进入正常运行状态后，PLC 通过真空磁力启动器采集各驱动电动机的电流值，并与参考电流值进行比较，能够确定两电动机功率是否一致，若两电动机实时功率相差悬殊，则需要进行调节。调节途径是取检测到的电流信号与参考电流值的差值作为控制信号，控制步进电动机的转动，带动液力耦合器勺杆运动调节液力耦合器内充油量的大小，进而调节其输出扭矩的大小（调速型液力耦合器输出扭矩与其充油量成正比），实现对驱动电动机功率的调节，达到多电动机功率平衡的目的。

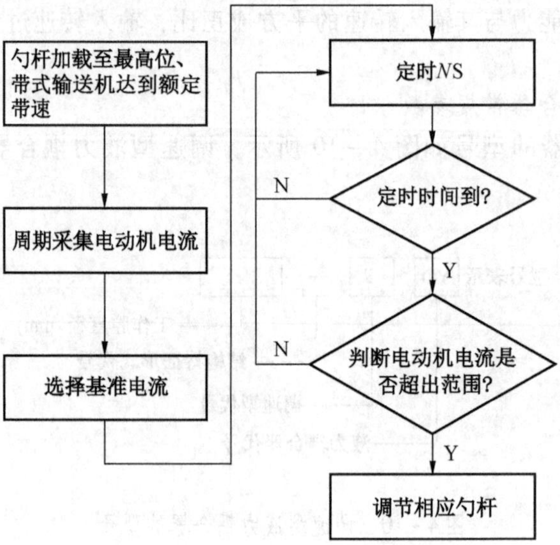

图 4-11　调速型液力耦合器功率平衡控制流程图

6. 调速型液力耦合器使用注意事项

1）液力耦合器充油

开车前须先通过耦合器侧面的注油口，经过滤后向油箱底壳注放 22 号透平油，装油量使油面至油位计的最上线，把导流管处于 0% 位置上，然后启动电动机空载运行，使工作油充满冷却器及油管路。经几分钟运转稳定后及时检查油位，当油位低于最上线 20 mm 时，应停机继续向耦合器补充注油，到规定位置（即油位计最上线处）。应注意不使油位高于规定位置，否则会造成搅油发热。

2）试运转

（1）试车前必须全面检查各连接螺栓、管路各接头，确认牢固可靠，各仪表完好，油位正常后再逐级进行试运转。

（2）启动前若油路系统及冷却系统装有阀门，均应开启到最大开度。

（3）先手动或电动操作电动执行器动作几次，检查运转是否灵活可靠，确认正常后要使导流管处于0%位置（即插到底）状态。

（4）盘动耦合器的输入半联轴器，输入半联轴器确认无卡滞和转动灵活后方可启动。

（5）试运转启动后，应注意油泵上油情况，若启动后30 s油泵仍然不上油，应及时停车检查原因，待排除故障后再启动。

（6）启动完成后可调节输出转速至最高速。

3）正常运转

（1）正常运转的启动也应按试运转的检查项目进行检查。

（2）电动机启动后即可按照要求操作电动执行器进行正常运转。

（3）运行中各仪表的指示范围：①油泵压力（油泵出口油压）0.05～0.25 MPa；②供油压力（耦合器入口油压）0.005～0.03 MPa；③油箱温度（油泵出口油温）< 80 ℃；④供油温度（耦合器入口油温）< 60 ℃。

运转中要随时注意油温的变化，当油温高于80 ℃时，应调节冷却水量使油温降低到规定值。

油泵出口油压会随着出口滤油器的阻塞而逐渐增加，一般当压力超过0.25 MPa时就应清洗滤油器。

7. 调速型液力耦合器常见故障及排除方法

1）耦合器勺管卡涩

在耦合器运行过程中，勺管起到了承载转接的重要作用，一旦勺管出现卡涩等问题，将导致整个耦合器出现运行故障。

勺管卡涩的原因主要有以下几方面：首先，耦合器的油质不好，工作油中含杂质过多，且勺管与勺管套的匹配程度有不足，因此容易导致这些杂质进入勺管，导致其卡涩；其次，导向键出现问题；最后，勺管和勺管套不匹配。

处理措施：首先，对导向键进行全面而仔细地检查，一旦发现导向键出现质量问题时，要对其进行及时维护或者更换，而且要调整好电动执行机构转角位置，确保该位置处于一个安全且能够行使功能的位置；其次，要保证勺管与勺管套的相互适应性，保证其尺寸、大小以及样式能够相互匹配，避免卡涩问题的出现；最后，对耦合器运行期间转速的变化进行严格和全程的监视，确保勺管处于正常状态，保证升降转速的时候不会出现滞后现象，若是在运行过程中发现存在不良现象，要及时进行解体检查并对原有配件进行更新。

2）耦合器保护易熔塞熔化

易熔塞在整个耦合器中承担着避免机器因为过热而导致损坏的角色。为了使耦合器和电动机能够安全高效地运转，将4只易熔塞安装在耦合器转动外壳上，与此同时将低熔点金属装在内部。当耦合器工作油腔内部的油温到达一定温度的时候，易熔塞金属会熔化，工作油从四只小孔中排出，工作油泵输出的油通过控制阀进入工作油腔，进而将热量带走，阻止了油温的继续上升。易熔塞之所以会熔化，存在以下几点原因：

首先，给水泵出现故障、转子出现卡死现象，这个时候使得耦合器的涡轮无法继续转动，但是泵轮却仍然以原来的速度继续运作，工作油的温度被发动机巨大功率产生的高温所提高，从而导致易熔塞被熔炼。其次，工作油的进油量无法得到有效控制。当耦合器需要大量工作油时，工作油的阀门却处于小量的位置，耦合器内部的热量无法排出，工作油温在短时间内大幅度提升，最终导致熔塞被熔炼掉。最后，无法准确投入工作油。工作油的投入必须寻找好时机，否则会出现工作油投入时冷却水的量却输送不足的现象，这种问题将使得油温急剧上升，导致易熔塞熔化。

处理措施：首先，确保耦合器的执行机构凸轮与勺管开度能够一一对应，对凸轮的位置进行调整，主要依据是厂家资料，以期使进油控制阀开度与勺管开度匹配。然后，对工作油冷油器的冷却水进出水管路进行全面的检查，看其是不是一直保持畅通，空气是不是全部排出，保证冷油器铜管没有被杂物堵塞。

3）耦合器轴承烧坏或磨损

耦合器轴承是影响机器运行的关键所在，该部分一旦出现破损、摩擦等问题，极有可能造成机械事故。耦合器轴承出现烧坏和磨损问题的原因主要有以下几点：首先，长时间使用润滑油，润滑油理化功能丧失，致使轴承表面被破损；其次，轴承之间缺少足够的润滑油，轴承之间的摩擦加大，长时间的摩擦产生大量的废热导致轴承乌金被熔炼。

处理措施：

（1）每隔一段时间对油质进行化验，目的就是避免长时间高温下油质变差。检查润滑油滤网是否干净，不要让铁屑和其他杂物存在于滤网之上；还要对于铜丝布的规格进行检查。最后要对油管路和润滑油泵进行细致地检查，如果发现杂物要立即清理。

（2）一旦润滑油发生中断，要立即进行停泵，检查润滑油泵是不是存在故障，油泵吸入管是不是堵塞，此外，还要对溢流阀工作是否正常进行检查。

（3）检查给水泵的进口滤网，看其是不是遭到损坏；检查给水泵的推力轴承是否完好。

（4）在进行同轴度安装的时候要仔细校正，确保安装符合相关技术标准，同时防止安装不当导致的给水泵振动。

4）运行中耦合器工作油失压

耦合器在运行中工作油压突然降到零，但是无法立即调整转速，工作油温急剧提高，转速不正常，更严重的是耦合器内部出现金属撞击的声音，此时要立即切断电源阻止耦合器的继续运转。工作油失压的主要原因：①耦合器内勺管底部的丝堵脱落或勺头击穿，勺管回油经过勺管套后又回到转动外壳内，未能将转动外壳内的热油经勺管送到冷油器冷却；②工作油冷油器严重泄漏，导致工作油跑到水侧。

处理措施：首先，将耦合器进行解体，对耦合器内勺管进行细致和全面的检查，一旦发现勺管底部丝堵脱落，应该及时地进行补焊处理，如果有必要应该更换新的勺管。此外，要对旋转外壳的小叶片进行检查，看其是否完好，如果已经被损害，需要重新校直和铆接，如果有必要需要进行更换。其次，对工作油冷油器进行打压查漏，杜绝泄漏现象的出现。

5）耦合器过热

（1）冷却器冷却水量不足。需加大供水量和压力，增大冷却器换热面积。在冷却器处加强通风，安装散热风扇。

（2）箱体存油过多或过少。需要调节油量至规定值，任何情况下油箱的油面都不准超过最高油位，也不准低于最低油位。

（3）油泵滤芯堵塞。要定期清洗供油泵的吸入滤芯，新机运转500 h，应将滤芯拆下清洗，其后每运转3000 h清洗1次。

（4）转子泵损坏打不出油。应拆供油泵并更换内外转子或其他磨损的零件。

（5）安全阀溢流过多。安全阀内弹簧过松，将弹簧上紧；密封损坏溅油，需更换密封圈。

（6）油路堵塞。需要拆下冷却器内堵塞管路，用清洗剂及时清洗。

6）输出轴不转

（1）安全阀压力值太低。由于弹簧过松，应调整安全阀内的弹簧。

（2）油路堵塞。加强管路和油箱内的清理，疏通管路沙粒及其他杂物，定期更换，保证液力传动油的清洁。

（3）泵损坏。更换内、外转子。

（4）泵转向错误。将泵盖及偏心套转180°。

（5）泵吸油管路密封不住进空气。密封件质量不佳，应更换密封件。

7）机组振动大

（1）电动机振动大。地脚固定螺栓松动，检查重新紧固螺栓。电动机与耦合器的联轴器中心线不一致，用百分表找正调整，在水平面内找正，不得超过0.06‰。

（2）耦合器振动大。耦合器转子不平衡，检查按标记重新安装；电动机与耦合器安装不同心，重新找正；轴承已损坏，更换轴承；连接件松动，调紧。

（3）工作机振动。工作机不平衡，重新平衡；安装偏心，重新找正。

（4）基础刚度不够。加固基础。

8）轴端漏油

（1）弹性联轴器旋转引起真空效应将油吸出，用罩子将联轴器与端面隔开。

（2）皮碗密封圈唇面不平。除毛刺或更换密封圈。

（3）密封处轴面有划痕。保证轴表面质量，切勿磕碰。轻者镀烙，重磨；重者更换轴。

七、液力耦合器安装与拆卸

1. 液力耦合器的安装

（1）安装耦合器前应将原动机与工作机轴清洁干净并涂抹滑脂。

（2）安装时不允许用压板或铁锤敲打耦合器铝制壳体，也不可热装，以免损坏密封及元件。可在工作机轴上绞螺纹孔，并在其上旋入螺杆，通过旋转螺杆上特制的螺母将套在螺杆上的耦合器主轴平衡代入，安装在工作设备上。

（3）直线传动式耦合器安装在原动机及工作轴上后一定要精心找正，原动机及工作机轴的中心线不平行度≤0.25 mm，角误差≤30′，可用千分表检测不同轴度及角误差。找正时可用垫片或弹簧板调整原动机及工作机底座，调整完毕原动机及工作机底座应考虑相应定位紧固措施。

（4）耦合器外部应设有稳固的防护罩，防护罩应有利于通风散热，露天场所应考虑防雨措施，防护罩还应考虑耦合器喷液时的防护。

2. 液力耦合器的拆卸

先将原动机（电动机）底板紧固螺栓松开，再移动电动机使联轴节左右半分离，卸下电动机轴上的半联轴节，最后用拆卸螺杆旋入耦合器主轴的拆卸螺纹孔将耦合器主体顶出卸下，不可敲击耦合器铝制外壳进行拆卸。

八、液力耦合器常规注意事项

1. 启动

每次启动前必须检查游标油位是否在2/3以上，检查液力耦合器油管路和仪表电气线路连接是否正确。

2. 运行

液力耦合器运转时，可以通过外部控制装置调节液力耦合器勺管位置，任意改变液力耦合器的输出转速。注意：如果电动机转速高，而液力耦合器输出轴转速很低时，可能会听到正常工作运转时未出现的噪声，这是由于勺管口与泵轮外缘排油孔相遇而产生的“汽笛效应”，为正常现象，非液力耦合器故障。

3. 限位

液力耦合器出厂前勺管的机械上下极限位置已调好，运行时应针对不停工作机在液力耦合器的机械限位区间内设定勺管的上下限位置。液力耦合器输出转速不宜过低，适当提高低数限位（即最低转速高），这样不仅有利于避开不稳定区，还有利于延长轴承寿命。

4. 避开最大发热工况

避开方式：通过液力耦合器勺管调节快速通过最大发热工况区域。实际运行时，以液力耦合器工作油温为依据来判断适宜运行的转速区间为宜。一般情况下，液力耦合器出口油温应在80 ℃以下。油温控制如下：

（1）出口油温：正常45～80 ℃（报警：85 ℃；停机：90 ℃）。

（2）进口油温：正常≤65 ℃。

（3）出口油压：正常0.05～0.3 MPa（报警：0.3 MPa；停机：0.35 MPa）。

（4）进口油压：正常0.05～0.2 MPa（报警：0.2 MPa）。

5. “低限”位置

无论试车还是运行开车前液力耦合器都应该回“低限”位置（10%左右），以确保空、轻载平稳启动，保护设备、延长系统运行寿命。

第二节　矿用650TWVF液力耦合器

一、矿用650TWVF液力耦合器介绍

矿用650TWVF液力耦合器是以液体纯净水或蒸馏水作为介质，进而传递动力给减速器来实现调速的联轴器。650TWVF液力耦合器由泵轮与涡轮及转动外壳共同组成，当电动机通过液力耦合器输入轴驱动泵轮转动时，工作腔中的液体纯净水或蒸馏水在泵轮作用下，沿泵轮叶子内侧流道向外缘流动，并在离心泵出口处形成高速高压液流，高压液流穿

过泵轮与涡轮的间隙，冲击涡轮叶片，进而带动涡轮与泵轮同向转动，而液体纯净水或蒸馏水在涡轮叶片外缘流道向内侧流动的过程中减速减压，最终再次流入泵轮进口处。其中，泵轮的作用是将液体动能转变为机械能，再传递给被驱动机械（减速器）。

改变工作腔中液体的充满度，就可在输入轴转速不变的情况下改变输出轴的转速。液力耦合器工作腔中液体纯净水或蒸馏水的充满度最大，此时输出轴转速最高；相反，液力耦合器工作腔中液体纯净水或蒸馏水的充满度最小，此时输出轴转速最低。

二、矿用 650TWVF 故障与应对措施

1. 振动故障与应对措施

液力耦合器振动故障通常是因为泵轮或涡轮出现损坏或液力耦合器长时间工作进而使内部结构锈蚀并导致脱落，最终造成液力耦合器振动故障的发生。此外，转载机和破碎机电机在工作状态下产生高频率振动也可使液力耦合器内部结构与之产生共振，进而导致液力耦合器出现振动问题。

解决振动问题的措施：

（1）拆解液力耦合器，检查内部结构是否异常。

（2）安装方式不正确会导致电动机与减速器振动过大，因此需要专业技术人员安装液力耦合器。

（3）在液力耦合器检修过程中，检修人员在组装时，必须使用弹簧垫片或螺栓固定胶挤入螺纹孔后再紧固螺栓，尤其是需要做动平衡测试，因为只有紧固螺栓，才能使液力耦合器与基础接触良好。

2. 轴承损坏故障与应对措施

液力耦合器常见故障是轴承损坏与密封处漏液。轴承损坏或失效是液力耦合器最恶性事故之一，主要由以下因素造成：

（1）液力耦合器长时间工作，由于密封失效或内部润滑油脂的损耗，使液力耦合器内部结构不断堆积污垢；长时间的高速运转，使轴承温度不断升高，最终造成轴承失效。

（2）在安装轴承的过程中需要涂抹润滑油，轴承润滑程度不达标准将会引起不正常磨损和产生热量，进而对轴承的材料组织与液力耦合器内润滑剂性能形成影响。在轴承使用过程中，其磨损较为严重，而液力耦合器长时间工作将会使润滑剂性能逐渐失效，进而导致轴承出现损坏或失效，最终出现液力耦合器工作异常。

（3）在检修液力耦合器的过程中，不正确的安装方式也会导致轴承寿命锐减。液力耦合器通常处于高温、高速旋转状态，工作负荷较大时，容易出现轴承失效或损坏问题，进而造成液力耦合器内部结构卡顿。

解决轴承问题的措施：

（1）日常停机检修时，对液力耦合器进行定期检查。只有提前做好相关设备检查，才能避免液力耦合器在运作过程中出现故障。

（2）定期大修时，要对液力耦合器内部相关部位进行拆解与及时保养，必须选择高质量润滑脂对轴承进行润滑。

（3）在检修液力耦合器的过程中，需要补充或更换耦合器介质液体纯净水或蒸馏水，液体纯净水或蒸馏水过多容易导致轴承温度升高。不同介质不能混合使用，因为混合使用

不同介质可能会产生化学反应，最终造成轴承温度升高。

3. 高温故障与应对措施

顺槽转载机驱动部、破碎机驱动部开启后，其内部液体将会随动力速度的加快而逐渐升温。当内部温度超过限定值时，必然会对液力耦合器的金属骨架与内部其他密封部件形成一定程度的影响，降低其工作效能，加快密封部件的老化速度，进而使密封部件失效，导致液力耦合器工作腔中工作介质的渗漏，尤其可能形成外流，最终影响液力耦合器的输送性能及工作效率。如果密封部件失效的液力耦合器继续工作，将会导致内部结构及配件彻底报废。此外，当液力耦合器工作时间超出限定值时，其接触面会出现过度磨损现象，并在持续磨损过程中进一步恶化，进而导致液力耦合器报废。

解决高温问题的措施：

（1）在液力耦合器开始工作前，按规定的充液量进行充液，液体不允许含有煤粉或泥沙等固体物质。液力耦合器的充液量注入不足时，传动转矩达不到要求，最终会使液力耦合器出现高温现象；而充液量注入过多，将会造成传动转矩超载，并且容易出现高温现象。650TWVF 型耦合器应用于不同电动机功率时，充液量就有所不同，如应用于 375 kW 电动机时充液量为 43 L，而应用于 400 kW 电动机时充液量为 47 L。使用纯净水或蒸馏水注入液力耦合器，能减少水垢的产生。此外，在进行充液时，需要先将液力耦合器充液孔转动到最高位置再进行充液，当充液量占腔体容积的 2/3 时停止充液。可以注入 180 g 润滑油，然后转动液力耦合器的螺栓为计数点，转过约 8.5 个螺栓时停止转动。

（2）液力耦合器的易熔塞需要定时更换。液力耦合器易熔塞是关键部件，属于温度型安全泄放装置。当液力耦合器内部出现高温现象时，尤其温度达到 110 ℃时，会导致易熔塞被熔化，进而泄漏内部介质。因此，易熔塞只适用于防止液力耦合器内工作介质由于温度升高而造成超压。易熔塞是液力耦合器的过载保护装置，为了防止易熔塞失效与液力耦合器壳体爆裂，通常都会在液力耦合器上安装 3 个易熔塞。当易熔塞内芯的易熔合金熔化后，必须立刻更换原厂生产的易熔塞，不可以用其他易熔塞、螺栓、木楔代替使用。另外，持续工作的液力耦合器会造成内部温度的累计上升，到 110 ℃后液力耦合器将会自动喷液，所以要合理规范液力耦合器的使用时间。如必须持续启动液力耦合器，可采取外部浇水方法进行冷却。

为了避免液力耦合器常见故障的发生，工作人员必须严格按照规定的装配工艺对液力耦合器进行检修，尤其是需要对其内部结构进行定期保养，及时更换问题备件，进而确保液力耦合器能正常稳定运作。

三、矿用 650TWVF 监测系统

为了及时发现并解决液力耦合器机组在工作时出现的故障问题，降低故障带来的设备损耗，并减少重大故障出现的概率，需要液力耦合器状态监测系统。可以采用基于射频通信的内置式传感器，来准确监测耦合器腔体内部温度、压强关键参数，传感器温度比例微分算法的合理设计，可以解决传感器温度滞后问题。可以采用 Lora 扩频通信技术，实现厂区远距离组网，并采用通信算法，可实现多设备同时监控、快速组网等功能。经大量实验表明，上述检测系统设计合理，传感器温度测量误差不超过 ±2 ℃且对温度变化灵敏度高；压强测量误差在 ±3 kPa 之内；纽扣电池可为传感器持续供电 1.6 年以上；局域网组

网便捷，厂区覆盖率高。

基于无线射频通信的液力耦合器状态监测系统包括传感器、数据转发装置和数据接收终端3部分，如图4－12所示。传感器装置以英飞凌的SP370为核心，主要负责完成油压、温度、电池电量和设备加速度的采集，并通过外接的射频电路板实现无线传输数据。数据转发器负责接收传感器发送的数据，单片机进行数据采集处理并进行现场LCD显示并使用Lora通信技术实现局域组网将数据转发至接收终端。数据接收终端负责接收来自一个或多个数据转发器的数据，接收终端与液晶显示器通过RS232通信电路进行数据交互，实现实时监控、命令处理和报警功能。

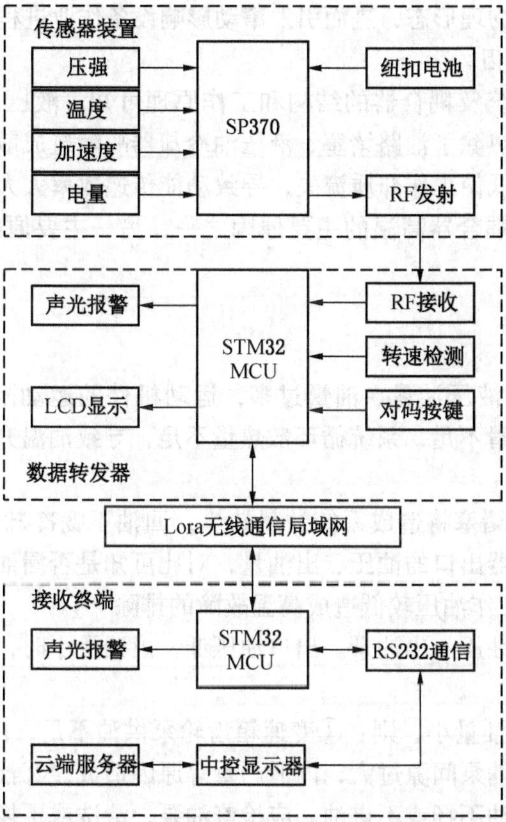

图4－12　基于无线射频通信的液力耦合器状态监测系统框图

第三节　综采三机液力耦合器常见故障及维护

液力耦合器是综采三机的主要构成之一，其运行效率直接对设备运行稳定性产生影响。本节将介绍综采三机液力耦合器常见的问题，并对问题产生的原因及其解决方案进行进一步解析。

一、液力耦合器运行中高温故障

1. 液力耦合器高温

当刮板输送机开启全动力作业时，其内部的液体会随着动力速率的提升而持续升温，达到一个稳定值；一旦内部温度超过限定值，则必然会影响液力耦合器的金属骨架和其他密封部件的效能。高温状态下，长时间运行会使液力耦合器密封效能降低，加速密封件的老化速度，直到发生密封件失效，引发内部液体渗漏甚至外流，轻则降低设备输送性能效率，重则会导致液力耦合器内部结构彻底报废。当工作面减速器等依靠耦合器传输功率运行的设备，一旦耦合器工作时间超过正常范围，则必然会令接触面过劳磨损，若坚持运行便会在持续磨损中改变物理形态，进而引发窜动影响设备作业进程。

2. 过热故障主要原因

分析变速箱工作系统及耦合器的结构和工作原理可知，液压油是传递动能的工作介质。液力耦合器高温过热除了油路堵塞、液压油冷却器故障造成散热效果差等原因外，过油量不足、工作油压较低使工作介质流失，导致动能传递效率大大降低，燃料化学能转化成液压油的高温热能是耦合器高温的主要原因之一，另一主要原因是耦合器装配间隙不正确。

3. 高温故障排除

1）基础检查

（1）检查变速系统液压油量。油量过多，运动机件的运动阻力增大，导致油温高；油量不足，运动机件润滑不足，系统循环散热量不足，导致油温升高。液压油量应保持在标准范围内。

（2）散热器漏油或堵塞将造成系统油量缺少，回油不畅冷却作用差而引起高温。检查耦合器出口、油散热器出口的油压、出油量，对比可知是否漏油或堵塞。

2）过油量不足、工作油压较低造成高温故障的排除

检查耦合器出口的油压、出油量。出口油压低，出油量小时，检查变速箱操纵阀进油管路油压、出油量。

（1）若油压低，出油量小，则：①变速箱齿轮泵供油不足，由于油泵传动齿轮损坏，泵轴与齿轮连接松旷或油泵间隙过大，内泄严重等原因造成；②油泵的集滤器、液压油滤芯被杂质堵塞，油泵进油不畅或不进油。应检修油泵，清洗或更换滤芯。

（2）若油压、出油量正常，则耦合器泄漏。密封点橡胶圈老化，密封不严是耦合器泄漏的常见原因。有时泵轮、泵轮壳有裂纹也导致泄漏。内泄严重时，耦合器内油压过低，造成高温。检查泵轮、泵轮壳时，轻敲壳体，仔细听有无破损音，并仔细检查轮、壳里外表面有无裂纹、破损痕迹，若有应立即更换。

3）耦合器装配间隙不正确导致高温故障的排除

如果耦合器出口的油压、出油量都正常却出现高温时，可判断为耦合器装配间隙不正确而导致高温。

涡轮与泵轮间的装配间隙以两轮边沿轴向距离为依据，应为2～3 mm。用手转动泵轮时，应转动灵活，无摩擦声。如装配间隙大于3 mm，耦合器内泄增加，液压油从间隙中流出量加大，参与圆周螺旋运动传递动能的油量减少，使传动效率降低，油温升高。如装

配间隙不足2 mm，则泵轮与涡轮间会发生机械摩擦。

在大修液力耦合器时曾遇到这样的情况：在更换了液力耦合器的导轮座后，泵轮与涡轮两者的间隙仅为1 mm，转动时出现机械摩擦，涡轮的外卡簧卡不上。检查后发现，导轮座上安装泵轮的轴颈短了2 mm。在车床上将该轴颈的定位面车去了2 mm（保证了轴颈的长度）后，问题得到了解决。非泵轮或涡轮的问题时不能以车削泵轮或涡轮轮沿厚度的方法来调整此间隙，否则会影响机械的动力性。

在装配中常出现压紧螺母紧固到最大限位时，泵轮轴向摆动间隙仍然大，泵轮旋转时摆动剧烈。该泵轮使用的是平推式压力轴承，轴承内架为两半对开式装配，轴承的滚珠与轴承架磨损严重，当轴承内架两端面接触后，间隙依然过大。对轴承两内架端面进行车削加工，减小轴承间隙，车削量为0.2～0.5 mm。装配后，泵轮的摆动间隙减小到许可范围内。使用效果良好，可延长轴承1/3使用寿命。

变速箱液压油里常出现不同杂质，杂质性质和数量代表着机械元件磨损和损坏的部位及程度，结合变速箱结构可进行故障推断。

若油液中含铜末或铜粒，则变速箱中离合器从动片磨损严重或损坏，严重时离合器片烧蚀变形，导致无挡、不能脱挡（即停不住车）。若含有铁粒，则离合器壳体、离合器主动片或耦合器轴承损坏、断裂。耦合器高速旋转会在其中心处形成一定的真空效应，使液压油产生气蚀现象。过油量不足、工作油压低会加剧这种现象，使铝合金材质的耦合器元件受损。若液压油中含金属铝末或铝粒，泵轮、涡轮壳上小坑分布较多时，则耦合器元件磨损或损坏，耦合器内因为压力过低而产生严重的气蚀现象。

4）防止装载机液力机械变速系统油温过高的措施

装载机液力机械变速系统油温高将带来诸多不良影响。从故障分析及使用维护要求来看，应注意以下几点：

（1）正确选用油液牌号，一般选用 HL 或 HM 黏度等级为32号的液压油。定期检测油液品质，发现油液变质或有异常杂质时，及时更换、停车检修。

（2）保持冷却器散热片的清洁和风扇皮带合适的张紧度，确保其具有良好的冷却效果。

（3）及时清洗更换油液滤清器，防止滤清器堵塞。

（4）随时监控液压泵的工作情况，确保其工作正常。

（5）随时监听耦合器、变速箱的声音，发现异常响声，及时停车检查。

（6）避免液力机械变速系统长时间在低效区工作；尽量避免过载性操作；尽量避免在温度过高或气流循环不畅的环境作业。

4. 预防措施

（1）当耦合器加载前，应该检查液力耦合器充液量，充液量应适量，按照规定的充液量充液，注入耦合器内的水不允许有泥沙、煤粉等固体物质，充液量不可多注入或者少注入，充液量注入多会造成传动转矩超载且容易高温；充液量注入不足会造成传动转矩达不到设计要求，也容易产生高温现象。400 kW 电动机充液量为47 L，315 kW 电动机为43 L，最好使用纯净水或蒸馏水以减少水垢产生，每次充液或换水时加入180 g 润滑脂。耦合器充液量有一个简单容易的控制操作方法：将耦合器充液孔转动到最高位置时充液，充到耦合器腔体容积的90%时停止注液；接着转动耦合器最大外圆处的螺母为计数点，当转过 13 ~ 14 个螺母时停止转动，此时多余的液体应从注液塞孔流出，直到液体刚好不流出为止，这时的充液量基本达到要求的数值；然后添加 180 g 润滑油。

（2）及时更换液力耦合器的易熔塞。液力耦合器易熔塞是一个关键部件，虽然易熔塞小，但是起着关键的作用。易熔塞属于温度型安全泄放装置，当耦合器内部意外受热，温度升高达到 110 ℃时，易熔塞即被熔化，耦合器内气体从安装有易熔塞的孔中排出。这种安全泄压装置只适用于防止耦合器内气体由于温度升高而造成超压。为了防止易熔塞失效，一般液力耦合器安装 2 个易熔塞，易熔塞是液力耦合器的过热保护装置，防止耦合器壳体爆裂；当易熔塞熔化后，需立刻更换完好的易熔塞，绝对不可以用其他螺塞代替使用，易熔塞一般使用原厂生产的，错误使用非原厂的易熔塞，甚至用螺栓或木楔堵塞易熔塞孔，耦合器内部温度升高后无法泄压，会导致油封损坏，轴承损坏，甚至耦合器破裂。重载连续启动会造成耦合器温度累积上升，到 110 ℃后耦合器会喷液，所以要适当控制启动间隔时间。如果必须频繁启动时，可以采用外部浇水冷却耦合器。由于易熔塞价格较低，但起着关键作用，故一般情况下，易熔塞一旦轻微损坏，需更换新件。

二、液力耦合器运行中其他故障

1. 液力耦合器轴承损坏原因及处理措施

1）轴承损坏原因

在车间检修过程中，发现耦合器损坏较多的是耦合器轴承损坏和漏液。耦合器轴承失效是耦合器发生的恶性事故之一，通常有以下几个方面的原因：

（1）井下综采三机工作时间相对较长，耦合器必须保证长时间运行，耦合器内部的液体介质使用时间也相对较长，内部杂质不断淤积，轴承长时间高速运转工作，加之处于相对封闭状态，造成轴承温升问题相对严重，最终导致轴承失效，进一步影响耦合器的稳定运行。

（2）轴承安装时涂抹一定的润滑油，润滑不良也会引起不正常的摩擦磨损，并产生大量的热量，进而影响材料组织和润滑剂性能。在使用过程中，轴承磨损消耗较为严重，随耦合器的长时间运行润滑剂逐步失效。由于耦合器运行速度较高，因此轴承温度能够在相对较短的时间内爬升至较高温度，使轴承损坏，继而促使耦合器“罢工”。

（3）耦合器检修过程当中，不适当的安装方法也会减少耦合器轴承的使用寿命。耦合器运行通常处于高温高速旋转状态，再加上耦合器运行负荷较大，长时间的运行也会造成耦合器轴承失效，产生运行卡顿问题。

2）处理措施

选择高质量润滑脂对耦合器轴承进行保养，并定期检查，避免出现设备运行故障。对运行时间较长的设备，要在设备停止运行后对相关部位进行拆解保养，以免出现润滑脂高温失效的问题。润滑剂的检测要以耦合器运行频率为基础，保障润滑剂内不存在金属物等相关杂质；定期补充或者更换润滑脂，润滑脂应适量，不能过少或过多，应当按照规定的要求定期给轴承箱加油。轴承加油后有时也会出现温度高的情况，主要原因是加油过多。这时现象为温度持续不断上升，到达某点后（一般在比正常运行温度高 10 ~ 15 ℃）就会维持不变，然后会逐渐下降。轴承所加油脂应使用高质量润滑脂，要容易形成均匀的润滑油膜，减少轴承内部摩擦及磨损。不允许混合使用不同型号的油脂，因为不同型号的油脂可能会发生化学反应，造成油脂变质、结块，降低润滑效果。油脂受污染也会使轴承温度升高，加油脂过程中落入灰尘，造成油脂污染，导致轴承箱内部油脂劣化破坏轴承润滑，温度升高。

2. 液力耦合器振动原因及处理措施

1）振动原因

运行中耦合器声音异常，并且伴随振动，原因如下：

（1）液力耦合器泵轮出现损坏，或耦合器内部锈蚀脱落，造成振动。

（2）转载机电机、破碎机电机与液力耦合器中心不对，工作状态高频率振动可使耦合器结构与之产生共振，同时产生振动问题，导致设备运行不稳定。

（3）由于液力耦合器是长时间运行的设备，其紧固件在高速运转状态下会产生松动甚至脱落的问题。

2）处理措施

（1）解体检查耦合器的内部结构是否异常。

（2）安装精度不高造成电动机和减速器振动过大，严格按技术要求安装。

（3）组装耦合器时，使用弹簧垫片或者使用螺栓固定胶挤入螺纹孔后再紧固螺栓，做动平衡测试；紧固耦合器的螺栓，使耦合器与基础接触良好。

另外，要确保液力耦合器正常运行，也要注意以下几点问题：

（1）严格按厂家规定的装配工艺进行检修，不得自行更换零部件的规格、材质。

（2）做好备件的更换，保证备件质量符合使用要求，特别是轴承、密封，在使用前一定要进行检验、测量，数据超标的轴承坚决不用。

（3）做好预防性检修，使用寿命到期的零部件必须及时更换。

第五章　快掘系统变频器启动

第一节　变频器及其原理

一、变频器的发展

交流三相电动机的转速取决于电动机定子绕组的连接方式（定子磁极对数）和电源频率。我国的工频电源的频率是 50 Hz，电压是三相 380 V。在电动机的定子磁极对数固定不变的情况下，电动机运转的速度被电源频率“束缚”住，只能有一个固定转速。

在变频器出现以前，对电动机的调速运行，所采用的方法不外乎从电动机和机械两方面采取相关措施：①用传动带传输转矩的装置，用改变电动机轴端的主动轮和负载端从动轮的轮径的方法来改变转速，负载只能运行于某一固定速度；②用变速器（调整传动比）实现机械有级调速，有数个速度挡位；③能实现平滑无级调速的是转差调速控制方式，通过调整原动机与从动机的电磁转矩实现无级调速，但缺点是存在较大的转矩传递损失，效率不高，低频时性能变差，以上 3 点都是从电动机以外采用措施调速的方法；④利用改变电动机的极对数，即改变电动机的绕组接法来实现有级调速。电动机的结构较为特殊，需要较多的引出线，还需与外部控制电路配合，完成极对数切换，切换级数受限，外接控制设备复杂。

如果电动机供电电源的频率是可以变化的，并且变化范围足够大，那么电动机的转速限制将被解除。只要机械特性允许，电动机可“自由运转”，有人说，是变频器“解放”了电动机的运行速度。相对于工频电源来说，变频器是一个变频电源，其工作方式被称为 VVVF 工作方式。事实上，为保证任意速度下的恒转矩特性，要求主磁通为一恒定值（避免产生磁饱和现象），在频率改变的同时需要同步改变输出电压，因而变频器是一个既变频又变压的设备。其输出频率与电压基本上呈线性关系，如输出频率为 0～50 Hz，则输出线性电压为 0～380 V，当频率为 25 Hz 时，输出电压为 190 V 左右。变频器的输出特性可据负载特性进行设置，为保证低速时的转矩能力，变频器通常还有转矩提升功能。

用变频器来控制电动机，首先是利用其平滑无级（宽范围）的调速性能，同时带来了两个“副产品”：①节能运行，基频 50 Hz 以下运行时，运行电压（电流）减小，有功功率降低，节能效果明显；②优良的软启动性能。相比传统的星－三角减压启动、自耦变压器减压启动、晶闸管减压启动方式，变频启动可称为理想的“终极性”的启动模式。前者仅仅是减压启动，启动期间由于巨大转差率的存在，会形成数倍于电动机额定电流的启动电流；后者不仅降压，而且降频，能使启动期间电动机的转差率较好地维持在 5% 以内，真正地将满载启动电流值限制于额定电流以内。

二、变频器的种类

1. 按用途分类

按用途可分为专用变频器及通用变频器两大类。

（1）专用变频器一般是针对某一电气专用设备而设计的，可充分发挥其调速优势功能。常见的专用变频器有电梯专用变频器、恒压供水变频器、三相与单相电动机变频器、风机变频器。

（2）通用变频器在很多设备中都可以通用，以节能为主要目的，用于调速功能不高的场合。

2. 按工作频率的变换分类

按工作频率的变换一般可分为交变交变频器和交变直、直变交变频器两类。

（1）交变交指将交流电直接转换成频率电压可调的交流电，对电动机进行调速变速控制。

（2）交变直、直变交一般先将交流电变为直流电，然后对直流电进行逆变，最后再将直流受控与变频脉冲信号变换成可控的变化的交流电给电动机供电。

3. 按变频电源分类

按变频电源一般分电流型变频器与电压型变频器两类。

（1）电流型变频器主电路中变频中间电路采用直流储能元件用于控制负载电流，进而控制电动机线圈中电流从而控制功率。电流型变频器适用于负载电流变化较大的场合。

（2）电压型变频器指变频器的中间电路采用电容器作储蓄元件，使直流电压比较平稳而且电压内阻小。电压型变频器适用于负载电压变化较大的场合。

三、变频器的组成结构

一般变频器大体结构分为主电路与变频控制电路两部分。变频主电路由三相或两相整流电路、电容滤波与储能升压电路、充电限流电路、制动电路、逆变电路等组成。变频控制电路由电源电路（指开关电源）、脉冲信号驱动电路、MCU 与 CPU 电路、电压电流功率模块温度、OC 故障检测电路、面板操作控制电路等组成。实际变频器除了主电路与变频控制电路外，还有变频状态显示电路与变频外设备接口电路等。

图 5－1 给出了一个典型的电压控制型通用变频器的基本结构图。变频器有很多种类型，如果是矢量控制，其运算电路中有时还有 1 个以 DSP（数字信号处理器）为主的转矩计算用 CPU 以及相应的磁通检测调节电路等。

（1）变频主电路将 380 V 或 220 V 交流，由三相或单相转变为脉动直流（采用二极管的单向导电特性，取交流电一个半周的数值），然后由充电电路进行充电处理，再进行滤波储蓄升压，再后进行制动，送逆变电路，在驱动电路送来的脉冲信号作用下将直流电逆变为人为设置所需的具有一定频率的交流电输出给负载电动机，驱动电动机运行。

（2）变频控制电路在开关电源提供直流电及人为操作开机启动信号的作用下，MCU 电路中频率发生器电路便产生一定频率的脉冲信号送驱动电路，进行脉冲信号的电压与电流驱动放大去控制逆变器变频管工作，于是变频管将直流电压逆变成一定频率的交流电压送电动机。由逆变电路输出端取出一部分电压作为检测电压反馈 CPU 电路，检测输出电

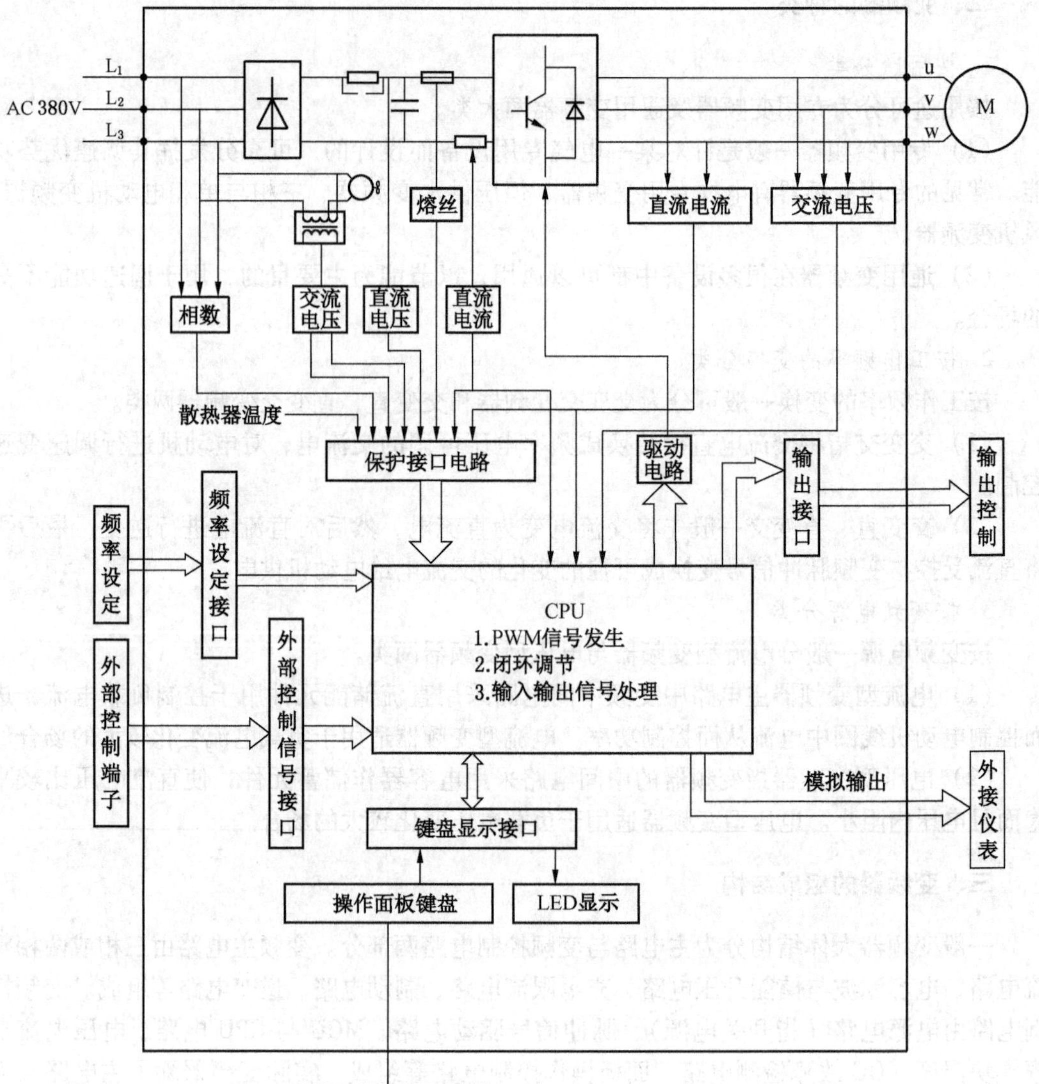

图 5-1 电压控制型通用变频器的基本结构图

压的状态，自动改变输出电压。由逆变器前端取出一部分电流反馈 CPU 作为电流检测，同时 CPU 还输出各电路控制信号。变频模块温度检测电路，检测模块当前工作温度，如果温度超高，经温度传感器将此时温度转换成一定的信号电压反馈给 CPU，CPU 便发出控制信号控制电源及 MCU 电路的频率，使电源与 MCU 电路转变为正常工作状态，给模块供电，以免损坏模块。在操作面板相应功能键时，经信号传送电路给 CPU，于是 CPU 便转换为命令，去控制相应电路工作，同时显示电路将变频器此时的工作状态经显示器反映出来。

（3）变频整流电路主要利用二极管的单向导电特性，取交流电的一个半周（即取交流电一个方向的电压)。如果是三相整流电路，就是将三根火线 380 V 进行三相整流转变成脉动直流；如是单相整流电路，是将 220 V 单相交流转变成脉动直流。整流电路一般有三相 6 个整流二极管组成三相整流，也有集成三相整流；如果是单相整流电路，则由集成的单相整流器组成。

(4) 滤波电路采用有极性电解电容器，将整流后脉动直流电中的交流成分滤除，得到纯直流电压，同时储蓄电荷，将整流后的直流电压升压到逆变电路所需工作电压。一般三相变频器经整流电路后，将直流电压升至 450 V 左右，此外滤波电路还给逆变电路提供纯直流电，使逆变器工作性能稳定。

(5) 制动电路。当电动机速度下降时，由于惯性的原因，电动机的转速不会马上下降，还处于高速状态，这时电动机转子产生剩磁旋转磁场，使电动机再生发电，产生电动势，通过逆变电路给滤波电容器进行反向充电，造成电容器电压过高，损坏逆变电路等。为了防止再生电压升高损坏电路，在电动机减速时制动电路启动工作将电容两端电压放电，提高减速制动速度。

(6) 逆变电路在 CPU 电路内部产生的脉冲方波的驱动下将整流电路送来的直流电转变为交流电，且是具有一定频率的交流电，送负载电动机。一般逆变电路由 6 个变频管构成，有些是将 6 个变频管集成在一个模块中，但带有散热片，个别带有风扇。

(7) 开关电源电路，主要将主电路送来的几百伏直流电进行变换，转变成各低压直流电压给驱动电路、CPU 电路、面板电路等供电。一般由主电路引入的直流电经直交直变换取得 +24 V、+5 V、±15 V 等几路电压给控制电路及六相驱动、面板显示屏等供电。

(8) 驱动电路，将 MCU 输出的六相脉冲驱动信号进行放大，经光电转换、隔离、功率放大后，去驱动 IGBT 管的工作。6 个驱动管分别按顺序工作，将直流电转换成交流电。

(9) 电流、电压、功率模块温度故障检测电路采用取样电路或反馈电路及温度传感器等转换取出的信号，反馈给 CPU 电路。将当前机器各种工作状态体现出来，用显示器传递给工程师及检修人员。在机器有故障时，根据显示器和故障代码可知机器的检修范围。

(10) CPU 电路用来接收面板输入的命令、接收各路传感器送来的信号，转换成控制指令去控制相应电路的工作；同时，产生六相脉冲信号输出，经驱动器放大后去驱动变频模块的工作。一般 CPU 电路由中央处理器芯片与 CPU 工作条件电路等组成，供电、时钟、复位是 CPU 三大工作条件电路。

(11) 面板及显示电路显示器用来显示变频器当前的工作状态是故障态还是工作运行状态。在变频器出现故障时，显示器便显示故障代码，体现当前机器的故障所在范围。面板操作就是人为输入命令，操作变频器当前的运行状态。

四、变频器的工作原理

交流电动机的同步转速表达式为

$$n = \frac{60f(1-s)}{p} \tag{5-1}$$

式中 n——异步电动机的转速，r/min；

f——异步电动机的频率，Hz；

s——电动机转差率；

p——电动机极对数。

由式（5-1）可知，转速 n 与频率 f 成正比，只要改变频率 f 即可改变电动机的转速。当频率 f 在0~50 Hz 的范围内变化时，电动机转速就会相应的变化。变频器就是通过改变电动机电源频率实现速度调节的，这是一种理想的、高效率的、高性能的调速手段。

五、变频调速的控制方式

在对异步电动机进行调速时，通常要考虑的一个重要因素是：希望保持电动机中每极磁通量为额定值不变。如果磁通太弱，没有充分利用电动机的铁芯，则是一种浪费；如果过分增大磁通，又会使铁芯饱和，从而导致过大的励磁电流，严重时会因绕组过热而损坏电动机。对直流电动机而言，励磁系统是独立的，只要对电枢的补偿合适，保持 Φ_m 不变是很容易实现的。对交流电动机而言，磁通是由定子和转子磁势合成产生的，那么怎样才能保持磁通恒定呢？

三相异步电动机定子每相电动势的有效值：

$$E_1 = 4.44 f_1 N_1 \Phi_m \tag{5-2}$$

式中 E_1——气隙磁通在定子每相中感应电动势有效值，V；

f_1——定子频率，Hz；

N_1——定子每相绕组串联匝数；

Φ_m——每极气隙磁通量，Wb。

由式（5-2）可知，只要控制好 E_1 和 f_1，就可达到控制磁通的目的。

1. 基频以下的恒磁通变频调速

由式（5-2）可知，要保持 Φ_m 不变，当频率 f_1 从额定值向下调节时，必须降低 E_1，使 E_1/f_1 = 常数，即采用恒定的电动势频率比的控制方式。这种控制又称为恒磁通变频率调速，属于恒转矩调速方式。然而，绕组中的感应电动势是难以直接控制的，当电动势值较高时，可以忽略定子绕组的漏磁阻抗压降，而认为定子相电压 $U_1 \approx E_1$，则有 U_1/f_1 = 常数。这就是恒压频比的控制方式，是近似的恒磁通控制。

在低频时，U_1 和 E_1 都较小，定子阻抗压降所占的分量就比较显著，不能再忽略。这时，可以人为地把电压 U_1 抬高一些，以便近似地补偿定子压降。带定子压降补偿的恒压频比控制特性如图5-2中的 b 线所示，无补偿的控制特性如图5-2中的 a 线所示。

2. 基频以上恒功率调速

在基频以上调速时，频率可以从 f_1 往上增高，但电压 U_1，却不应超过其额定值 U_{1N}，最多只能保持 $U_1 = U_{1N}$。由式（5-2）可知，这将迫使磁通与频率成反比地降低，相当于直流电动机中弱磁升速的情况，属于近似的恒功率调速方式。

把基频以上和基频以下两种情况结合起来，可得到如图5-3所示的异步电动机变压变频调速控制特性。

在 U_1/f_1 = 常数的条件下，变频调速的机械特性如图5-4所示。图5-4a 所示是 $U_1/f_1 = C$ 的机械特性，在低压时由于定子电阻压降的影响使机械特性向左移动，这是磁通减小造成的。图5-4b 所示是采用了定子电压补偿时的机械特性。图5-4c 所示是端电压补偿的 U_1 与 f_1 之间的函数关系。

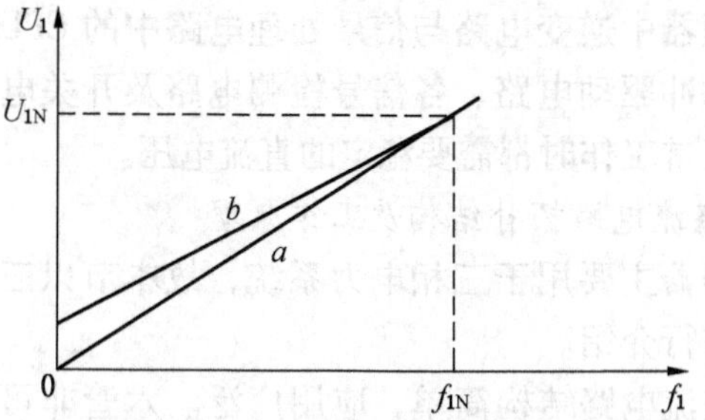

图 5－2　恒压频比控制特性

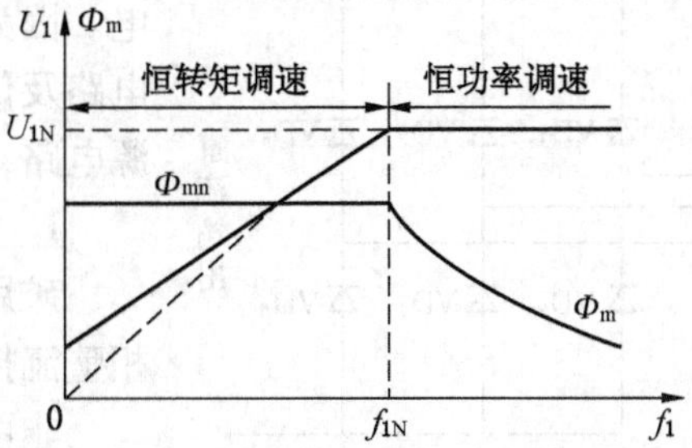

图 5－3　异步电动机变压变频调速控制特性

从图 5－4 中可看出，补偿后的机械特性没有向左移动。

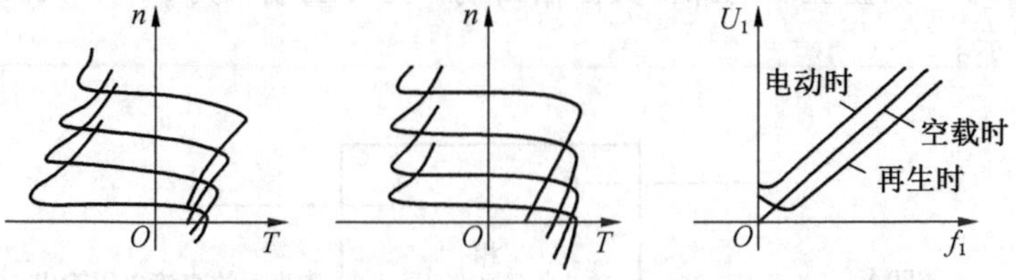

(a)U_1/f_1=C　(b)E_1/f_1=C　(c)U_1与f_1之间的关系

图 5－4　异步电动机变频调速的机械特性

第二节　变 频 器 主 电 路

一、变频器主电路的作用和结构

变频主电路主要是进行交流变直流再将直流转变为一定频率的交流给电动机供电。在变频器主电路中，先将交流 380 V 或 220 V 经整流电路转变为脉动直流电；再经滤波电路滤除直流中交流电，并自举升高，经制动电路处理后再由逆变器电路，将直流电转变为一定所需频率的交流电送电动机，使电动机的转速达到人为所需设定的转速。这就是变频器主电路的作用，其结构示意图如图 5－5 所示。

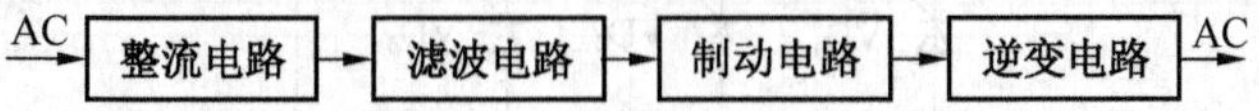

图 5－5　变频器主电路结构示意图

二、整流电路

整流电路在变频器中的作用：无论是单相或三相，变频器都是采用二极管单相导电的原理，将交流电 220 V 或 380 V 转变为脉动直流电，经滤波后给逆变器及二次开关电源供

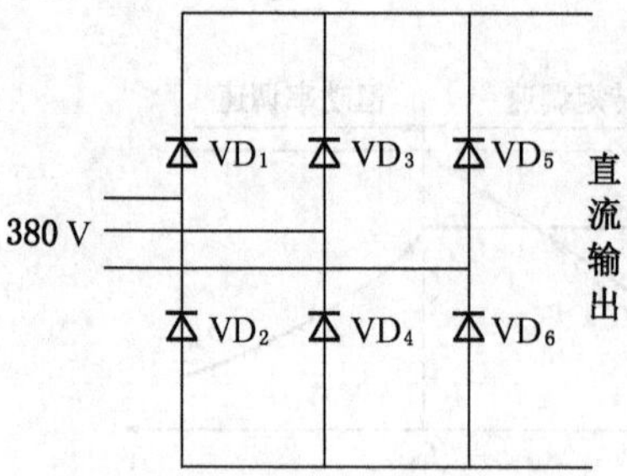

图5－6　六管非可控整流电路

电。因为变频器中逆变电路与信号处理电路中的CPU电路及信号脉冲驱动电路、各信号检测电路及开关电源电路，在正常工作时都需要稳定的直流电压。

1. 常见整流电路拓扑结构及工作原理

矿用变频器主要用于三相电力系统，故本节以三相整流拓扑进行介绍。

非可控整流电路结构简单，应用广泛。六管非可控整流电路结构如图5－6所示，由6个二极管组成，每两个构成一相整流，工作时直接对AC380 V进行整流。

将6个整流二极管集成在一起形成整流堆，整流堆后面加有散热片。接线时共有5个接线端子，两个端口为整流后电源正负极输出端，另外三端口为380 V交流电输入端，结构如图5－7所示。

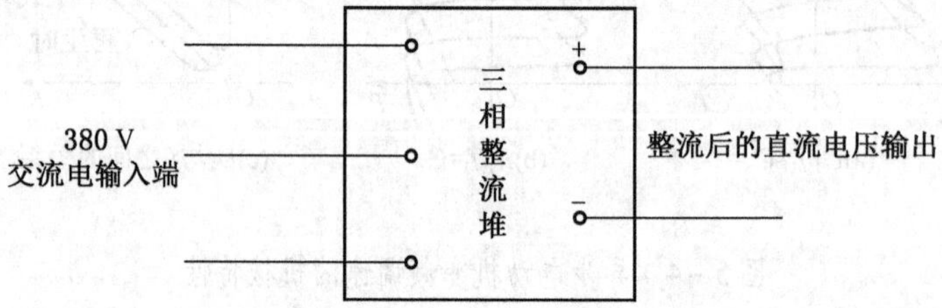

图5－7　三相整流堆电路结构图

可控整流电路，采用触发信号作为开机工作的控制信号，在需要电气设备工作时，开机瞬间脉冲信号到来时整流电路的可控硅工作，可控整流器便将交流电转变为脉动直流电送逆变器电路。可控整流电路由6个可控整流器、开机脉冲信号触发输入电路与380 V三相交流电压输入电路等组成，如图5－8所示。

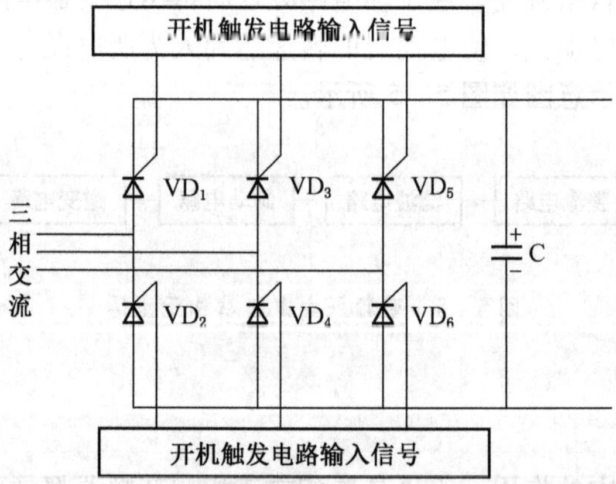

图5－8　变频器可控整流电路

2. 常见故障分析

变频器主电路三相变频之后给逆变电路供电，如果逆变电路损坏、变频管击穿或变频模块内部短路，会使三相整流电路整流管击穿，同时主电路保险断开；如果三相整流管散热不良，温升过高，会使整流管过热击穿。有些逆变电路中，一相中一对整流管内阻减小，会使对应的一对整流管击穿。在检修时，若采用指针式万用表，则用 R×1 Ω 挡测整流管的正反向内阻判别管子的好坏；如果采用数字式万用表，就用专用的二极管测量挡位。总之，三相整流电路的一般损坏，可从以下 3 个方面分析：

（1）三相整流电路之后的逆变电路出故障，而引起三相整流电路的损坏。

（2）由整流管的散热不良引起的故障。

（3）由整流管的性能不良引起的故障。

三、中间电路

将整流电路到逆变电路之间的电路称为中间电路，它主要由滤波电路和制动电路两部分组成。下来分析滤波电路与制动电路的结构、性能和工作原理。

1. 中间电路结构

中间电路的结构如图 5－9 所示。

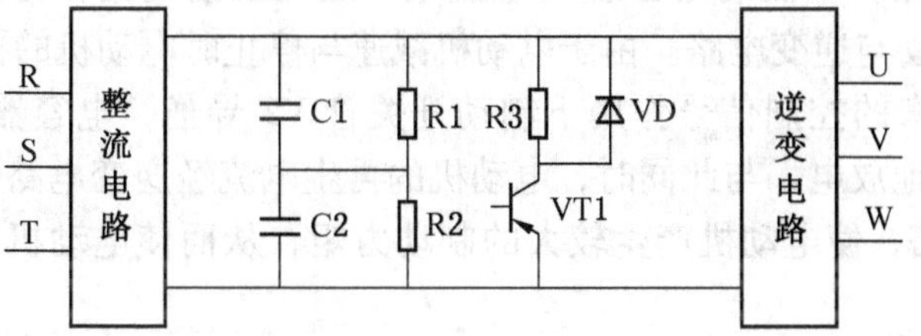

图 5－9　中间电路的结构

变频器整流电路之后到逆变电路之间，有 4 个或 6 个有极性电容组成的电路，称为滤波电路。它一般对整流后直流中少部分的交流进行滤除得到纯直流电，同时进行自举升压，一般在滤波电路两端的电压大约为 450～500 V。图 5－9 中 C1、C2 为等效滤波电容器，R1、R2 为负载电阻器，VT1、R3、VD 组成制动电路。在减速或停止时惯性使电动机产生的再生电流通过 VT1 分流不给电容器充电，不会造成电容端电压升高而损坏。从电路结构来看，中间电路的主要元件由极性电容器与制动电路中的制动管 VT1 组成。如果滤波电路中电容器有故障，就会造成滤波不良与自举升压有故障，会有直流欠压的现象。如果 VT1 有故障，会使制动电路有故障，使电动机的再生电压反馈充电，损坏滤波电路。

2. 滤波电路的作用

由于整流二极管存在结电容效应，所以整流后的直流电压与电流中有一部分交流的脉动电流，会给逆变及二次开关电源电路带来工作点不稳定的问题。中间电路中的滤波电路就是将整流后直流电中的交流成分滤除得到直流电。采用有极性电容器将整流后直流电中的低频交流电流滤除得到直流电压，同时对整流后的直流电压进行自举升压。

3. 制动电路的作用及原理

由中间电路的结构可以看出，中间电路的主要作用是：将整流后的直流电中的交流电滤除，同时将电动机由高速转变低速时产生的再生电流由制动电路分流，这样就保护了滤波电路。典型制动电路的结构，如图 5－10 所示。

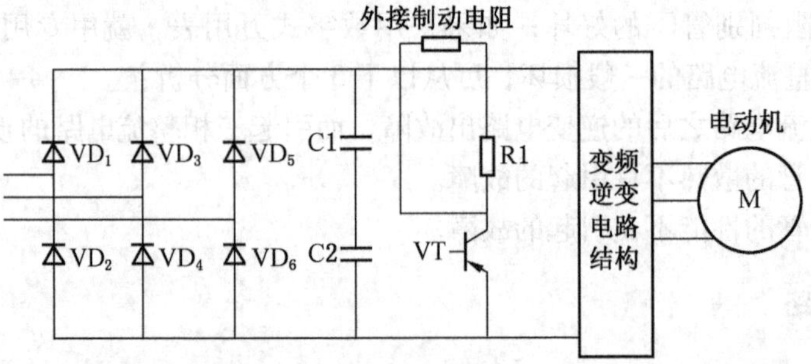

图 5－10　制动电路结构

制动电路的工作原理：由动力电源送来 380 V 三相交流电分别送入 6 个二极管 VD1 ~ VD6 构成的整流电路，整流后输出脉动直流电，送入滤波电路，滤除直流中交流成分，并自举升压再送制动与逆变电路。由于电动机减速与停止时电动机的再生电流给电容器充电，在控制电路送来的控制信号作用下制动开关管 VT 导通，电容器所充电荷通过电阻 R1 与开关管 VT 对地放电。与此同时，电动机的再生电流经逆变电路，由电阻 R1 与开关管 VT 到地形成回路，使电动机产生较大的制动力矩，从而使电动机由高速转变为低速，最后使电动机减速。

4. 中间电路的检修

如果变频器出现工作不稳定或难以启动或工作时好时坏的现象，主要检查主电路的滤波电路，先目测电容器是否顶盖凸起或漏电解液。将电容器拆机放电后，测量电容器的绝缘电阻是否良好，更换时要注意耐压值与电容量是否符合要求；制动电路主要测制动管基极脉冲电压是否正常，同时测制动电阻及制动管本身是否正常，当然要根据变频器出现的故障判别故障的部位，然后才进行检修。

四、逆变电路

逆变电路是大功率电路，一般由 6 个变频管与驱动脉冲信号输送端及变频输出端、直流输入电路组成。有些变频器由 6 个分离变频管组成，有些变频器将每两个集成在一个模块内，6 个变频管由 3 个模块组成，有些变频器将三相整流电路与 6 个变频管集成在一个模块内。

1. 逆变电路的结构

由整流电路送来直流电压，然后由脉冲驱动电路送来脉冲驱动信号，各变频管按顺序工作将直流电转变为一定频率的交流电传输给电动机。逆变电路结构图如图 5－11 所示。

2. 逆变器正常工作的条件

逆变电路在主要电路的最尾端，是主电路工作的最关键电路。逆变电路的好坏关系到

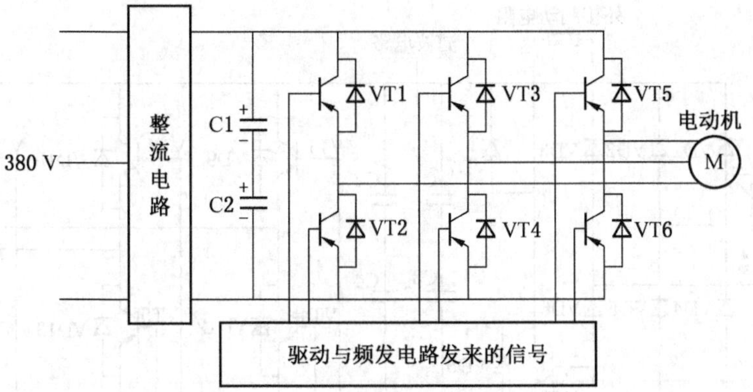

图 5-11　逆变电路结构图

逆变输出交流电的频率及工作电压。逆变电路在正常工作时具有两个条件：

（1）逆变管两端要有 450～500 V 的直流电压。

（2）要有六相开关脉冲方波信号，在脉冲信号的作用下，6 个变频管按顺序工作，将整流滤波送来的直流 450～500 V 电压，转变为具有一定频率的交流电压送电动机。于是电动机就会按照人为所需设定或 PLC 中设定频率进行旋转。

五、三相变频器主电路各元件的作用及工作原理

1. 主电路中各元件的作用

VD1～VD6 是三相整流二极管，将三相 380 V 交流电转变为脉动直流电。VT1～VT6 是逆变电路中 6 个变频管，在三相整流与滤波电路送来的 450～500 V 电压作用下，同时在六相脉冲方波作用下按顺序工作，将直流电转变成一定频率的交流电送三相电动机。C1～C4 是滤波电容器，滤除脉动直流中的交流成分，得到纯直流电并且自举升压。将整流后的直流电压举升至 450～500 V。VT7 是制动控制管，在制动脉冲信号的作用下将电动机停止或由高速转变为低速时，电动机产生的再生电压、电流经过制动管分流，防止电压升高。VD7～VD14 是六相变频管尖峰保护二极管。在 6 个变频管饱和截止转变时防止击穿，二极管在 6 个变频管集电极与发射极之间并接。KM 是交流接触器，在电路工作时 KM 闭合给逆变电路供电。RV1～RV3 是压敏电阻，在输入 380 V 电压过高时，压敏电阻工作，将 380 V 三相互相分流，使整流电路及整流电路的后负载得以保护。

三相变频器主电路如图 5-12 所示。

2. 三相变频器主电路工作原理

由配电柜、空气开关进入的 380 V 动力电源，由 RST 三端进入变频器主电路，经整流前端抗干扰与保护电路送三相整流电路入端。如果 380 V 电压过高，压敏电阻启动控制分流，使送整流电路的电压不会过高，保护了三相整流电路。当 380 V 电压正常时，经三相整流电路后，转变为脉动直流电，在开机脉冲交流接触器的作用下，将脉动直流电进行滤波，滤除交流电，得到纯直流电压并自举升压为 450～500 V 直流电压送逆变电路，与此同时由 CPU 电路送来的六相方波脉冲信号，经六相驱动电路分别放大。然后分别将六相

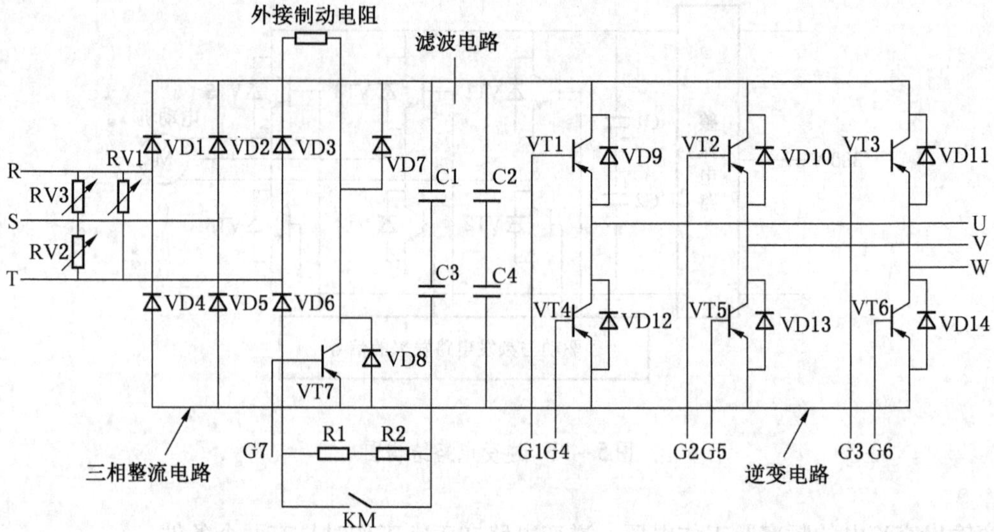

图 5－12　三相变频器主电路

脉冲信号送逆变电路 6 个变频管，于是 6 个变频管按顺序工作，将 450～500 V 的直流电压转变为具有一定频率的交流电压送电动机，于是电动机按照人为设定频率进行工作。工作时，VT1 与 VT5 为第一相工作，VT2 与 VT6 为第二相工作，VT3 与 VT4 为第三相工作，三相交替工作，将直流电压转变为交流电压。在电动机停止及由高速转变为低速时，由于惯性使电动机产生再生电流，再生电流由逆变电路给滤波电容器充电，但是由于 CPU 此时得到信号，便发出制动信号，这一制动信号送制动控制管，使控制管 VT7 工作，将逆变电路送来的再生电流经 VT7 集电极与发射极之间分流，保护了滤波电路。

第三节　BPJ1 系列矿用隔爆兼本质安全型变频器

一、BPJ1 系列变频器概况

1. 适用范围

适用于含有瓦斯（甲烷）和粉煤尘爆炸危险的矿井中，电源输入电压为交流 1140 V，频率为 50 Hz，通过改变电源频率来控制交流电动机转速，并对电动机进行综合保护。

BPJ1－500/1140、BPJ1－630/1140 矿用隔爆兼本质安全型交流变频器为二象限运行变频器，适用于带式输送机、刮板机、水泵等场合，不能用于绞车提升等四象限运行场合。

2. 变频器型号的组成及其意义

变频器型号的组成及其意义如图 5－13 所示。

3. 使用环境

（1）工作环境温度为 0～＋40 ℃。

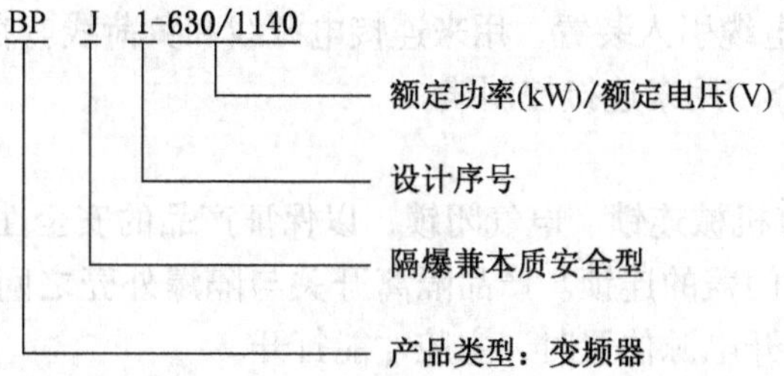

图 5-13 变频器型号的组成及其意义

（2）空气的最大相对湿度不超过95%（25 ℃时）。

（3）有甲烷及煤尘爆炸危险的环境，但无腐蚀金属或破坏绝缘的气体或蒸汽。

（4）无显著摇动和剧烈振动、冲击的场合及与垂直倾斜度不大于15°的地方。

（5）安装使用地点的海拔不超过2000 m。

（6）大气压力80～106 kPa。

二、技术特征

1. 基本参数

（1）额定交流工作电压：(1 +15%)1140 V。

（2）额定输入频率：50 Hz。

（3）输出频率范围：0～50 Hz。

（4）输出电压范围：0～1140 V。

（5）载波频率：1～2.0 kHz。

（6）运行方式：二象限运行。

（7）控制型式：V/F 控制，矢量转矩控制，矢量速度。

（8）具有主从机功能，在多驱系统中可自动功率平衡。

2. 引入装置

（1）主回路：4 个 B5 电缆引入装置。

（2）控制回路：A3 电缆引入装置 8 个。

3. 额定输出频率调节范围及分辨率

（1）在额定的输入电压、输出电流条件下输出频率（0～50 Hz）可变设定。

（2）输出频率分辨率：0.1 Hz。

三、结构特征

1. 主腔体

主腔体为快开门结构，内装有整流模块、电容器组件、逆变模块、输出电抗器、显示组件等。在主腔体的快开门上有观察窗，可以看到产品的运行情况及电动机运行的一些主要参数。

2. 接线腔

两个主接线腔在产品的左侧（出线）和右侧（进线），为螺栓紧固盖结构。在左、右侧接线腔各有 2 个 B5 电缆引入装置，用来连接电源线和负荷线。在左（前）侧接线腔有 A3 电缆引入装置各 8 个，用来连接控制线。

3. 安全连锁机构

BPJ1 系列变频器有机械连锁、电气闭锁，以保证产品的安全性、可靠性。

隔离开关与主腔体门盖的连锁。产品隔离开关与隔爆外壳之间具有可靠的机械连锁，保证当隔离开关处于断开电源位置时，主腔才能打开。

4. 冷却系统

BPJ1 系列变频器冷却系统采用开放式水冷形式。

散热器安装在变频器的背面，主要担负变频器热量的外泄。散热器内侧上安装有功率器件包括 IGBT 和整流单元等，其产生的热量传递给散热器内部的冷却水。需要注意的是：进水端从低端接入，出水侧在高端，在变频器运行过程中水源不能断，运行中伸手感觉出水水温，如果水温较高需要适当调大水量，以保证变频器正常工作。

四、电气组成

1. 主回路

主回路系统由 1140 V 电源经隔离换相开关、真空接触器、输入电抗器、输入滤波器、整流模块单元、滤波电容单元，IGBT 逆变模块单元、输出电抗器等组成，输出电源供给电动机。

2. 控制回路

控制回路由按钮、转换开关、控制变压器、熔断器、继电器等组成。

在控制回路中，有两种控制方式：“本控”和“远控”；两种运行方式：“正转”和“反转”；可主机运行，也可从机运行（功率平衡用），多驱动系统中只能一台主机运行，其余都为从机运行，单机运行时设为主机；频率通过升降按钮连续任意可调（只对主机有效，从机自动给定）。

（1）控制方式。通过对“本远控转换开关”的转换来实现近控和远控。

（2）运行方式。通过“正转”和“反转”转换开关来实现电动机电源的换相。多驱系统中所有电动机转向必须一致，不可单独改变其中一台转向，确保输送带可以反转。

（3）主从机选择。通过主从机选择转换开关将多驱系统中任一台选择为主机，其余选择为从机，这时功率自动平衡。单机运行时，请将转换开关放在主机位置。主从机运行时，主机将该机转矩信号通过通信方式传递给从机，从机将主机传递过来的转矩信号作为给定，确保与主机运行力矩一致，从而实现功率平衡。

（4）速度控制。根据工况的要求，通过“转速增加”“转速减小”按钮，进行速度的增加或降低。给定值只对主机有效，从机给定值来源于主机。

3. 主要保护

（1）短路保护。BPJ1 系列变频器具有短路保护功能，包括电机短路、输出电缆短路、内部短路等。

（2）缺相保护。BPJ1 系列变频器缺相保护有输入缺相保护和电机缺相保护。

输入缺相保护：输入侧任一相丢失会出现控制电压不正常或无法预充电，所以变频器不会工作。

电机缺相保护：通过对输出电机三相电流检测，如果任一相电流严重偏低或没有电流，电机缺相保护动作。

（3）过流保护。在变频回路中，通过三相霍尔元件将采集到的信号输入电源板，再经过 CPU 与所设置的过流值进行比较，实现过流保护功能。

（4）过压、欠压保护。通过检测整流输出侧直流母线电压值来实现过压（110% U_n）、欠压保护（85% U_n）。

（5）过热保护。通过安装在功率模块旁边的温度传感器将温度信号输入电源板，再经过 CPU 与所设置的超温值进行比较，实现温度保护功能。

（6）接地保护。通过对三相输出电流进行矢量和运算，当三相输出电流矢量和达到一个对设备安全运行产生威胁时保护动作，过低的绝缘和过长的电缆线都会导致该保护动作。

（7）电机过温。通过对电机运行的电流有效值进行检测，并估算电机温升，当电机过载且达到一定延时后保护动作。

五、操作流程

1. 使用前准备

使用前应仔细阅读使用说明书，做以下检查：

（1）所有隔爆间隙符合要求，隔爆结合面无锈蚀、损伤，紧固件无松动。

（2）主回路、控制回路的连接导线无松动，确认输入与输出的接线符合规定。

（3）送电前应注意电气元件是否有因受潮而引起绝缘下降的情况。

（4）散热器内冷却水是否开启。

（5）设备安装不倾斜。

2. 接线

1）主回路接线

变频器与电机之间电缆的长度不超过 100 m，且电源线和负荷线均须采用屏蔽线。

电源线由接线腔右侧的 B 电缆引入装置引入，分别接到 R、S、T 端子上，负荷线由接线腔左侧的 B5 电缆引出装置引出，分别接到 U、V、W 端子上。

2）控制回路接线

控制回路可根据用户的需要按电气原理图进行接线，并根据电缆外径，选择合适的电缆引入装置。

3. 启动前准备

（1）确认接线无误后，首先选择近控或远控，根据现场需求，选择合适的运行方式；打在本控位置时，在变频器柜门上即可实现启停操作；远控时，需要在外控端子上接上远控线。

（2）将隔离换相开关置于“正向”或“反向”的位置（3 个位置：正向、停止、反向。变频器运行时，合在正向或反向位置变频的方向都不会改变，工频运行时方向会改变），此时在主腔体门盖的观察窗可以看到“电源”灯亮。

（3）将工/变频转换开关置于“变频”位置（出现故障时，置于工频位置可旁路运行）。

（4）单驱系统，请将主/从机选择开关置于主机位置；多驱系统，请将任意一台置于主机位置，其余变频置于从机位置。

4. 启停操作

做好启动前的准备后，只需按下“启动”按钮，变频器则按照所选择的运行方式运行。按下“停止”按钮，系统停止运行。若出现故障，显示面板的“故障”指示灯亮，触摸屏上显示相应故障类型，复位后才能重新启动。

六、触摸屏操作说明

1. 主控制界面

图 5－14 为变频器主控制界面，其中左侧表格中为变频器主要运行参数及故障报警状态显示，右侧是变频器的主要操作按钮。

主控制界面

运行频率		直流电压		
电机电流		转速转向		运行
输出功率		电机转矩		停止
输出电压		主机设定值		复位
变频温度		从机设定值		数据存储
控制方式		频率给定		故障记录
变频故障				运行数据
变频报警				参数设定

图 5－14　主控制界面

1）显示部分

运行频率：运行中变频器输出频率。

直流电压：变频器直流侧直流电压有效值。

电机电流：电机运行时电流有效值。

转速转向：电机运行转速，例如：显示“1500 rpm”，表示电机正转，转速为 1500 rpm；显示“－1500 rpm”，表示电机反转，转速为 1500 rpm。

输出功率：电机运行中实际输出功率。

电机转矩：电机运行中输出转矩相对额定转矩百分比。

变频温度：变频器散热器底板温度。

主/从机设定值：变频器对电机转速或频率设定值，当控制方式为矢量时显示转速，当控制方式为标量时显示频率值。

控制方式：显示变频器当前控制方式：EXT1、EXT2。

频率给定：当频率给定方式设为触摸时，作为触摸屏频率设定，点击输入框会出现一个数字键盘，输入 0～50 Hz 任意值确定后，即可看见“转速设定值”中内容发生变化。

变频故障：分为3个区域显示，显示变频器发生故障时的故障内容。故障时，变频器会停机。

变频报警：分为3个区域显示，显示变频器发生报警时的报警内容。报警时，变频器不会停机。

2）操作部分

运行：运行按钮，当变频器“外部命令1”设为“触摸屏”时，点击该按钮变频器启动。

停止：停止按钮，当变频器“外部命令1”设为“触摸屏”时，点击该按钮变频器停止。

复位：复位按钮，当变频器“故障复位选择”设为“触摸屏”时，如果变频发生故障或报警时点击该按钮，变频器复位（故障或报警能复位时）。

数据存储：当进行任何数据更改时需要点击“数据存储”按钮，否则断电后数据消失。

故障记录：点击该按钮进入故障记录，记录近5次故障内容及5次报警内容。历史故障记录如图5－15所示。

运行数据：点击进入其他数据监控画面。

参数设定：点击会弹出密码输入话框，如图5－16所示。

历史故障记录

最近一次故障		最近一次报警	
第二次故障		第二次报警	
第三次故障		第三次报警	
第四次故障		第四次报警	
第五次故障		第五次报警	

图5－15　历史故障记录

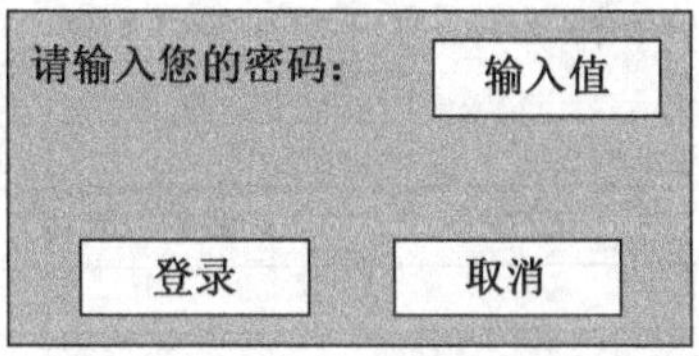

图5－16　参数设定登录界面

点击输入框，会弹出输入键盘，输入密码后登录即可进入参数设定界面，如图5－17所示。

2. 参数设定界面

在图5－17中，点击相应按钮进入相应参数组进行参数设定，点击右下角“主界面”返回到主控制画面。

1）电机数据

图5－18画面中，电机额定电压、电机额定转速、电机额定电流、电机额定功率、电机额定频率直接将电机铭牌上相应值输入即可。其中，任何一个参数被改变后首次启动变频器都会自动学习电机参数。切记输入参数一定真实，否则变频器学习无法通过或控制性

能不佳。

电机数据	输入指令	给定选择	多速段运行	模拟输入	继电器输出
模拟输出	系统控制	限幅	启动/停止	加速/减速	速度控制
转矩控制	危险速度	电机控制	故障功能	自动复位	电机温度测量
主从控制	PID设置				

主界面

图 5－17　参数设定界面

电机数据

电机额定电压		电机额定转速	
电机额定频率		电机额定功率	
+变频功率极限		电机额定电流	
-变频功率极限		电机控制模式	

主界面 参数设定 输入指令 帮助?

图 5－18　电机数据界面

电机控制模式：有两个选项“0 = DTC、1 = 标量控制”，正常运转时都设为“0”（DTC），当变频器在空载、电机功率在变频器容量 6 倍以下或超出变频器容量运转时请设为“1”（标量速度）。

+变频功率极限：定义由变频器到电机的最大功率。设定范围为 0～600%，出厂设定 300%。

－变频功率极限：定义由电机到变频器的最大功率。设定范围为－600%～0，出厂设定－300%。

主界面：点击退回主控制界面。

参数设定：点击退回上级界面。

输入指令：点击进入下一组参数设定。

2）输入指令

图 5－19 为输入指令界面。外部 1 命令、外部 2 命令：选择变频器的启停方式及控制

方式，一经调试正常，用户不可改变，否则可能会导致不能使用。选项：1 = 无选择；2 = DI1 启停；3 = DI1 启停，D2 方向（出厂值）；4 = DI1P，2P；5 = DI1P，2P，3P；6 = DI1P，2P，3P；7 = DI6 启停；8 = DI6 启停，DI5 方向；9 = 键盘；10 = 现场总线；17 = DI1F，2R。

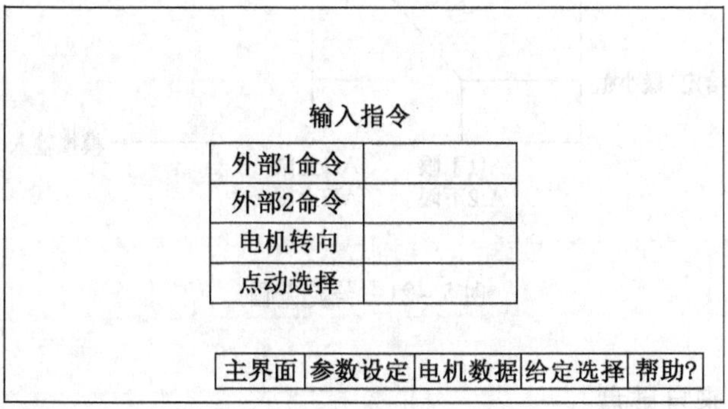

图 5－19　输入指令界面

电机转向：有 3 个选项“正向、反向、双向”，这里的正反向是相对的，正向时也可能电机反转，可以通过设定改变电机方向。选项：1 = 正转；2 = 反转；3 = 双向（出厂值）。

点动选择：电机点动设置（备用功能），无须设置，否则会导致异常。如需点动试机，将远控开关打在近控位置，采用本控手动启停即可实现。选项：1 = 无选择（出厂值）；2 = DI3；3 = DI4；4 = DI5；5 = DI6。

3）给定选择

图 5－20、图 5－21 中给定了变频器如何选择控制源，给定 1 和给定 2 的来源和性质。

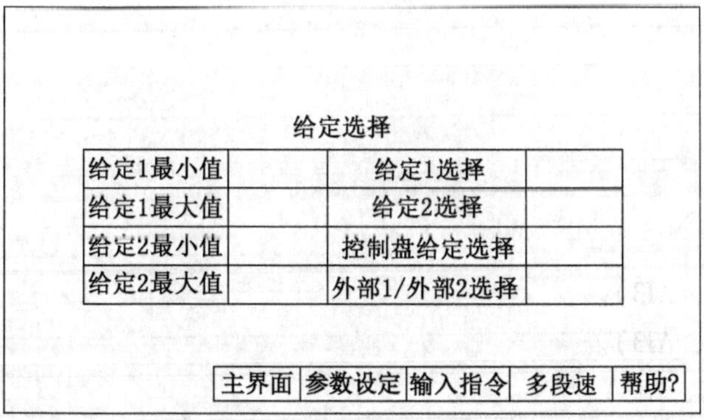

图 5－20　给定选择界面

给定 1 选择：外部信号 1 的信号源。请勿擅自改动给定值，否则会导致不能使用。本参数定义外部给定 1 的信号源。

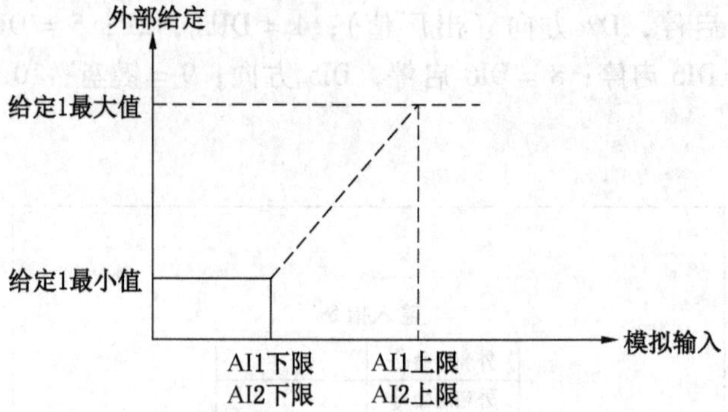

图 5-21　给定范围

1 = 键盘，给定来自键盘。

2 = AI1，给定来自 AI1。

3 = AI2，给定来自 AI2。

4 = AI3，给定来自 AI3。

5 = AI1/J0YST，AI1 以操纵杆的形式作为给定。信号的最小值对应反向的最大给定，信号的最大值对应正向的最大给定。参数电机转向应该设为双向。因为给定信号范围的最小值决定着反转的最大值，因此不要把 0 V 作为给定信号范围的最小值。否则当给定信号丢失时（此时给定信号输入为 0 V），变频器可能会误以反向的最高速运行！为避免这种情况，可使用以下设置，当模拟信号丢失时变频器将会报故障并停机：①设定参数 AI1，最小值为 20%（2 V 或 4 mA）；②设定参数 AI1，故障极限为 5% 或更高；③设定参数 AI 故障为故障。

6 = AI2/J0YST，AI2 以操纵杆的形式作为给定，参见 AI1/J0YST。

7 = AI1 + AI3。

8 = AI2 + AI3。

9 = AI1 - AI3。

10 = AI2 - AI3。

11 = AI1 * AI3。

12 = AI2 * AI3。

13 = MIN（AI1，AI3）。

14 = MIN（AI2，AI3）。

15 = MAX（AI1，AI3）。

16 = MAX（AI2，AI3）。

17 = DI3U，4D（R），两个 DI 信号模拟电动电位器，作为速度给定：①DI3 得电升速（U 表示升速）；②DI4 得电减速（D 表示减速）；③停车命令将给定复位为零（R 表示复位）；④给定速度变化的快慢由参数加速时间 2 控制。

18 = DI3U，4D - 和（DI3U，4D（R））相同，不同的是：①接到停止信号时给定值不复位为0，给定值被存储起来；②变频器重新启动后，电机将按相应的曲线加速到原来记忆的速度。

19 = DI5U，6D - 和（DI3U，4D（R））相同（出厂值）。

20 = 现场总线。

给定2选择：外部信号2的信号源。同给定1选择。

控制盘给定选择：当电机控制方式为DTC时，设为1时给定单位为rpm，如果控制方式为标量，单位为Hz。

外部1/外部2选择：1 = DI1；2 = DI2；3 = DI3（出厂值）；4 = DI4；5 = DI5；6 = DI6；7 = 外部1；8 = 外部2。

给定1最小值：外部给定1的最小限幅值，最小的模拟输入信号对应的给定值。范围0 ~ 500 Hz/0 ~ 30000 rpm，分辨率0.1 Hz/1 rpm，出厂值0 Hz/0 rpm。

给定1最大值：外部给定1的最大限幅值，最大的模拟输入信号对应的给定值。范围0 ~ 500 Hz/0 ~ 30000 rpm，分辨率0.1 Hz/1 rpm、出厂值50 Hz/1500 rpm。

给定2最小值：设定外部给定2最小值，最小的模拟输入信号对应的给定值，以%为单位。范围0 ~ 100%/0 ~ 600%（转矩控制），分辨率0.1%，出厂值0%。

给定2最大值：设定外部给定2最大值，最大的模拟输入信号对应的给定值，以%为单位。范围0 ~ 100%/0 ~ 600%（转矩控制），分辨率0.1%，出厂值100%。

4）多速段运行

图5-22中参数定义了一组多速段：可编程设定15个恒速，范围可从0 ~ 300 Hz或者0 ~ 18000 rpm。如果电机控制方式为标量，则只有多速段1 ~ 5、多速段15有效。

若转矩控制被激活或正在使用过程PID控制，则多速段选择将被忽略。

图5-22　多速段运行界面

功能选择：1 = 无多速段（出厂值）；2 = DI1；3 = DI2；4 = DI3；5 = DI4；6 = DI5；7 = DI6；8 = DI1，2；9 = DI3，4；10 = DI5，6；11 = DI1，2，3；12 = DI3，4，5；13 = DI4，5，6；14 = DI3，4，5，6。

多速段1：设定多速段1值，范围0 ~ 18000 rpm（DTC）/0 ~ 300 Hz（标量），分辨率1 rpm/0.1 Hz，出厂值300 rpm/5 Hz。

多速段 2：设定多速段 2 值，范围 0 ~ 18000 rpm(DTC)/0 ~ 300 Hz（标量），分辨率 1 rpm/0.1 Hz，出厂值 600 rpm/10 Hz。

多速段 3：设定多速段 3 值，范围 0 ~ 18000 rpm(DTC)/0 ~ 300 Hz（标量），分辨率 1 rpm/0.1 Hz，出厂值 900 rpm/15 Hz。

多速段 4：设定多速段 4 值，范围 0 ~ 18000 rpm(DTC)/0 ~ 300 Hz（标量），分辨率 1 rpm/0.1 Hz，出厂值 300 rpm/5 Hz。

多速段 5：设定多速段 5 值，范围 0 ~ 18000 rpm(DTC)/0 ~ 300 Hz（标量），分辨率 1 rpm/0.1 Hz，出厂值 0 rpm/0 Hz。

多速段 6：设定多速段 6 值，范围 0 ~ 18000 rpm(DTC)，分辨率 1 rpm，出厂值 0 rpm。

多速段 7：设定多速段 7 值，范围 0 ~ 18000 rpm(DTC)，分辨率 1 rpm，出厂值 0 rpm。

多速段 8：设定多速段 8 值，范围 0 ~ 18000 rpm(DTC)，分辨率 1 rpm，出厂值 0 rpm。

多速段 9：设定多速段 9 值，范围 0 ~ 18000 rpm(DTC)，分辨率 1 rpm，出厂值 0 rpm。

多速段 10：设定多速段 10 值，范围 0 ~ 18000 rpm(DTC)，分辨率 1 rpm，出厂值 0 rpm。

多速段 11：设定多速段 11 值，范围 0 ~ 18000 rpm(DTC)，分辨率 1 rpm，出厂值 0 rpm。

多速段 12：设定多速段 12 值，范围 -18000 ~ 18000 rpm(DTC)，分辨率 1 rpm，出厂值 0 rpm。

多速段 13：设定多速段 13 值，范围 -18000 ~ 18000 rpm(DTC)，分辨率 1 rpm，出厂值 0 rpm。

多速段 14：设定多速段 14 值，范围 0 ~ 18000 rpm(DTC)，分辨率 1 rpm，出厂值 0 rpm。

多速段 15：设定多速段 15 值，范围 -18000 ~ 18000 rpm(DTC)/0 ~ 300 Hz（标量），分辨率 1 rpm/0.1 Hz，出厂值 0 rpm/0 Hz。

5）模拟输入

图 5-23 中，参数定义了模拟输入的限幅值和滤波时间。

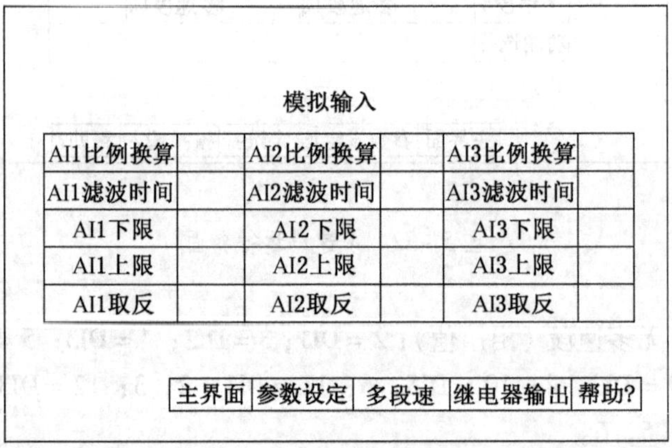

图 5-23　模拟输入界面

AI1 比例换算：换算模拟输入 AI1。设定范围 0～1000%，出厂值 100%。

AI1 下限：1 = 0 V；2 = 2 V；3 = 测量值；4 = 测定。

AI1 上限：1 = 10 V；2 = 测量值；3 = 测定。

AI1 取反：0 = 不取反；1 = 取反。

AI1 滤波时间：范围 0～10 s，分辨率 0.1 s，出厂值 0.1 s。

定义 AI1 滤波时间常数 T，在该参数定义的时间内，滤波后的信号达到阶跃变化的 63%，如图 5－24 所示。

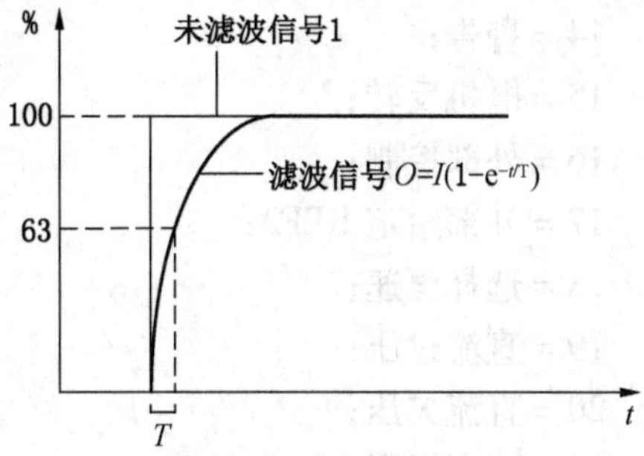

O—滤波器输出信号；t—时间；

T—滤波时间常数

图 5－24　滤波时间常数

AI2 下限、AI2 上限、AI2 滤波时间、AI3 下限、AI3 上限、AI3 滤波时间与 AI1 相同。

6）继电器输出

图 5－25 中，参数定义了每个输出继电器动作的条件。

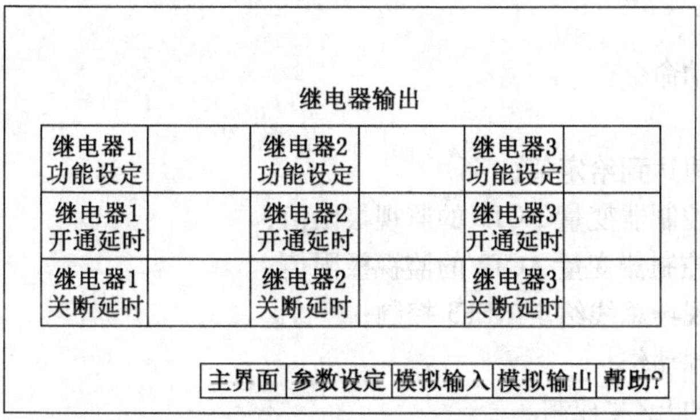

图 5－25　继电器输出界面

继电器 1 功能设定：定义继电器 1 动作条件，出厂值“准备”。

选项：1 = 无设定；

2 = 准备；

3 = 运行；

4 = 故障；

5 = 故障取反；

6 = 故障复位；

7 = 堵转警告；

8 = 堵转跳闸；

9 = 电机检测超温警告；

10 = 电机检测超温故障；

11 = 变频超温警告；

12 = 变频超温故障；
13 = 故障/警告；
14 = 警告；
15 = 电机反转；
16 = 外部控制；
17 = 外部给定 REF2；
18 = 选择恒速；
19 = 直流过压；
20 = 直流欠压；
21 = 速度极限；
22 = 速度极限 2；
23 = 电流极限；
24 = 给定 1 极限；
25 = 给定 2 极限；
26 = 转矩极限 1；
27 = 转矩极限 2；
28 = 接收到启动命令；
29 = 给定丢失；
30 = 速度实际值达到给定值；
31 = 过程 PID 控制器变量 ACT1 的监视极限值；
32 = 过程 PID 控制器变量 ACT2 的监视极限值；
33 = 继电器由现场总线给定 REF3 控制；
34 = 指定信号源动作；
35 = 机械制动的开/关控制。

继电器 1 开通延时：定义闭合延时，范围 0 ~ 3600 s，分辨率 0.1 s，出厂值“0 s”。
继电器 1 关断延时：定义断开延时，范围 0 ~ 3600 s，分辨率 0.1 s，出厂值“0 s”。
继电器 2 功能设定：定义继电器 2 动作条件，出厂值“运行”。选项同继电器 1。
继电器 2 开通延时：定义闭合延时，范围 0 ~ 3600 s，分辨率 0.1 s，出厂值“0 s”。
继电器 2 关断延时：定义断开延时，范围 0 ~ 3600 s，分辨率 0.1 s，出厂值“0 s”。
继电器 3 功能设定：定义继电器 3 动作条件，出厂值“故障”。
继电器 3 开通延时：定义闭合延时，范围 0 ~ 3600 s，分辨率 0.1 s，出厂值“0 s”。
继电器 3 关断延时：定义断开延时，范围 0 ~ 3600 s，分辨率 0.1 s，出厂值“0 s”。

7）模拟输出

图 5 – 26 为模拟输出界面。

A01 赋值：定义 A01 代表的功能。
1 = 没有使用；
2 = 过程变量；
3 = 速度；
4 = 频率；

模拟输出

A01赋值		A02赋值	
A01滤波时间		A02滤波时间	
A01比例因子		A02比例因子	
A01最小值		A02最小值	
A01取反		A02取反	

主界面	参数设定	继电器输出	系统控制	帮助?

图 5 - 26　模拟输出界面

5 = 电流；

6 = 转矩；

7 = 功率；

8 = 直流电压；

9 = 输出电压；

10 = 应用输出；

11 = 当前给定值；

12 = PID 差值；

13 = ACT1 的值；

14 = ACT2 的值；

15 = COMM - REF4；

16 = 电机温度测量（9.1 mA/PT100、1.6 mA/PTC）。

A01 最小值：设定最小输出电流。1 = 0 mA；2 = 4 mA。

A01 滤波时间：设定 A01 滤波时间常数。在该参数定义的时间内，滤波后的信号达到阶跃变化的 63% 。范围 0 ~ 10 s，分辨率 0.1 s，出厂值 0.1 s。

A02 赋值：定义 A02 代表的功能，调试时根据现场需求设定。同 A01 赋值。

8）系统控制

图 5 - 27 中，参数定义了系统控制。

运行允许：选择允许运行信号源，出厂值“1 = 打开”，请勿随意更改，否则会导致不能使用。选项：1 = 打开；2 = DI1；3 = DI2；4 = DI3；5 = DI4；6 = DI5。

用户宏切换：定义主从机切换用端子，出厂设定为 DI3。选项：1 = 不通过端子切换；2 = DI1；3 = DI2；4 = DI3；5 = DI4；6 = D15；7 = DI6。

故障复位选择：1 = 控制面板；2 = DI1；3 = DI2；4 = DI3；5 = DI4（出厂值）；6 = DI5；7 = DI6。

9）限幅

图 5 - 28 ~ 图 5 - 30 对电机的转速、电流、转矩等作出最大和最小限定。

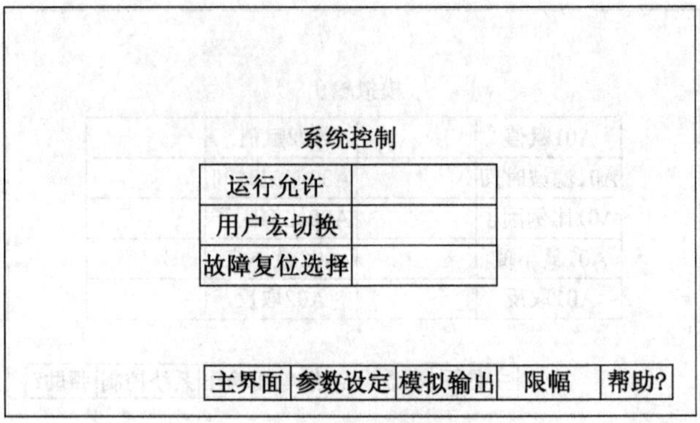

图 5－27　系统控制界面

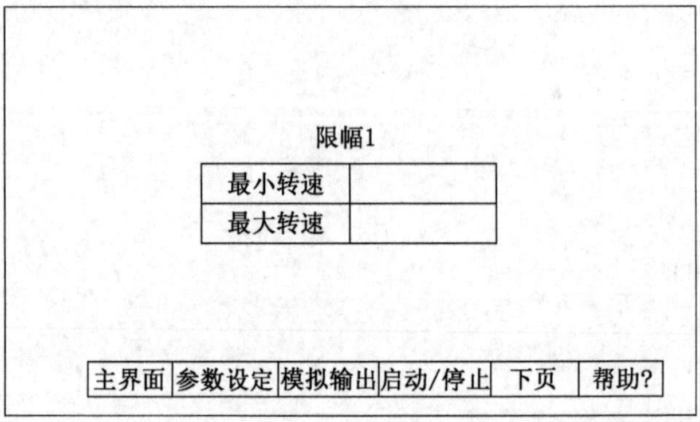

图 5－28　转速限幅界面

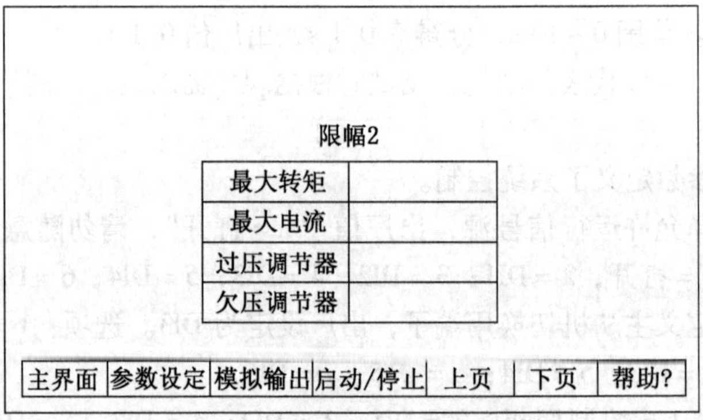

图 5－29　转矩电流等限幅界面

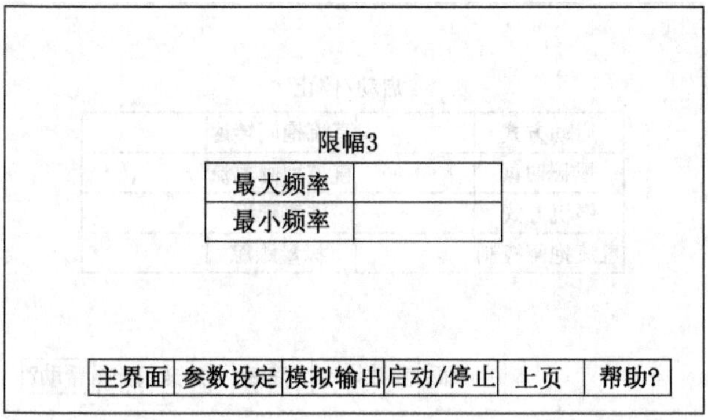

图 5-30　频率限幅界面

最小转速：定义所允许的最小转速，DTC 方式时有效。范围为 -18000 ~ 最大转速，分辨率 1 rpm，出厂值与电机数据中电机额定转速有关。

最大转速：定义所允许的最大转速。范围为最小转速 ~ 18000 rpm，分辨率 1 rpm，出厂值与电机数据中电机额定转速有关。

最大转矩：设定最大转矩值。该值是与电机额定转矩的百分比。范围 0 ~ 600.0%，分辨率 0.1%，出厂值 300.0%。

最大电流：变频器提供给电机的最大电流。

最小频率：变频器输出最小频率，标量控制时有效，范围 -300 ~ 50 Hz，分辨率 0.1 Hz，出厂值 0 Hz。

最大频率：变频器输出最大频率，标量控制时有效，范围 -50 ~ 300 Hz，分辨率 0.1 Hz，出厂值 50 Hz。

过压调节器：设定直流过压调节器是否工作。带有惯性很大的负载时，在快速停车时会引起直流电压上升，并有可能导致过压保护动作。为避免这种情况发生，电压调节器会通过提高输出频率、降低制动转矩，进行过压调节。选项：0 = 关闭，1 = 打开（出厂值）。

欠压调节器：设定直流欠压调节器是否工作。当输入电源下降时，直流侧电压也下降。欠压调节器的作用是通过降低电机转速，维持直流电压高于欠压动作值，避免因欠压而停机。电机转速降低时，负载回馈到直流侧的惯性能量，对直流侧充电，弥补暂时的能量空缺，避免出现欠压故障。欠压调节功能在高转矩负载，如离心泵、风机等应用场合非常有效。选项：0 = 关闭，1 = 打开（出厂值）。

10）启动/停止

图 5-31 中，参数定义了电机启动和停止的方式。

启动方式：选择电机启动的方式。

1 = 自动启动方式 - DTC 跟踪启动。自动启动方式，在大多数情况下可以保证电机的最优启动。它包括跟踪启动功能（跟踪一个正在运转的机器启动）和自动重启功能（停止的电机可以立即重新启动，而不用等待电机消磁）。

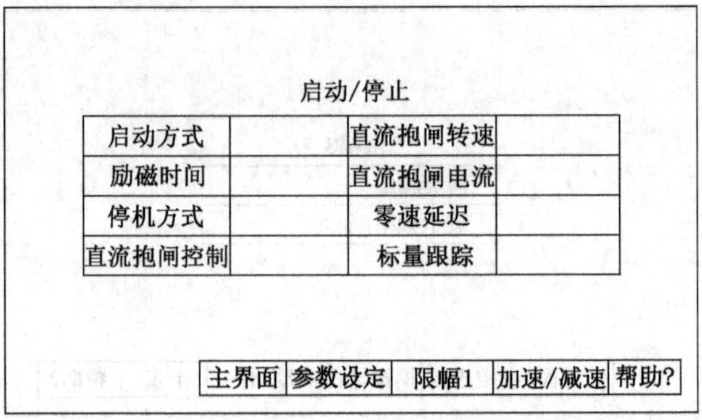

图 5-31　启动/停止界面

2 = 直流励磁。如果需要高的启动转矩，就应该选择这种直流励磁功能。变频器在电机启动之前预励磁。预励磁时间根据电机的型号自动确定，一般为 200 ms ~ 2 s。直流励磁保证了可能达到的最高启动转矩。注意：当选择了直流励磁功能，就不能进行跟踪启动；标量控制时，不能选择直流励磁功能。

3 = 恒定的预励磁时间。如果需要恒定的预励磁时间（例如：电机启动必须与机械制动释放同时进行时），就应该选择恒定直流励磁替代直流励磁。在预励磁时间设定为足够长时，此选项也保证了可能达到的最大转矩。预励磁时间由励磁时间定义。尽管电机励磁未完成，变频器仍会在设置的励磁时间结束之后启动。为确保高瞬时转矩应用场合的需要，恒定预励磁时间要设置到足够长，以产生足够的励磁和转矩。

励磁时间：在恒定励磁模式下定义励磁时间。设定范围 30. 0 ~ 10000. 0 ms，出厂设定 500 ms。

停机方式：选择电机停止模式。1 = 自由停车（出厂值）；2 = 减速停车。

直流抱闸控制：只适用于 DTC 方式。0 = 直流抱闸无效；1 = 直流抱闸有效。

直流抱闸转速：设定范围 0 ~ 3000 rpm，分辨率 1 rpm，出厂设定 5 rpm。

直流抱闸电流：以相对于电机额定电流百分数形式表示。设定范围 0 ~ 100%，分辨率 1%，出厂设定 30%。

零速延时：给零速延时功能定义延时时间。零速延时功能在需要一个平稳快速重启的应用场合中十分有用。在延时时间之内，传动单元会精确地得知转子的位置。

无零速延时，传动单元收到一个停机命令，并沿斜坡减速。当电机的实际转速低于一个内部极限值（称为相对零速）时，速度控制器关闭。变频器调节功能关闭，电机靠惯性停止运转。

零速延时，传动单元收到一个停机命令，并沿斜坡减速。当电机的实际转速低于一个内部极限值（称为相对零速）时，零速延时功能启动。在延时时间内，速度控制器仍处于工作状态：逆变器维持工作、电机保持励磁，传动单元随时可以快速重新启动。设定范围 0. 0 ~ 60. 0 s，出厂值 0. 5 s。

标量跟踪：在标量控制模式下，激活跟踪启动特性。0 = 关闭；1 = 打开。

11）加速/减速

图 5－32 中，参数设定了加速/减速曲线的斜率。曲线按对来设定，一条是加速斜率，一条是减速斜率。

加速/减速

加减时间设定		加速时间2	
加速时间1		减速时间2	
减速时间1		速度曲线形状	

主界面	参数设定	启动/停止	速段控制	帮助?

图 5－32　加速/减速界面

加减速曲线选择：定义加速减速曲线选择的控制源。选项：1 = 时间 1（出厂值）；2 = 时间 2；3 = DI1；4 = DI2；5 = DI3；6 = DI4；7 = DI5；8 = DI6。

加速时间 1：设定曲线 1 由 0 Hz 升到最高频率所需时间。实际的加速时间也取决于参数积分曲线形状。范围 0.0 ~ 1800 s，分辨率 0.1 s，出厂值 60 s。

减速时间 1：设定曲线 1 由最高频率降到 0 Hz 所需时间。实际的减速时间也取决于参数积分曲线形状。范围 0.0 ~ 1800 s，分辨率 0.1 s，出厂值 60 s。

速度曲线的时间设定为加速时间的 1/5 是一个比较合适的值，出厂值设为 0.0 s。

加速时间 2：设定曲线 2 由 0 Hz 升到最高频率所需时间。参见加速时间 1 设定。

减速时间 2：设定曲线 2 由最高频率降到 0 Hz 所需时间。参见减速时间 1 设定。

12）速度控制

图 5－33 中，参数定义速度调节器的变量。

速度控制

比例增益		加速补偿	
积分时间		滑差补偿	
微分时间		自动优化运行	

主界面	参数设定	加速/减速	转矩控制	帮助?

图 5－33　速度控制界面

比例增益：定义速度调节器的比例增益。太大的增益可能引起速度振动。也可以使用参数自整定运行，自动调节比例增益。范围 0.00～200.0，分辨率 0.01，出厂值 10。

积分时间：定义速度调节器的积分时间。积分时间定义了在阶跃偏差信号作用下速度调节器的输出变化率。积分时间越短，连续偏差值校正越快。积分时间太短会造成控制不稳定。可以使用参数自动优化运行，自动调节积分时间。范围 0～600.00 s，分辨率 0.01 s，出厂值 2.5 s。

微分时间：定义速度调节器的微分时间。微分时间定义了在偏差值发生改变的情况下增加调节器的输出。微分时间越长，在偏差改变的过程中，调节器的输出速度就越快。如果微分时间设置为零，调节器就变为 PI 调节器，否则就是 PID 调节器。范围 0～10000 ms，分辨率 1 ms，出厂值 0 ms。

加速补偿：设定加速补偿的微分时间。给速度调节器的输出加一阶微分，用来补偿加速过程的转动惯量。设定规则“通常设定该值为电机和被驱动设备的机械时间常数总和的 50 至 100%”。可以使用参数自动优化运行，自动调节加速补偿。范围 600.00 s，分辨率 0.01 s，出厂值 0 s。

滑差补偿：设定电机滑差补偿控制的滑差增益。100% 表示完全滑差补偿；0% 表示零滑差补偿。缺省值为 100%。尽管为全滑差补偿，但是如果检测到存在速度静差，则可以使用其他值。设定范围 0.0～400.0%，出厂值 100%。

自动优化运行：启动速度调节器的自动调节功能。0 = 关闭，禁止自动调节功能；1 = 开启，激活速度调节器自动调节功能，然后自动恢复到关闭状态。

13）转矩控制

图 5－34 中，参数定义了与转矩控制相关的参数。

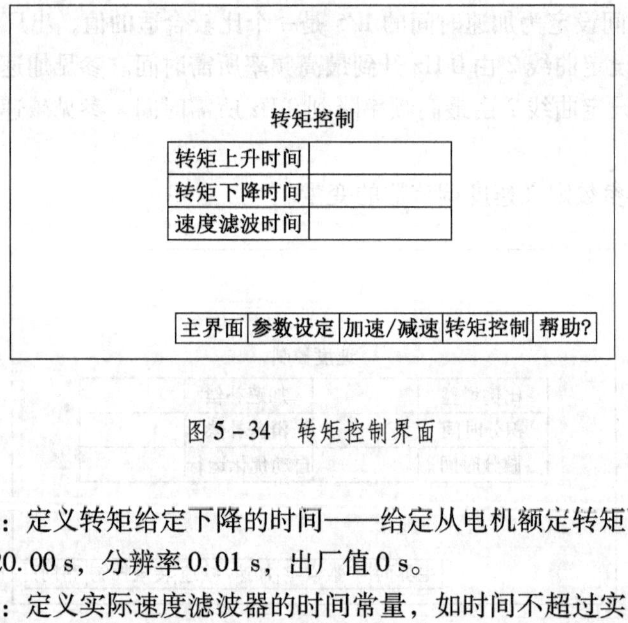

图 5－34　转矩控制界面

转矩下降时间：定义转矩给定下降的时间——给定从电机额定转矩下降到零的最小时间。范围 0.00～120.00 s，分辨率 0.01 s，出厂值 0 s。

速度滤波时间：定义实际速度滤波器的时间常量，如时间不超过实际速度达到额定速度的 63%。设定范围 0～1000000 ms，出厂设定 8 ms。

14）危险速度

图 5 - 35 中，参数设定了 3 组危险速度范围，变频器在运行时将跨过这些速度段。例如，在某一速度段发生机械共振，就需要避开这一速度段。

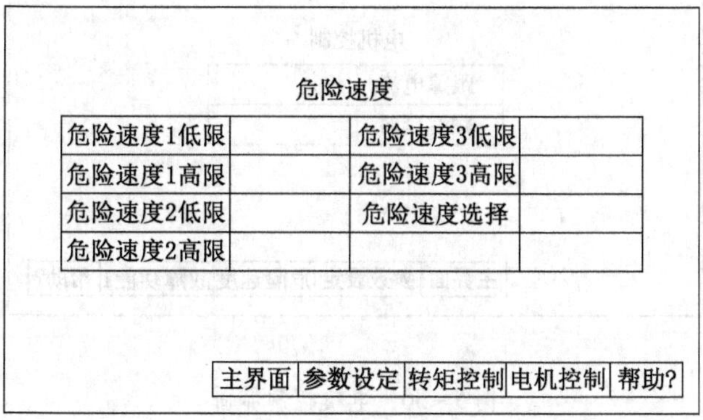

图 5 - 35　危险速度界面

危险速度 1 低限：设定危险速度范围 1 的低限。该值必须小于等于参数危险速度 1 高限。当电机控制模式为矢量速度/矢量转矩控制，单位为 rpm；当电机控制模式为标量频率控制，单位为 Hz。范围 0 ~ 18000 rpm/0 ~ 300 Hz，分辨率 1 rpm/0. 1 Hz，出厂值 0 rpm/0 Hz。

危险速度 1 高限：设定危险速度范围 1 的高限。该值必须大于等于参数危险速度 1 低限。当电机控制模式 = 矢量速度/矢量转矩控制，单位为 rpm；当电机控制模式为标量频率控制，单位为 Hz。范围 0 ~ 18000 rpm/0 ~ 300 Hz，分辨率 1 rpm/0. 1 Hz，出厂值 0 rpm/0 Hz。

危险速度 2 低限：设定危险速度范围 2 的低限。参见危险速度 1 低限。

危险速度 2 高限：设定危险速度范围 2 的高限。参见危险速度 1 高限。

危险速度 3 低限：设定危险速度范围 3 的低限。参见危险速度 1 低限。

危险速度 3 高限：设定危险速度范围 3 的高限。参见危险速度 1 高限。

危险速度选择：0 = 关闭；1 = 打开。注意：当使用 PID 时危险速度不能使用。

15）电机控制

图 5 - 36 为电机控制界面。

跟踪电流：当未使用脉冲编码器时，用跟踪启动（启动旋转电机）定义电流给定值。设定范围 0 ~ 100%，出厂设定 60%。

跟踪延时：指在跟踪启动时所估计的速度值达到速度给定斜坡输出值前的延时。如果启动后电机向错误的方向旋转或启动后电机以错误的速度旋转，那么增大延时。设定范围 0 ~ 60，出厂设定 25。

16）故障功能

AI 故障：当模拟输入信号低于最小设定值时，变频器动作。注意：模拟输入最小设定值必须为 0. 5 V（1 mA）或更大，参见模拟输入说明。1 = 故障（出厂值）；2 = 无效；3 = 恒速 15；4 = 最后速度。

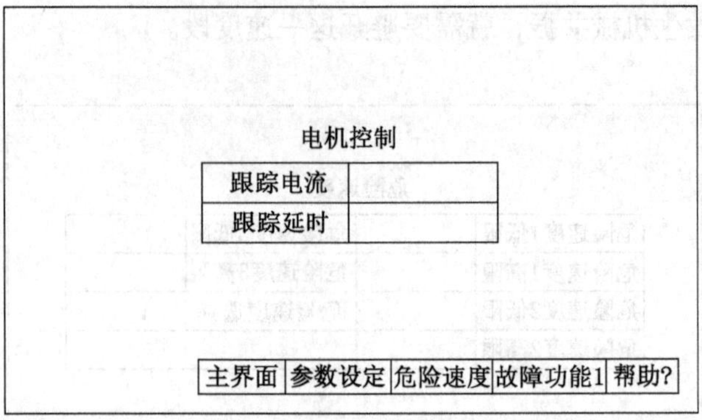

图 5-36　电机控制界面

外部故障：定义外部故障输入选择。选项如下：

1 = 无，没有外部故障信号；

2 = DI1，定义数字输入 DI1 为外部故障输入（数字输入口得电，表明有外部故障，变频器显示“外部故障”，同时惯性停车）；

3 ~ 7 = DI2 ~ DI6，定义数字输入 DI2 ~ DI6 为外部故障输入。

电机缺相：激活电机缺相监控功能。0 = 无效（出厂值）；1 = 有效。

接地故障：定义变频器检测到电机或电机电缆接地故障时的反应。变频器在运行时和非运行时都能检测接地故障。

0 = 报警，只报警不停机；

1 = 故障，变频器将会报接地故障，如果正在运行将会自由停车。

通信故障：定义现场总线通信中断时采取的动作。1 = 故障（出厂值）；2 = 无效；3 = 恒速 15；4 = 最后速度。

欠载保护：对欠负载采取的保护动作。在满足下列条件时，保护功能被激活：电机转矩降到参数欠载曲线的下方；传动输出频率高于额定电机频率的 10%，并且上述条件的有效时间大于欠载时间设定的时间。选项：1 = 保护无效；2 = 报警；3 = 故障。

欠载时间：欠载保护时间。设定范围 0 ~ 600 s，出厂值 600 s。

欠载曲线：选择欠载保护功能的负载曲线。设定范围 1（出厂值）、2、3、4、5，欠载共 5 条曲线，如图 5-37 所示。

极限报警器：激活/取消极限报警器。二进制数值，范围 0 ~ 255，默认状态下报警器均未被激活，即参数值为 0。

位 0 变频器过流极限；

位 1 直流过压极限；

位 2 电机电流极限；

位 3 电机转矩极限；

位 4 电机功率极限。

例如：当参数被设置为 3（位 0 和 1 值为 1）时，报警器“变频器过流极限”和“直

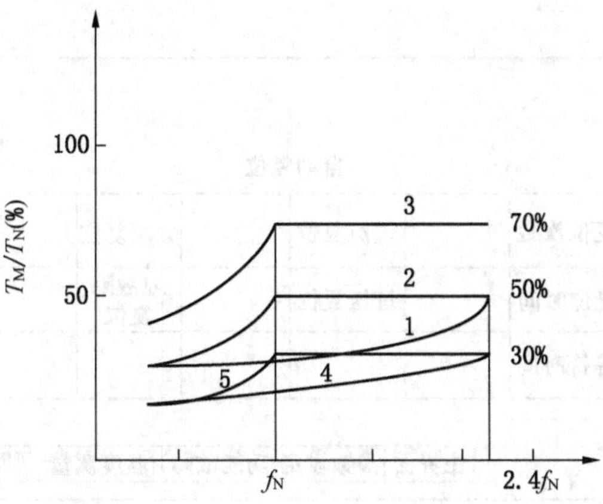

T_M—电机转矩；T_N—额定电机转矩；f_N—额定电机频率

图 5-37　欠载曲线

流电压极限”被激活。

电机过热保护：1 = 故障（出厂值）；2 = 警告；3 = 无效。

热保护模式：1 = DTC 热保护，基于对电机热模型的计算；2 = 用户定义热保护，基于用户定义的电机热模型（用户定义的热模型使用电机热时间常数和电机负载曲线）；3 = DI6，电机热保护功能由数字输入信号 DI6 激活（这种模式需要将一个电机热敏电阻器或热继电器的触点连接到数字输入口 DI6）。

电机温升时间：给用户自定义的热模型定义热时间常数，设定范围 256.0 ~ 9999.8 s。

负载转折点：设定电机负载曲线的折点频率。范围 1 ~ 250 Hz，分辨率 1 Hz，出厂值 35 Hz。

电机允许负载：允许的电机持续负载，以与额定电机电流的百分比表示。设定范围 50.0 ~ 150.0%，出厂设定 100%。

零速负载：在零速下允许的电机持续负载，以与额定电机电流的百分比表示。设定范围 25.0 ~ 150.0%，出厂设定 74%。

负载转折点：100% 负载下的传动输出频率。设定范围 1.0 ~ 300.0 Hz，出厂设定 45 Hz。

堵转功能：定义堵转保护的动作。在满足下列条件时，保护功能被激活：电机转矩达到内部堵转转矩极限值（用户不可调）；传动输出频率低于“堵转频率”设定的极限值，并且上述条件的有效时间大于“堵转时间”设定的时间。选项：1 = 故障（出厂值）；2 = 警告；3 = 保护无效。

堵转频率：定义堵转频率。设定范围 0.5 ~ 50.0 Hz，出厂设定 20 Hz。

堵转时间：定义堵转功能的时间。设定范围 10.00 ~ 400.00 s，出厂设定 20 s。

17）自动复位

图 5-38 中，参数定义了自动复位的条件。变频器检测到某些特定的故障后，经过一段延时时间后，能重新启动。自动复位的时间间隔和复位次数均可自由选择，也可以对不

同的故障选择自动复位。

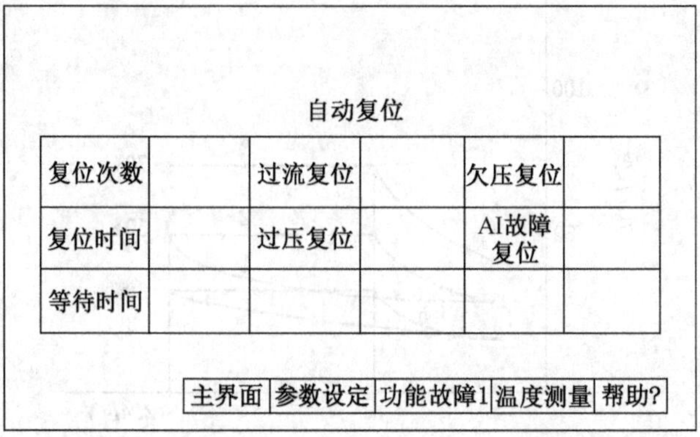

图5－38　自动复位界面

复位次数：设置在某一时间内允许自动复位的次数，时间由复位时间定义。超过自动复位次数后（依然在复位时间内），变频器禁止多余的自动复位动作，并保持停止状态，直到复位信号有效为止。范围0～5次，分辨率1，出厂值0。

复位时间：在该时间内允许的自动复位次数。范围1.0～180.0 s，分辨率0.1 s，出厂值30 s。

等待时间：该参数定义故障发生后延时复位的时间。范围0.0～3.0 s，分辨率0.1 s，出厂值0 s

过流复位：设定过流故障自动复位功能是否启动。选项0＝禁止，1＝允许。

过压复位：设定过压故障自动复位功能是否启动。选项0＝禁止，1＝允许。

欠压复位：设定欠压故障自动复位功能是否启动。选项0＝禁止，1＝允许。

AI故障复位：设定模拟输入小于极限值故障自动复位功能是否启动。选项0＝禁止，1＝允许。

18）电机温度测量

图5－39中，参数定义了温度传感器对电机过温故障的检测。

传感器类型：

1＝取消功能（出厂值）。

2＝1×PT100，该功能有效。通过1个Pt100型传感器测量电机温度。模拟输出A01向该传感器注入恒电流信号。当电机温度升高时，传感器的阻抗增大，同时传感器两端的电压也增大。温度测量功能从模拟输入AI1中读取电压，并将其转换为摄氏度。

3＝2×PT100，该功能有效。使用两个Pt100型传感器测量电机温度。参见选项1×PT100。

4＝3×PT100，该功能有效。使用3个Pt100型传感器测量电机温度。参见选项1×PT100。

5＝1～3PTC，该功能有效。使用1～3个PTC型传感器或者1～3个KTY84－1××硅温控型传感器测量电机温度。模拟输出A01向这些传感器注入恒电流信号。随着电机温度升高并超过传感器温度的设定值（T_{ref}），传感器的阻抗迅速增大，同时传感器两端的电压也增大。温度测量功能从模拟输入 AI1 中读取电压，并将其转换为欧姆。图 5－40 显示了典型 PTC 传感器阻抗值与电机运行温度的关系。

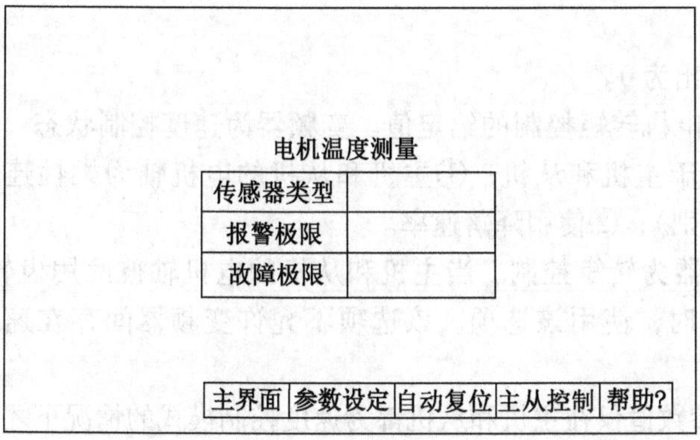

图 5－39　温度控制界面

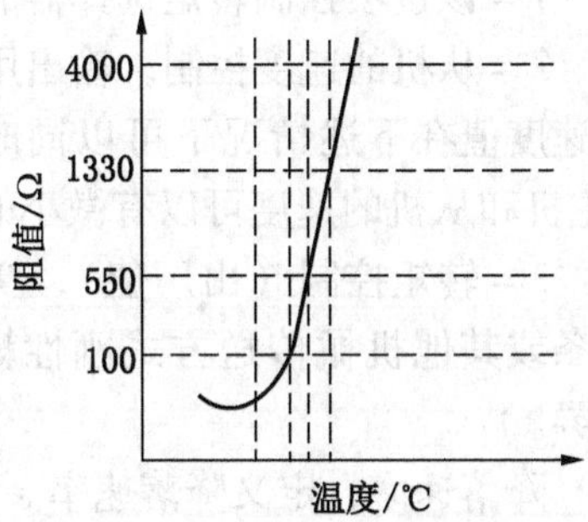

图 5－40　电机运行温度与PTC 传感器阻值的关系

报警极限：定义极限值，单位为℃或 Ω。传感器类型为 1×PT100、2×PT100、3×PT100，单位为℃；传感器类型为 1～3PTC，单位为 Ω。设定范围－10～5000 Ω/℃（PTC/Pt100），出厂值 110。

故障极限：定义极限值，单位为℃或 Ω。传感器类型为 1×PT100、2×PT100、3×PT100，单位为℃；传感器类型为 1～3PTC，单位为 Ω。设定范围－10～5000 Ω/℃（PTC/Pt100），出厂值 130。

19）主从控制

图 5－41 为主从控制界面。

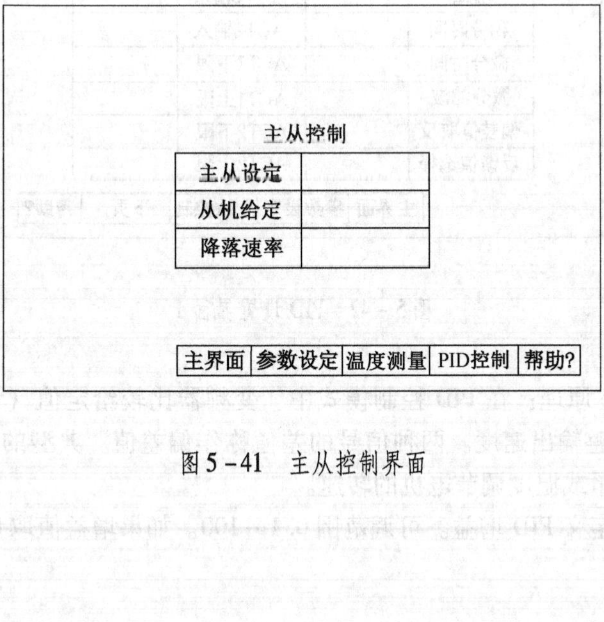

图 5－41　主从控制界面

主从设定：定义主/从连接上本变频器的角色。一条总线不允许连接两个主站。如果一个从站通过参数的设定转变为主站，为了确保主/从连接能够正常工作，请将变频器断电。1 = 主从连接无效；2 = 主机；3 = 从机；4 = 从机通过一个现场总线接口读取信号，而不是从主/从连接中读取。

从机给定：

1 = 该选项强制转矩选择器的输出为 0。

2 = 从机的速度控制，输出用作电机转矩控制的给定值。变频器为速度控制状态，这时速度值在下述情况下可以同时用于主机和从机：①主机和从机的电机轴为柔性连接（主机和从机的速度可以有微小的差别）；②使用降落速率。

3 = 转矩控制（出厂值），变频器为转矩控制。当主机和从机的电机轴彼此用齿轮、链条或其他机械传送方式刚性耦合时，使用该选项。该选项不允许变频器间存在速度差异。

降落速率：定义降落速率。该参数值仅在主机和从机都为速度控制模式的情况下才需要设定。降落速率，通过允许主机和从机之间存在微小速度差异而防止它们之间不匹配。当变频器负载增加时，降落速率会略微减小传动速度。实际速度会减小到哪个操作点，取决于降落速率的设置和变频器的负载。在速度控制器 100% 输出的情况下，降落速率在其正常水平，也即等于“降落速率”的值。随着负载的减小，降落速率的作用线性减小，直至为 0。速度减小值 = 速度控制器输出 × 降落速率 × 最大速度，例如：速度控制器的输出是 50%，“降落速率”是 1%，变频器的最大速度是 1500 rpm，则速度减小值 = 0.50 × 0.01 × 1500 rpm = 7.5 rpm。

20）PID 设置

图 5-42、图 5-43 为 PID 设置界面。

PID设置1

增益		ACT1输入	
积分时间		ACT2输入	
微分时间		ACT1下限	
微分滤波		ACT1上限	
偏差值取反		ACT2下限	
反馈值选择		ACT2上限	

主界面	参数设定	主从控制	下页	帮助?

图 5-42　PID 设置界面 1

PID 调节器基本原理：在 PID 控制模式中，变频器比较给定值（设定值）和实际值（反馈值），自动调整输出速度。两种信号的差值称作偏差值。典型的 PID 控制模式：根据实际的压力、流量或温度调节电机的转速。

增益：该参数定义 PID 增益。可调范围 0.1 ~ 100。如果增益值取 0.1，PID 调节器输

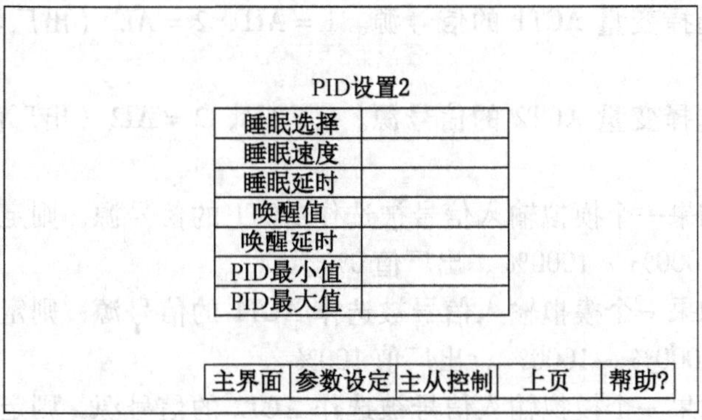

图 5-43　PID 设置界面 2

出变化为十分之一的偏差值；如果增益值取 100，PID 调节器输出变化为一百倍的偏差值。使用比例增益和积分时间常数一起调节系统的响应，较低的比例增益和较长的积分时间会使系统更稳定，但是响应迟缓；过大的比例增益或过短的积分时间有可能使系统变得不稳定。范围 0.1 ~ 100，分辨率 0.1，出厂值 1.0。

积分时间：定义 PID 调节器积分时间常数。积分时间常数的定义是，偏差引起输出增长的时间“偏差恒定且为 100%，当增益 = 1 时，积分时间设为 1 s，则输出变化 100% 所需时间为 1 s”。积分时间 0.02 ~ 320.0 s，分辨率 0.01 s，出厂值 60 s。

微分时间：定义 PID 调节器微分时间常数。允许在 PID 调节器上叠加一个偏差的微分值。微分值是偏差值的变化率。如果输入偏差值线性变化，则在调节器输出侧叠加一个恒定的调节量。微分环节有一单极性滤波器，滤波时间常数由参数 PID 微分滤波定义。范围 0 ~ 10 s，分辨率 0.1 s，出厂值 0 s。

微分滤波：定义 PID 调节器微分滤波时间常数。偏差微分值在叠加到 PID 调节器输出之前，先经过一个单极性滤波器。增大时间常数可以使微分量的调节变得平缓，抑制干扰。范围 0 ~ 10 s，分辨率 0.1 s，出厂值 1 s。

偏差值取反：选择反馈信号和变频器速度之间是正常关系，还是取反关系。

0 = 不取反，正常，反馈信号减小时，引起电机转速上升。偏差 = 给定 - 反馈。

1 = 取反，反馈信号减小时，引起电机转速下降。偏差 = 反馈 - 给定。

反馈值选择：选择用于 PID 控制器的运行实际值：

1 = ACT1（出厂值），选择 ACT1；

2 = ACT1 - ACT2，ACT1 减去 ACT2；

3 = ACT1 + ACT2，ACT1 和 ACT2 相加；

4 = ACT1 * ACT2，ACT1 和 ACT2 相乘；

5 = ACT1/ACT2，ACT1 除以 ACT2；

6 = MIN（ACT1，ACT2），ACT1 和 ACT2 中取最小值；

7 = MAX（ACT1，ACT2），ACT1 和 ACT2 中取最大值；

8 = sqrt（ACT1 - ACT2），ACT1 减去 ACT2，然后开平方；

9 = sqrt ACT1 + sqrt ACT2，ACT1 的平方根加上 ACT2 的平方根。

ACT1 输入：选择变量 ACT1 的信号源。1 = AI1，2 = AI2（出厂值），3 = AI3，4 = AI5，5 = AI6。

ACT2 输入：选择变量 ACT2 的信号源。1 = AI1，2 = AI2（出厂值），3 = AI3，4 = AI5，5 = AI6。

ACT1 下限：如果一个模拟输入信号被选作 ACT1 的信号源，则定义变量 ACT1 的最小值。设定范围 -1000% ~1000%，出厂值 0%。

ACT1 上限：如果一个模拟输入信号被选作 ACT1 的信号源，则定义变量 ACT1 的最大值。设定范围 -1000% ~1000%，出厂值 100%。

ACT2 下限：如果一个模拟输入信号被选作 ACT2 的信号源，则定义变量 ACT2 的最小值。设定范围 -1000% ~1000%，出厂值 0%。

ACT2 上限：如果一个模拟输入信号被选作 ACT2 的信号源，则定义变量 ACT2 的最大值。设定范围 -1000% ~1000%，出厂值 100%。

睡眠选择：定义激活睡眠功能，并为它选择信号源。1 = 无效，2 = 内部，3 = DI1，4 = DI2，5 = DI3，6 = DI4，7 = DI5，8 = DI6。

睡眠速度：定义睡眠功能的睡眠速度值。如果电机速度低于设定值，且时间大于睡眠延时时间，则传动单元会切换为睡眠模式。在睡眠模式下，电机会停止运转，并且控制盘会显示警告信息“睡眠模式”。设定范围 0.0 ~7200.0 rpm，出厂值 0 rpm。

睡眠延时：定义睡眠启动功能的延时时间。当电机速度值低于睡眠速度值时，计时器开始计时，而当电机速度高于睡眠速度值时，计时器复位。设定范围 0.0 ~3600.0 s，出厂值 0 s。

唤醒值：定义睡眠功能的唤醒值。如果运行实际值低于设定值，且时间大于唤醒延时时间，则变频器就会被唤醒。设定范围 0.0 ~100.0%，出厂值 0。

唤醒延时：定义睡眠功能的唤醒延时时间。如果运行实际值低于唤醒值，计时器开始计时，而当过程实际值高于唤醒值时，计时器复位。设定范围 0.0 ~3600.0 s，出厂值 0。

PID 最小值：定义 PID 控制器输出的最小极限值。如果使用最小和最大极限值，就可以将电机运行严格地控制在某速度范围之内。设定范围 -100% ~100%，出厂值 -100%。

PID 最大值：定义 PID 控制器输出的最大极限值。如果使用最小和最大极限值，就可以将电机运行严格地控制在某速度范围之内。设定范围 -100% ~100%，出厂值 100%。

第四节　变频器故障及维护

一、变频器的主电路维修

变频器的主电路是大功率电路，一般接负载电动机，电动机内部的线圈有匝间短路就会使主电路出现故障，而主电路中整流与逆变两大电路最容易出现故障。这两部分电路一旦出现故障，主电路便不能通电，所以电机不能运行。主电路中，整流与变频管一般都装有散热片与温度传感器，如果散热与温度检测电路出现故障，整流与逆变电路就会损坏。我们在检修主电路时，首先拆机观察，变频器主电路由几部分组成；根据结构分析，主电路分几步检测；每一步检测要分析检测点的电压，有哪些相连电路与元件影响该检测点电压。

1. 变频器主电路的三步检测分析

如果开机后变频器面板无显示，电源指示灯不亮，同时散热风扇不转，初步判别是主电路损坏。

第一步，在断电后，用万用表蜂鸣挡位测量 R、S、T 三端相互之间的电阻值。如果 R、S、T 三端每两端之间测量时万用表蜂鸣器响，就证明内部的整流电路有短路故障。整流二极管有击穿现象或整流堆有击穿故障，应拆机检查。如果是两个整流管组成的整流条，我们应该拆掉整流条，再用 R×1 k 挡测量整流二极管是否击穿；如果由整流堆组成，应更换同型号整流堆；如果是三相整流与逆变电路共同组成的，那么我们就将整个整流堆全部换掉。在测量时，如果 R、S、T 三端的每两端的电阻值很小，就证明内部整流器内阻减小，应更换整流电路元件。如果用 R×1 Ω 挡或 R×1 Ω 挡测 R、S、T 三端时每两端之间电阻值大，就证明整流电路内部良好。

如果整流电路良好，可以进行第二步检查，先用 100 W 或 200 W 的白炽灯给 P+与 P−端放电或在 P+与 N 端放电，等放电完毕，用电阻 R×1 kΩ 挡测量。P+与 N 端测量时，如果表针从左向右偏转后由右向左返回说明良好。如果表针直接从左向右偏右零，说明内部电容器击穿；如果表针从右向左返回不到零，说明电容之间有保护电阻。

第三步，断电测量变频器的 U、V、W 三端的电阻值，一般采用 R×1 kΩ 挡，测量时 V、W 的任意两端如果电阻值过小，就证明内部的变频管有故障，有击穿的现象。如果 U、V、W 三端用 R×1 kΩ 挡测量时都没有阻值过小现象，就证明变频模块良好。注意，在测量时，要将电机连线断开。

如果由变频器的损坏故障现象分析是由主电路的损坏引起的，检修时一般可以先断电再将电容器放电，将整流电路的元件拆下来测电阻值的好坏；也可以将变频模块拆下来用合适电阻挡位检测变频模块的好坏，同时观察变频模块表面有无裂缝，整流模块有无裂缝，滤波电容器有无鼓包、漏液等。主电路是否被拆过，各元件是否安装正确，同时检查主电路与开关电源、CPU 及驱动电路连接是否正确。

在检查变频管时先观察是什么样的结构。如果是 6 个单独的变频管，可以在电路中用 R×1 Ω 挡或蜂鸣器挡测每个变频管是否击穿，或将 6 个变频管拆下来用 R×1 k 挡分别检测。如果变频电路采用每两个变频管组成一个模块的结构方式，我们可以观察模块上的内部结构图，检测各元件是否损坏。根据各引脚测量能判断两管是否击穿。如果我们观察到变频电路由一个单独的模块将 6 个变频管都集成在里面，就必须查出模块各引脚的作用才可以测量。主要测内部变频管是否击穿。

2. 主电路通电检修

（1）变频器在通电之前，首先确定主电路中各元件无短路故障，方可以通电。在断电状态下用电阻挡位 R×1 Ω 挡或蜂鸣器挡位测内部整流电路的整流元件有无击穿或阻值减小，再测变频模块是否击穿与阻值减小，电容器有无漏电。在主电路中整流滤波与逆变各电路都良好时，可以给主电路通电。采用电压法检测电路，将主电路断开，在滤波电容器与逆变电路之间串联 25 W 白炽灯 2 只，这两只白炽灯必须是串联在主电路中的。由于一般三相变频器的主电路中，大部分直流电压在 450～530 V 之间，只采用一只 25 W 灯泡会烧的。采用两只白炽灯串联可以基本耐530 V直流电压。在检修时，一般变频器的主电路结构会有所不同，要详细观察结构，以免断错电路的位置，一定要在滤波电容器与逆变电路之间断电。连接好灯泡后就通电观察现象，在通电前将U、V、W三端的连接电动机断开，同时将六相脉冲信号断开就可以通电了。

（2）在变频器没有启动运行时，如果主电路通电，串联灯泡亮，就说明这6个变频管中有一个或者两个击穿或漏电。切断供电后，测量变频电阻值，检查变频管是否损坏。如果是分离元件，用6个变频管构成的变频电路，可以用R×1 Ω挡分别测量6个变频管的好坏；如果是每两个管组成一个模块，就将三个模块分别测量，如果测试发现有表针偏向右零或蜂鸣器响则说明管子击穿，或者说明模块内部损坏。

（3）当连接六相脉冲信号时，启动机器后灯泡随频率而闪烁，说明变频管每一组中有一个变频管损坏击穿，另一个变频管没损坏，在脉冲信号作用下，就会导通截止工作，使变频电路的总电阻值不断发生变化。

（4）当变频器通电后灯泡不亮，在连接六相脉动信号启动机器后灯泡也不亮，测U、V、W输出端时，三相电压平衡，证明变频器良好，可以带负载电气设备。

（5）通电后灯泡不亮，启动机器后灯泡也不亮，说明变频电路没有短路故障。同时测量U、V、W输出端时发现三相电压不平衡，说明6个变频管可能有一组没有工作，也可能是由驱动电路送来的六相脉冲某一相信号没有送到逆变电路或者某一相信号达不到标准。我们可先用示波器测驱动电路送来的驱动脉冲信号是不是符合标准。如果哪一相信号有问题，就检测它对应的驱动芯片是否良好，工作条件是否达到要求；如果六相脉冲信号都符合要求，就应该检测变频管及变频模块是否良好。

在检修变频器时，如果检修现场没有动力交流380 V，可用交流220 V升压变压器升压后的380 V分别给变频器R、S、T三端加入一相380 V交流电压。如果此时启动机器后不能带负载电动机，可以采用100 W的3只白炽灯泡用星形接法连接在U、V、W三端。当启动机器后3只串联灯泡慢慢地由暗变亮，证明U、V、W三端输出电压良好；如果3只灯泡亮度由暗变亮后的光的强度一致，就证明U、V、W三相平衡。如果启动机器时3只灯不亮，说明逆变器没工作，输出端电压为零，应检修主电路的逆变电路，检查逆变电路的总供电与六相脉冲信号是否到来。如果供电与脉冲信号都有，但是U、V、W三端还不能输出电压，就证明逆变器模块内部损坏。如果3只灯有1只暗，证明有一相电缺失或相电压低，通过连接灯可以看出变频器的好坏。

3. 变频器主电路损坏原因分析

1）逆变电路的损坏原因

逆变电路损坏的一种原因是：由于负载电机内部的线圈匝间短路而使通过变频器的电流过大造成变频器模块损坏。电动机长期运行，而且工作在潮湿的环境下；电动机所带负载加重；电动机散热不良等都可引起电动机内部线圈短路损坏。要处理好变频器的散热，如果散热风扇损坏或者散热不良都会使变频管损坏。

逆变电路损坏的另一种原因是：由主电路的滤波电路送来的直流电压升高，而使变频模块内部损坏，同时由驱动脉冲送来的脉冲信号升高而使变频器瞬间饱和，使内部漏源极内阻减小损坏。

逆变电路损坏的主要原因可归纳为4点：

（1）端电压升高。

（2）脉冲信号峰值增大。

（3）由于负载过重而引起的内部短路。

（4）逆变模块散热不良。

2）整流电路的损坏原因

一般整流电路损坏原因有以下 4 点：

（1）变频主电路的负载是逆变电路，逆变电路常常因为负载电路的损坏而使逆变电路输出电流增大，超过主电路规定的标准电流。这时，整流电路输出的电流也增大，超过标称电流数倍，使整流元件的温度线性增长，由于温度高而烧坏整流元件。如果是集成整流模块，则会烧整个模块。

（2）由于整流器件本身的生产质量问题以及整流元件原本在生产过程中某些参数没有配好，或者没有按标准的参数配，使得整流器内阻力减小而造成损坏。有时，在使用过程中整流电路轻微损坏，使用时间过长就会严重损坏。

（3）变频主电路的整流电路散热问题。如果在正常使用的过程中，散热风扇的损坏停止运行或者运行慢都会使整流器散热不良而烧坏。在安装整流器件时，由于整流器件与散热片没有良好的接触，或者硅胶没有涂均匀，使接触面积过小而散热不良损坏。有时整流器与散热片的固定螺钉对角对称紧固，使整流器与散热片没有大面积接触，整流器自身产生的热量没有全部传到散热片上，整流器自身温度越来越高，使整流器烧坏。使用时间较长的变频器，由于灰尘盖得太厚，导致散热不良而烧坏整流器。

（4）整流器输入端电压升高而引起整流器的损坏。由于电网交流电压的变化，有时动力 380 V 电压会升高到 400 V 以上，有些达到 500 V 而使整流器内部损坏。三火线之间的短路以及降压变压器的损坏都会使送整流器的电压升高。

3）滤波电路的损坏原因

变频器中滤波电路损坏的原因有 4 种：

（1）整流电路输送滤波器的直流电压升高，导致整流电路内部烧坏。如果电压慢慢升高，将使整流器内部阻值逐渐减小，电流增大，将损坏整流器。滤波电路的电压是由整流电路送来的，而整流电路的电压是由交流电压 380 V 或 220 V 直接送的，可见滤波电路两端的电压升高是由于送整流的交流电压升高。一般情况下，当滤波电路两端电压升高就必须查 380 V 与 220 V 交流电压是否升高。

（2）电容器本身质量问题。有些电容器在封装时出现问题，而有些是内部极板质量或电解液有杂质所造成的。

（3）滤波电容器的固定螺钉没有紧或者连接线出问题。由于滤波电路由几个电容器构成，如果更换时容量耐压配比出问题也会烧坏电容器。

（4）负载短路而引起电容器损坏。当电容器充满电荷再放电时，相当于一个电源。如果滤波后的逆变电路损坏短路，将会使电容器损坏，使电容器放电电流增大而损坏电路。

4）制动电路的损坏原因

在电动机停止或高速转为低速时，由于电动机的惯性，引起的再生电流通过逆变电路返回给电容器充电，使电容器端电压升高，这样就有可能会损坏制动电路。一般制动管在电动机停机或者由高速转为低速时会返给 CPU 电路一个信号，CPU 就会向制动管送一个脉冲信号，制动工作，但脉冲信号如果太强就会使制动器损坏。如果电动机返回的再生电流很强，也会使制动管损坏，还有制动管质量不好而导致的损坏。制动电阻在主电路中的作用很大，一般外制动电阻与制动管直接连接，如果外制动电阻损坏，将会引起制动管集电极与发射极击穿。所以在换外制动电阻时，一定要注意电阻值的大小与功率瓦数的大小，检修时还要观察主电路有几个制动电阻，一般有内制动与外制动两种结构，而外制动容易损坏。

二、开关电源电路检修

在检修变频器之前，我们要知道在变频器电路中开关电源的主要作用以及一般给哪些电路供电，开关电源所供电的电路如果失去供电，会使变频器造成什么故障，而且要清晰开关电源所供电电路按负载大小可分为哪些电路，或者说按功率大小来划分。

开关电源的作用，将主电路中整流滤波后的 450 ~ 500 V 直流电转变为高频交流电，使开关脉冲变压器产生交变磁场，分别进行降压，再整流滤波分别给 CPU 电路脉冲信号驱动电路、屏显电路、面板操作电路以及过压过流检测电路等电路供电。在正常工作时，若 CPU 失去供电，则方波脉冲不能产生，主电路、逆变电路得不到脉冲，U、V、W 三端输出交流电压为零。如果脉冲驱动电路没有供电，不能放大脉冲信号，那么逆变电路得不到方波脉冲而不能工作，U、V、W 三端输出电压也为零。如果显示器不供电，则不能显示当前的工作状态。如果面板操作电路失去供电，则各按键操作均无反应。在检修开关电源时，要观察电源的结构，开关电源是自励式还是他励式，根据结构不同形成不同的检修思路。

开关电源中最主要的元件要重点检查。一般在他励式开关电源中，主要元件有频发芯片、电源开关管、保险电阻、脉冲变压器等。这些元件中，最容易损坏的元件是电源开关管与保险电阻。在检修电源之前应先测电源开关管是否击穿，保险电阻是否开路。一般测量时用 R×1 Ω 挡或者蜂鸣挡，可以直接在路测量。

1. 开关电源电路常见故障

开关电源损坏常见的故障有以下几点：开机电源指示灯面板不亮，显示器无显示，小功率变频器散热风扇不转；开机电源指示灯亮，显示器显示字符，但操作面板时无任何反应；开机工作一段时间后自动停机，开机后机器工作时面板显示时有时无，测电源输出端各路电压也是时有时无，开机工作时变频器难以启动，开机工作一段时间脉冲变压器发热；正常工作时电源开关管发热，温度直接上升一段时间后电源振荡器停振；他励式开关电源振荡脉冲芯片不容易起振。

下面对开关电源的常见故障进行分析。

【故障 1】开关电源损坏。

因为显示器面板以及电源指示灯都由开关电源供电，首先断开开关电源的所有负载，单独对电源进行分析检测。用万用表的直流 50 V 挡位测开关电源脉冲变压器次级各绕组电压，一般在各组对应的整流二极管与滤波电容器的两端测量。如果各组中有一组有电压，其他各组某些没有电压，说明对应降压绕组线圈与整流滤波有故障，检测整流二极管与滤波电容器。如果测量时各绕组线圈都没有电压，说明开关电源没有振荡，应检查脉冲信号发生器振荡脉冲是否输出正常。如果不正常，再检查脉冲信号发生器芯片的各引脚正常工作电压，以此做分析。以 UC3842 为例，检查 7 脚总供电、8 脚基准电压、4 脚振荡脉冲电压、6 脚有无开关脉冲信号输出。如果 7 脚电压为零，检查启动降压电路的降压电阻是否开路或阻值增大。如果 7 脚有电压，但不是正常值，检查反馈电路及电路开关管与保险电阻脉冲变压器。如果 7 脚电压正常，检查 8 脚电压，如果不正常，则换芯片。然后检查 4 脚电压，如果不正常，检查 4 脚外接的振荡定时电容器，如果电容器正常可代换芯片。如果 4 脚电压正常，测量 6 脚脉冲，若为零，换同型号芯片。如果 6 脚脉冲信号正常，再检查开关管是否击穿、保险电阻是否开路。

【故障 2】面板操作无效。

由机器的电源指示灯亮、显示器显示可以看出开关电源基本是好的。有些机器面板是由电源直接供电的，说明开关电源脉冲变压器某一绕组有故障。若操作面板供电为零，先测开关脉冲变压器次级各绕组线圈给各电路供电是否正常，如果各路电压都正常，只是面板供电不正常，只检测面板供电绕组，或检查面板本身有无短路现象，一般断开面板供电再测量。同时检查面板的芯片与面板各按键是否接触不良。

【故障 3】开机工作一段时间后自动停机。

这种故障一般是由于热处理电路与半导体元件的故障引起的。先检查逆变电路的变频管以及变频模块是否由于过热问题而损坏引起停机。如果主电路中整流与逆变电路等都很好，那么就是开关电源的故障。由于开关电源要给 CPU 与驱动电路供电，如果电压有问题，将会使 CPU 不能产生脉冲，不能输出六相方波脉冲信号，而驱动电路同时也不能工作，整机停机。如果开关电源元件引起停振不能使开关管开关工作，脉冲变压器不能产生交变磁场，脉冲变压器次级各绕组没有感应电压，那么给 CPU 与驱动电路供电为零，整机停机。

电源部分开关散热不良会引起过热保护，有的脉冲信号产生芯片内部也会有过热保护。温度升高时芯片内热保护电路工作，内部振荡器停振，检修时只有在机器过热停振后方可检查。这时可检查开关管温度是否过高，可用手试温度，如果过高，采用同型号芯片代换。如果开关管温度正常，试脉冲芯片的温度，如果芯片温度正常，检查芯片外接的体积很小的无极性电容器，特别是振荡定时电容器与温度检测电阻。同时要检查开关电源的后负载电路的半导体大功率元件与芯片，在温升后内部阻值下降，导通电流增大引起过流保护，使电源停振不工作。一般工作一段时间停机的主要故障在脉冲发生器芯片。

【故障 4】机器工作时显示时有时无，开关电源的电压也时有时无。

开关电源振荡器有故障，可能时振时不振，电源开关管也是时工作时不工作。重点检查开关电源电路芯片与开关管等电路元件。首先采用切断法，将开关电源的后负载电路全部断开供电，只保留开关电源本身单独电路，对电源做检查，然后再开机测量开关电源脉冲变压器次级各绕组降压以后的电压。如果各绕组电压都良好，证明是电源后负载电路损坏而引起的，检查相对应电路。如果去掉电源负载后，测开关电源输出电压都是时有时无，就证明电源本身有故障。首先，将脉冲信号发生器芯片与开关管断开，测脉冲信号是否产生良好，如果信号良好，检查开关管与脉冲变压器。如果此时脉冲信号没有，证明芯片有故障，按芯片各引脚检查程序检查，或检查振荡定时电容器以及检查各无极性电容器。

【故障5】工作时难以启动。

一般情况下，由开关电源损坏引起的难以启动较多，通常有3个原因。第一，给开关电源供电的电压不纯，或者直流电压过低，以及电压不稳等，引起开关电源难以启动。第二，开关电源的负载电路由短路故障而引起开关电源难以启动。第三，开关电源本身的振荡电路故障而引起难以启动。在检修时，先将电源的所有负载电路供电断开，然后对电源进行空载检测，如果电源空载时，各电压正常，就说明电源的负载电路有故障，而引起电源难以启动。如果断开负载时，开关电源各路电压都为零，说明开关电源本身有故障。应按开关电源的检查顺序来检查，主要对电源的脉冲芯片做重点检查，以脉冲芯片产生方波信号为基准。同时，引起芯片振荡所连的定时器、电容器也要重点检查，一般都是用同型号进行代换。在检查开关电源的供电电压时，先测整流滤波后的直流电压。一般在滤波电容器的两端测量，同时要观察开关电源的取电方式。根据取电方式去测量电源的输入端供电是否符合标准。如果供电电压有异常现象，检查供电的来源电路。有些开关电源，由于芯片内部振荡器的结构出现问题，而且芯片内部其他的部分也出现问题，使振荡器不能起振，有些是振荡电容器出现问题。

【故障6】变频器工作一段时间后，脉冲降压变压器发热。

根据常规的维修经验，这种现象都是因为电源的后负载电路工作时间过长，电路的内阻减小而引起的过载，使脉冲变压器的负担过重。这时开关振荡管导通力度加强，使变压器内线圈电流过大而使磁场增强，变压器内部铁芯涡流增大而使温度上升。当然也是由于变压器内部本身线圈的质量而引起的。检查时，首先将电源的后负载断电才可以进行通电检测。先检查电源部分的所有元件有无烧坏的现象，检查电路有无元件阻值变化的现象；后检查脉冲变压器线圈的电阻值是否变小，匝间有无烧短路。

【故障7】机器在正常工作时，工作一段时间电源开关振荡器发热。

证明电源的负载过大，或者电源的开关管质量有问题，散热不良。检修时先断开电源给负载供电的所有电路，然后对电源电路做单独的检查。在断开电源负载后通电，如果此时开关管工作时电源开关管不发热，就证明是电源负载过大引起的故障；如果断开负载后，电源通电，开关管发热，证明电源本身有故障。重点检查电源开关管的散热情况，开关管与散热片是否连接可靠，开关管的内阻值是否变小，检查反馈电路中的元件是否良好，同时检查启动电路的元件以及电源脉冲变压器是否有故障。拆下来检查电源脉冲变压器的线圈内阻值大小，如果阻值过小，电流过大，也会使开关管发热。开关管的温度上升，最终也会使电源停振。大多数在振荡器的正反馈电路出现问题，有可能自励振荡，最终振荡器向饱和状态发展，使开关管的电流直线上升，温度也直线上升，最后停振。重点检查振荡反馈电路的元件、振荡定时电容器，用同型号的代换。开关管本身也用同型号的代换。检修时最好在电源停振后检查。

【故障8】机器开机后面板显示器和指示灯无显示。

可判断开关电源有故障。在检修时，将开关电源的所有供电电路断开，再测电源脉冲变压器次级各降压组电压都为零，证明开关电源损坏。在检查开关管保险电阻都良好时，再测量开关管电源脉冲信号发生器芯片是否振荡。首先测芯片输出的方波脉冲是否正常，以UC3844芯片为例，直接测6脚的脉冲信号，此时脉冲信号为零，检查启动电路的电阻是否开路。如果7脚有电压而不正常，检查整个反馈电路以及振荡电路。然后检查8脚基准电压，判断芯片内部及 8 脚外连的电子元件是否正常。如果 8 脚电压正常，再检查 4 脚，判断 4 脚所连接的振荡定时电容器是否正常。如果 4 脚电压正常，再测 6 脚脉冲信号。芯片不起振，主要检查振荡定时电容器与正反馈电路。当 UC3844 外围元件检测完全良好时，再用同型号的芯片代换。重新开机再用示波器检测 6 脚方波脉冲是否正常。如果脉冲正常，接振荡开关管后，脉冲下降，证明振荡开关管有故障，用同型号代换。根据常年的检修经验，一般脉冲信号不振荡，都是由振荡芯片本身引起的，用同型号的代换振荡芯片即可。

2. 开关电源整机电路检修

1）自励式自励振荡

首先将电源后负载供电全部断开，再启动电源，如果此时电源脉冲变压器次级各绕组感应电压都正常，证明开关电源良好，是电源负载电路损坏引起的电源损坏，然后断开电源负载，一路一路连接，连接哪一路启动电源时电源不振荡了，就证明这一路电路有故障。

如果断开电源所有负载电路后，电源还不能正常工作，就证明电源本身有故障，或电源入端电压有问题，接下来测量电源入端交流电压。一般三相变频器由变频主电路送来的电压大约为 450 ~ 500 V。如果电源输入端电压不正常，第一，说明主电路的整流滤波有故障；第二，说明逆变电路损坏引起电压不正常，还有开关电源本身的故障、轻微短路而引起的故障等。如果开关电源入端电压正常，就证明开关电源本身有故障。根据开关电源的结构去检查，一般先检查脉冲发生器芯片，然后再检查开关振荡与脉冲变压器等元件是否损坏。

2）他励式他励振荡

将电源供电的后负载电路全部切断，然后将电源通电再测电源给各路负载供电的电压。如果此时电压为零，检查电源。先测电源入端供电是否正常，如果正常，说明电源供电良好。然后检查他励式电源芯片的供电引脚是否正常，以及有无脉冲信号输出。如果输出脉冲信号为零，重点检查芯片。如果芯片代换后开机还是不振荡，就检测振荡芯片有无开机脉冲到来。如果没有开机脉冲到来，主要检查 CPU 电路与开机脉冲传送电路。如果芯片有开机脉冲，芯片还是不能振荡产生脉冲。再检查芯片振荡引脚所连接的振荡定时电容器与充放电电阻。同时检查过压与过流引脚的工作电压是否符合要求。如果电压正常，但还是不能振荡，证明芯片内部损坏，需代换同型号芯片。如果振荡芯片已经振荡，脉冲信号也能产生输出，但脉冲变压器的次级没有感应电压输出，说明振荡的主要元件有故障，此时检查开关振荡管与开关管的保险电阻是否开路，开关管是否击穿，脉冲变压器是否损坏，还要检查振荡正反馈电路。

3. 开关电源主要检修点检修步骤

变频器开关电源按顺序检修时，一般可分为 6 步，下面详细介绍每一步的测试内容。

（1）测量开关电源脉冲变压器的次级任意绕组电压，如果有一组电压正常，说明开关电源良好。哪怕电压为 +5 V，也说明开关电源良好。如果各路电压都不正常，说明电源没振荡。

（2）如果脉冲变压器次级都没有电压，再测电源开关管 G 极的电压以及脉冲信号。如果脉冲信号正常还不能振荡，就证明开关管或熔丝以及变压器有故障。如果所测脉冲为零，检查脉冲振荡芯片 UC3844 的 6 脚到开关管 G 极之间的信号传送电路。

（3）如果电路元件良好，再测量 UC3844 的 6 脚脉冲电压，如果不正常，代换同型号的芯片。

（4）如果不能振荡，再测量 UC3844 的 4 脚电压。如果 4 脚电压不正常，检查 4 脚外接振荡定时电容器。如果良好，代换同型号芯片，同时检查 8 脚到 4 脚之间的电阻器阻值大小。

（5）再检查 8 脚电压，如果 8 脚电压不正常，则代换芯片。

（6）再测 7 脚电压，如果 7 脚电压为零，检查启动电路的元件，如启动电阻的阻值是否改变以及滤波电容器是否漏电。

三、CPU 电路的检修

CPU 电路最关键的任务是将变频器面板输入的命令进行转换，转变为控制各相应电路的命令，控制对应电路的工作，实现面板人为操作的命令。同时 CPU 电路还产生振荡六相方波脉冲，这六相脉冲由 CPU 内部运算器放大输出，送驱动电路，由驱动电路再放大去控制变频管的工作。

CPU 电路由 CPU 芯片与外挂储存器以及 CPU 的工作条件电路（供电、时钟、复位等）与操作面板、输入电路及显示电路等，还有 CPU 与外设备的通信电路构成。一般外设备由 CPU 接口端电路经光电耦合器与 CPU 电路连接。为了检修，在此将变频器整机工作流程简述一下。

在正常工作时，无论是三相还是单相变频器的交流电，都是先经抗干扰电路，将高于 50 Hz 的杂交流滤除，然后由单相或三相交流整流电路进行全桥式 6 个整流管组成的三相整流器整流，将交流电转变为脉动直流电，再由滤波电路滤除直流中交流成分并自举升压。一般三相整流后，将直流升压到 450 ~ 500 V。一路送逆变电路，另一路送开关电源后，给负载各电路提供合适的直流供电，给 CPU 电路、驱动电路与面板及显示电路等各电路供电。

CPU 电路供电后，在面板人为操作运行命令控制下，CPU 电路内部的六相脉冲振荡电路工作，输出六相脉冲的方波信号给六相脉冲信号驱动电路，由六相驱动器进行六相方波脉冲信号的放大，再送往逆变电路的 6 个变频管。于是这 6 个变频管按一定的顺序进行工作，将主电路整流滤波送来的直流电压转变为一定频率的交流电压输出送负载电动机。由变频器整机工作流程可看出，CPU 电路在整机中有很大的作用。如果 CPU 电路损坏，将不能产生六相脉冲，没有方波脉冲，驱动电路将不能工作，此时逆变电路的变频管不能工作，于是 U、V、W 三端将不能输出交流电，负载的电动机将不能工作，整个变频器将处于待机状态，变频器所连接的所有电气设备将不能工作。

我们对变频器的整机工作流程了解后，下面详细介绍 CPU 电路的检修方法和技巧。

1. CPU 电路的检修

1）CPU 电路工作良好的现象

对于 CPU 电路的检修，首先要知道 CPU 电路良好时机器工作的现象。

（1）CPU 电路正常工作时，操作面板、各按键、显示器方可显示工作状态。同时，负载电动机的动作也会有相应反应。

（2）CPU 电路正常时，在六相驱动脉冲产生后，在 CPU 端可以测量出六相方波脉冲。

（3）在操作面板时，显示器显示变频器的菜单，各菜单的功能调试正常，当变频器开机时，面板显示各自功能均正常，这时，我们可以基本上证明 CPU 电路没有故障。

2）CPU 电路检修流程

一般检修先查 CPU 供电、时钟、复位三大工作条件电路，后查是否有其他问题。

（1）首先测 CPU 芯片的供电。一般 CPU 芯片供电都为 +5 V，且来自开关电源的 +5 V 产生电路。如果测 CPU 芯片 +5 V 电位为零，就说明以下 3 个问题：①开关电源 +5 V 产生电路损坏；②开关电源给 CPU 供电的电路有开路现象；③CPU 芯片本身内部有问题，内阻减小使导通电流增大，拉低电位。先找到开关电源给 CPU 供电的电路，看是否正常，或者先断开 CPU 供电，然后再空载检查开关电源的输出电压 +5 V 是否正常。如果正常，就证明 CPU 芯片内部或者 CPU 供电的电路有短路现象。检查短路，如果断开 CPU 供电后，电压仍然为零，说明开关电源给 CPU 供电部分电路有故障。

（2）如果 CPU 供电正常，再检查 CPU 的时钟，测时钟晶振两端是否有一定频率的交流信号。如果信号为零，采用同型号晶振代换后再测，如果代换后，没有振荡，再代换同型号晶振。如果晶振代换后电路也不振荡，证明 CPU 芯片本身有问题，更换 CPU 芯片。

（3）如果测试时钟信号良好，再检查 CPU 复位信号。如果 CPU 芯片复位不能进行高低电平转换，检测复位芯片。如果复位芯片良好，再检查与 CPU 连接的端口。如果测 CPU、供电、时钟、复位工作点良好时，操作整机仍然不工作，再检查其他的方面。

（4）检查储蓄器芯片的供电与 CPU 芯片的连接情况，检查面板输入的信号，检查储蓄器芯片是否工作。应测 CS 的片选信号引脚在正常工作时的工作电压与信号是否正常，也可以测时钟芯片引脚的时钟信号是否到来。一般 CPU 电路在正常工作时，显示器可显示当前的工作状态，操作面板时，显示器可反映当前的菜单、功能的代码。

2. CPU 电路关键检测点及正常工作判断

当我们由变频器的故障现象，判别分析出故障在变频器的 CPU 电路时，就要对 CPU 电路做检查。在学习 CPU 电路时，我们知道 CPU 芯片正常工作条件为供电、时钟、复位，那么在检修时就以这 3 个条件去检测，这也是 CPU 电路关键检测点。首先测量 CPU 芯片的供电，一般供电都很小，为 5 V，先查出 CPU 芯片供电引脚，然后由 CPU 供电引脚开始向反方向查线路，一直找到开关电源脉冲变压器次级整流滤波电路，也就是 CPU 供电的专用电源绕组。如果测量 CPU 供电 5 V 不正常，就检查从 CPU 芯片到开关电源之间的电路有无开路、元件漏电等故障，同时检测 CPU 芯片供电引脚与地线之间的内阻值大小，判断 CPU 芯片是否损坏。其次，如果 CPU 芯片供电正常，我们可以测量时钟电路晶振两端正常时工作电压，或时钟晶振两端的信号波形是否正常，如果 CPU 芯片时钟晶振两端的电压与信号波形都不正常，则用同型号晶振代换，同时更换与晶振相连的谐振电容器，然后通电检测。如果此时通电检测时钟信号波形工作电压值不正常，说明 CPU 芯片内部有问题。可以根据经验用电阻挡位测试晶振两端对地的阻值，来判断 CPU 芯片内部的电路是否正常。如果没有参数无法判别 CPU 芯片的好坏，可以用同型号芯片进行代换。在检测时钟晶振两端信号时，发现信号波形良好，再去检查 CPU 电路的复位。找到 CPU 芯片的复位引脚，在测试时将面板的复位按键按下。在按下复位按键时，CPU 芯片的复位引脚应该有高低电平的转换。一般高电平为 5 V，低电平为零。如果高低电平不可以转换，证明复位电路不工作，检查复位芯片。如果有高低电平转换，而整机没有复位现象，证明CPU芯片内部有故障。三大工作条件检查完好，然后检查CPU芯片的辅助电路。如果辅助电路储存器不工作，CPU就不能完成控制相应电路的工作指令。如果操作面板与显示电路损坏，就会使操作失灵、面板不显示字符或者出现乱码与断码。一般情况下，只要CPU芯片可以正常工作，辅助电路都可以支配工作。检修机器时，要详细了解电路的结构并进行分析，测量重点的检测引脚，重点的检测引脚有正常工作电压时，就要根据电压的变化来分析电路以及元件的损坏。

3. CPU电路常见故障

【故障1】开机面板显示器无显示，面板指示灯不亮。

根据变频器整机的故障现象可知，开机无显示，一般故障为显示器本身、CPU芯片电路及接口电路。从CPU电路结构来看，面板显示要经接口与芯片连接，这个芯片也称为显示芯片。这个芯片与CPU电路相连，在工作时CPU产生各种显示工作状态的信息，由显示芯片处理后，经接口电路送显示器显示。由此可看出，显示器显示要经过CPU与显示芯片，所以我们将此故障的部位定在CPU芯片、显示芯片与接口电路等范围。如何检修此故障呢？我们首先检查CPU芯片的总供电，如果供电（+5 V）为0 V，则检查电源的+5 V产生电路以及+5 V由开关电源到CPU之间的电路是否有开路现象。如果CPU芯片+5 V正常，再检查时钟信号。先测时钟晶振的两端电压是否符合标准要求，如果信号电压有异常，再用示波器检测晶振两端的信号波形是否正常。如果波形有问题，代换同型号晶振后再测信号波形，如果信号仍然不正常，就代换晶振所连接的谐振电容器。代换不能更改电容量，必须采用同型号的电容器。如果测晶振两端信号波形时，信号正常，则检查CPU芯片的复位。测量复位引脚时，按下操作面板复位键，如果复位引脚有高低电平转换，就证明复位良好。一般复位引脚在处于高电平时为+5 V，低电平时为0 V，我们在检测CPU芯片的三大工作条件供电、时钟、复位都正常时，如果开机后显示器仍然无显示，这时再检查与CPU连接的显示芯片的供电以及各主要引脚的工作电压是否正常。然后检查CPU芯片与显示芯片之间连接电路是否有开路与漏电现象。同时，检查显示芯片与面板显示器的连接，观察接口是否氧化。检查CPU工作条件电路以及显示芯片电路都良好时，再检查显示器。测量显示器芯片的供电，如果供电正常，没有显示，检查显示器与显示芯片的接口电路是否正常，如果正常，代换同型号显示器数码显示管。

【故障2】开机显示器有固定的字符显示，操作按键失灵。

由故障现象可看出，能显示符号证明显示器是好的，面板操作失灵，可证明操作面板有故障。检查按键电路及按键输入电路中的芯片、工作条件电路、按键接口电路等是否有故障。如果检查按键输入芯片、按键板及各按键都良好，操作按键失灵，就应当对CPU芯片做重点检查。如果CPU芯片工作条件电路与芯片本身电路都良好，再检查储存器芯片的工作条件电路是否正常。

在检查时，如果面板所有按键都操作失灵，需要测量面板供电是否正常。如果是部分按键操作失灵，就相应检查对应按键。

【故障3】上次设置的工作状态再次开机后，机器的工作状态没有在原设置状态运行，有些自动恢复到出厂设置。

变频器每次设置的数据不能记忆，故障出在外储存器不能正常工作，其原因如下：储存器芯片的供电有问题，有可能供电为零，也可能供电电压高于标准电压值或低于标准值。如果供电电压为零，检查开关电源脉冲变压器次级 5 V 绕组降压整流滤波后送往储存器芯片的供电电路有无开路或严重漏电分流现象，特别要检测滤波电容器是否漏电分流。如果储存器供电电压高过标准电压值，由芯片供电引脚开始查线路，找到开关电源脉冲变压器次级 5 V 电压产生电路，再测电源电压。如果电压过高，我们再测开关电源脉冲变压器次级各绕组电压，如果各组电压都升高，就证明开关电源本身振荡频率过高使整个电压都升高。这时我们要测开关电源入端来自于主电路的 450 ~ 500 V 电压是否升高，如果这个电压升高，再测变频器入端的 380 V 交流电压是否升高，如果升高证明电网电压升高。如果测 380 V 正常而 450 ~ 500 V 升高，则检查原来的电容器是否容量大，使自举电压升高，再检测整流二极管或整流堆，查看内阻是否减小。如果内阻减小，将会使整流后的直流电流增大，使滤波自举电压有所升高。如果 450 ~ 500 V 电压升高，将会导致开关电源部分元件有危险，将被击穿，同时脉冲变压器次级降压各绕组电压升高。此时，CPU 电路、驱动电路以及面板显示电路都将会由于电压升高而损坏。如果检测时储存器芯片供电电压低于标准值，有以下几种原因：

（1）原本的开关电源输出电压过低。

（2）由开关电源送到储存器芯片之间的供电电路有漏电或短路等故障。

（3）储存器芯片的内阻减小而使供电电压降低。

根据分析的 3 种原因去检查，引起储存器芯片供电电压过低的第一原因是开关电源的原本电压过低。这时我们可以测量开关电源脉冲变压器次级各绕组的电压。如果各电压都偏低，那就证明开关电源本身有故障，检查开关电源。如果储存器供电电压过低，但其他电压都正常，我们只检查给储存器芯片供电的各电路。检查供电滤波电容器是否漏电拉低电位，同时测芯片内阻是否降低。如果内阻减小，说明芯片有故障。第二原因与第三原因主要检查的内容：①供电电路及储存器芯片本身；②外储存器到 CPU 之间的电路开路，或者信号压降电阻有故障；③外储存器本身损坏，芯片的内部电阻值减小。

四、驱动电路与制动电路的检修

变频器的有些故障是由驱动电路引起的。在变频器中，驱动电路用来专门放大 CPU 送来的六相脉冲信号，要有足够的电压幅度与信号电流强度去控制逆变电路的正常工作。逆变电路与驱动电路连接紧密，有时逆变电路损坏也会引起驱动电路的损坏。

驱动电路在供电时，每个芯片是分别供电的，但供电的电压都取自于同一电源降压线圈。所以在开关电源工作不正常时，也就会引起驱动电路各驱动芯片供电不正常，使电路不能正常工作，最后逆变电路也不能正常工作，变频器整机处于待机的工作状态。驱动电路正常的工作条件有两个，一是驱动芯片的供电，二是六相脉冲信号，两条件缺任一个都不能工作。

1. 驱动电路检测方法

首先要根据故障现象分析故障在变频器整机电路的什么位置。如果分析出故障在驱动电路，则按照驱动电路的结构原理去检测驱动电路。一般开机可以显示当前的机器工作状态，但测 U、V、W 三端输出电压为零，说明逆变电路没有工作。

再检测逆变电路的模块。模块没有击穿现象，我们可以进行驱动电路的检查。首先测量6个驱动芯片的各芯片总供电是否正常，如果各驱动芯片供电的电压都正常，就说明驱动芯片没有短路故障，以及驱动电路的供电电源基本良好。如果某一芯片的供电电压很低，说明芯片内部有短路故障，代换同型号驱动芯片，或检查给该芯片供电的电源脉冲变压器次级的整流滤波电路有无故障。如果6个芯片供电都同时低，说明开关电源本身有问题，检查驱动电路以及各驱动芯片供电的脉冲变压器整流滤波电路是否损坏。检查6个驱动芯片的供电，如果都正常，就说明驱动芯片及供电电源都没有问题。其次，用示波器测量6个驱动芯片的输入端信号是否正常，如果信号有一路不正常，检查它的信号传送电路有无开路、漏电现象。如果6个驱动芯片的各路信号都为零，说明CPU电路内部振荡器没有产生脉冲信号或传送电路有故障。如果测量6个驱动芯片输入端脉冲信号时都正常，就说明CPU产生的六相脉冲良好。再次，测量6个驱动芯片的脉冲输出端的六相脉冲，哪一芯片输出脉冲为零，就说明该驱动芯片内部有故障，检查芯片对地电阻值，或用同型号芯片来代换，再通电测量。如果6个驱动芯片输出方波脉冲都正常，就说明驱动电路都正常。最后，检查驱动模块的输入端信号，哪一路为零，就检查该驱动芯片到变频模块之间的电路有无开路、漏电故障。如果六相脉冲到变频模块之间的电路都正常，就说明驱动电路良好，故障在逆变电路，检查逆变模块电路。

总结一下驱动电路的检测要点。一般先检查电源，然后检查信号的输入及输出。只有在供电良好时方可检查驱动芯片的信号输入及输出。当然测量脉冲信号时还要看方波信号的脉冲幅度，且六相脉冲的信号幅度应基本相同，这样才是良好的。如果我们测量六驱动芯片的供电电压以后，再测驱动芯片入端脉冲信号，这两者都良好，但芯片输出脉冲为零，就说明芯片内部有故障。若用同型号芯片代换后发现脉冲信号并没有输出，这时应该检查芯片各引脚外围电路是否有故障。如果芯片各引脚外围元件没有故障，就说明所代换的芯片内部性能有问题。应检查与重新代换芯片，当然还要切断负载芯片输出脉冲之后的逆变电路的信号传送，防止负载漏电，使脉冲信号减弱。

2. 驱动电路常见故障分析

【故障1】通电开机启动运行时，面板显示C过流故障代码，测U、V、W端输出交流电压没有任何反应。

分析：变频器通电开机后，面板可以显示字符，说明主电路中整流电路、滤波、逆变电路与开关电源电路等良好。面板所显示的过流代码是由逆变电路反馈到CPU芯片的，然后由CPU芯片内部处理，经过显示驱动芯片，显示当前机器的工作状态。测U、V、W三端时交流电压为零，证明主电路中逆变电路没有工作，驱动电路没有将六相脉冲放大，没有送到逆变电路。当然也可能是驱动电路损坏。我们要根据电路的结构原理分析去检测逆变与驱动电路。

检修：首先将变频器供电断开，用电阻挡位测量U、V、W三端电阻值。初步判断逆变模块是否损坏。测量时用R×1 Ω挡或R×10 Ω挡、蜂鸣挡位。如果测量结果是变频模块没有损坏，再通电。通电后先测变频模块两端直流电压是否正常，三相变频器一般为450~500 V，单相变频器一般为300 V。如果供电正常，再测变频器的六相驱动脉冲是否送来。用示波器或万用表都可以测量，示波器可直接观察脉冲信号波形是否失真，信号脉冲幅度是否正常；万用表只能测正常时的脉冲信号的压降是否正常。测量之前必须记住以前检测过的良好机器标准脉冲值，以它作为参考，就可以判别出脉冲信号是否正常。如果测逆变器脉冲信号入端六相脉冲信号均为零，说明驱动器没有工作。然后直接测6个驱动芯片，看芯片的供电是否正常。如果供电电压不正常，则检查开关电源电路以及由开关电源送驱动芯片的供电电路。同时测6个驱动芯片供电引脚对地电阻值，是否小于标准值。检查6个芯片的供电滤波电容器是否漏电。如果测量时6个芯片供电都正常，再测由CPU芯片发出的6个驱动芯片的六相脉冲信号是否送到，直接在每个芯片的信号入端测量。如果六相脉冲信号都没有，就说明故障在信号源。检查CPU以及六相脉冲信号传送电路，如果测6个驱动芯片的工作条件、供电与脉冲信号都正常，而6个驱动芯片没有放大脉冲信号，到变频管的信号入端没有脉冲信号，说明驱动芯片内部性能变坏，可用同型号代换。实际上6个芯片是不可能同时损坏的。检修时要详细查线路将每个测试点找准确。

当我们检查完逆变电路与驱动电路时，再检查一下过流检测电路与过热传感电路等。

【故障2】变频器通电正常，面板各操作显示也正常，按正常程序操作，机器工作在正常状态，一切都正常，但U、V、W三端输出电压均为零。

分析：通电正常，说明主电路中整流滤波电路工作正常；面板显示正常，说明CPU电路与面板显示电路都处于正常工作状态；各功能操作正常，说明CPU所连接的储存器内部的程序正常。但是U、V、W三端输出电压为零，这说明逆变电路内部模块没有工作，有可能驱动电路也没有工作。检修：断电后，用万用表的电阻最小挡位$R\times1\ \Omega$挡或者蜂鸣挡位测量U、V、W三端的电阻值。如果每两端的电阻值为几欧姆，或者蜂鸣器测量时常响，说明内部变频管击穿或者变频模块内部损坏。拆机后重点检查主电路中变频管与变频模块是否损坏，如果损坏，用同型号更换。如果测量时变频模块没有损坏，再通电测量逆变电路两端工作电压，若450~500 V直流电压正常，用示波器测量六相脉冲是否送到6个变频管的控制极，或者六相脉冲是否送到变频模块的6个变频管脉冲信号控制引脚。测量时，应注意不能触碰高电压引脚，否则会烧变频模块内部或者损坏示波器。如果测量时逆变电路六相脉冲没有到来，就说明CPU电路没有把脉冲送到变频逆变电路。检查6个驱动芯片脉冲信号输出端到逆变电路之间的信号传送电路有无开路、旁路电容器有无漏电等现象。如果没有开路与交流元件漏电等现象，再检查驱动电路的工作条件是否符合要求。测6个驱动芯片的供电15 V或18 V是否正常，如果电压正常，再测脉冲信号输入端的静态电压+5 V是否正常，如果驱动芯片的两路直流电压都正常，再测6个驱动芯片的六相脉冲是否到来。如果脉冲为零，检查CPU电路，如果6路脉冲中有1路或两路脉冲有信号异常的现象，检查由CPU电路送6个芯片传送脉冲的电路是否有漏电减弱信号的现象，或信号传送电路有无开路故障。如果测量6个驱动芯片的两路电都正常，且6路信号也正常，但是驱动芯片没有放大信号输出，可以用同型号的驱动芯片做代换，再启动机器试验。如果此时U、V、W三端输出电压正常，就说明驱动芯片内部损坏，内部性能变坏。

【故障3】通电后面板显示正常，操作各按键时，显示正常，但是U、V、W输出电压不正常，三相输出电压不平衡，连接电动机后电动机不能运行。

分析：由机器的故障可分析出，变频器的主电路中整流滤波电路正常，开关电源工作正常，面板与显示电路、CPU电路等良好，故障有可能出现在逆变电路与驱动电路两部分。

检修：先将变频器连接的电动机断开，再测电动机内部三相线圈是否损坏。用兆欧表测电动机三相线圈的绝缘电阻，如果电动机三相线圈的电阻值基本相等，就证明电动机良好。然后检查主电路中的逆变电路是否有故障。根据所检修的变频器逆变电路结构进行检测，如果所检修的变频器是6个变频管单独分离结构，就将6个变频管一个一个单独检查，用R×1 Ω挡或蜂鸣挡测量。先测6个变频管有无击穿、开路等故障。如果测不准确，就拆焊下来检测，这样可以很好地判别每个变频管的好坏。一般变频管采用场效应管的结构，可以测场效应管漏极源极之间的电阻值。如果用R×1 Ω挡，红黑表笔测任意漏源极之间的电阻值，表针都偏向右零，说明击穿。如果所检修的变频器逆变电路是集成模块结构，要根据模块的各脚去检测模块内部的好坏。如果检测逆变电路时，逆变电路没有问题，再检查逆变电路的工作条件。如果逆变电路的直流供电良好，而测六相脉冲信号时发现六相脉冲信号有两相脉冲信号为零，其他的四相脉冲良好，就证明逆变电路内部有一相变频工作，而另两相变频没有工作。这时主要检查驱动电路的工作条件，以及六驱动电路是否工作。

先测6个驱动芯片的各芯片直流供电电压是否正常。如果各芯片的供电（芯片的参考电压有15 V、18 V等，各路电压因为每个电路结构与芯片的不同而有所不同的）与6个驱动芯片的脉冲电平都正常时，我们再测量各芯片的脉冲信号。如果测脉冲信号时四路脉冲正常，而两路脉冲为零，检查这两路脉冲信号的传送路线有无开路或漏电现象。要用蜂鸣挡位测信号电路的通断。由于电路板多数采用的是多层电路板结构，故我们要进行正反面测试，检查电路通断。如果传送信号的电路中有电容器，就检查电容器是否漏电。在测量6个驱动芯片的工作条件与六相脉冲信号输入时，6个芯片的工作条件完全符合要求，但是6个芯片依然不能工作，可以用同型号的驱动芯片进行代换，再测芯片的信号输出是否正常。如果6个驱动芯片输出脉冲都正常，但测6个变频管控制端的脉冲两相没有，就要检查两驱动芯片信号输出到逆变器变频管的输入端是否良好。

【故障4】通电面板显示字符正常，但U、V、W无输出电压，检查时，一组变频管击穿。

分析：面板显示字符正常，就说明电源、整流、滤波、面板等电路都正常，但U、V、W无电压输出，那么故障就出现在逆变电路与驱动电路上。

检修：首先，断电后用电阻挡位测变频管是否击穿。如果一组变频管击穿，其他各组的变频管良好，证明驱动电路一部分工作，一部分不正常工作。再通电，按RUN运行键，观察6个驱动脉冲各路信号是否正常。一般用示波器进行检测，观察各脉冲信号是否符合标准。检测时发现一路脉冲信号太高，其他各路脉冲的幅度都正常，可以说明，过高的那一路脉冲信号导致变频管击穿。用同型号的芯片进行代换，再检测脉冲信号的幅度是否符合要求。如果代换后仍然脉冲过高，再检查与本驱动芯片各引脚所连的各元件是否损坏。

3. 制动电路的驱动原理

一般制动驱动电路由开关脉冲变压器的制动感应线圈与制动控制电流的整流滤波电路、制动驱动芯片的光电耦合芯片放大器组成。变频器制动驱动电路如图5-44所示。

由图5-44可看出，制动脉冲主要是由开关电源检测到的，在变频器由高速转变为低速或电动机停止运行时，由检测电路得到的脉冲信号传送给CPU电路，CPU得到这一脉冲，经转换后送制动驱动芯片。由芯片7脚、8脚连接的内部开关管导通，此时将脉冲变压器次级线圈感应的电流，经整流电路转变为直流电，由驱动芯片的8脚进去然后由芯片

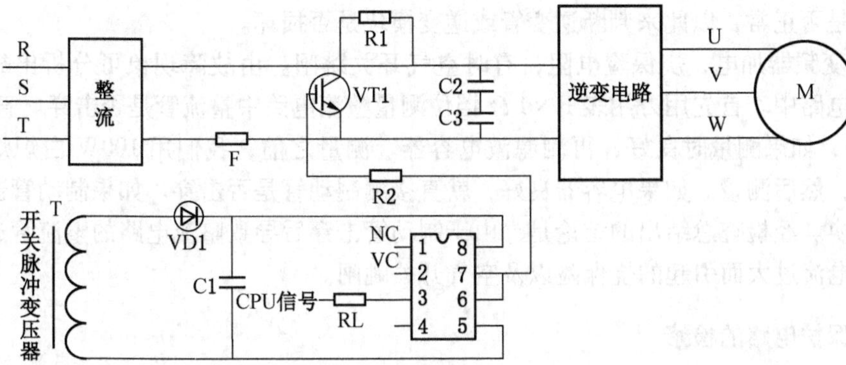

图 5-44　变频器制动驱动电路

7 脚出来，送控制管 VT1 基极 b 时制动管工作。将主电路的电流经制动管集电极与发射极分流到地，使再生电流不损坏主电路元件。

由制动驱动原理电路可分析出制动驱动故障。在电机停止运行时，由高速转为低速时制动电路不能动作，不能放电。由于电容两端电压升高而损坏逆变电路的变频管以及开关电源的有关元件，这时要检查驱动管制动电阻等是否良好，再采用示波器测量制动脉冲是否良好，或用万用表测试。如果没有脉冲，再检查制动芯片的供电。如果电压不正常，检查供电电路是否正常工作。主要是检查开关电源电路是否正常工作，检查芯片单独供电的整流滤波电路，如果驱动芯片供电良好，检测 CPU 输出的制动脉冲是否良好。若有异常，检查传感电路以及 CPU 工作条件电路。若 CPU 制动脉冲正常，检查开关电源给芯片供电的电路以及信号传送电路。

4. 制动电路故障现象及检修

首先我们要知道制动电路的作用和制动电路在变频器主电路的位置。在变频器的主电路中，制动电路处于逆变电路与滤波电路之间。在负载电动机停机或由高速转变为低速时，由于电动机的惯性使转子高速旋转，转子的剩磁使定子线圈产生电磁感应，产生再生电流。再生电流会通过逆变电路给滤波电容器充电，使滤波电容器两端的电压升高，损坏变频模块与开关电源制动电路。在工作时，将电动机返回的再生电压进行分流，减退再生电流，损坏逆变电路与开关电源。如果制动电路损坏，将会使再生电流不能泄放和变频模块受损坏，或者开关电源受损。滤波电路两端电压升高时，会使滤波电容器电压升高而损坏。在变频器外接线端连接的制动电阻，如果电阻本身质量差，会使电阻烧坏。有时制动脉冲增大，会使制动管损坏。

（1）变频器在速度改变时，以及电动机在停止运行时，再生电流电压过高而使变频管以及滤波电容器损坏，或开关电源损坏。由变频器的故障现象可分析出故障在制动电路。首先用直观法观察制动管以及制动电阻是否烧坏。如果无法看出，就采用万用表进行测量制动电阻是否阻值变大或开路，制动管是否开路。如果制动电阻与制动管完全良好，再通电用万用表测量制动管的供电是否良好，如果供电电压异常，就检查供电电路的元件。在检查制动电路之前应测变频器交流输入端供电是否正常，以及整流以后的直流电压是否正常，或用电阻挡测整流器件以及滤波电容器是否正常，同时测 U、V、W 三端之间的电阻值是否正常，以此来判断逆变管或逆变模块是否损坏。

（2）变频器加电，烧保险电阻，有时空气开关跳闸。由故障现象可分析出故障在变频器的主电路中。首先用万用表 $R \times 1\ \Omega$ 挡位测量整流电路中整流管是否击穿。直接测 R、S、T 三端，如果测量时良好，再测滤波电容器。测量之前，我们用 100W 白炽灯先给电容器放电，然后测量。如果电容器良好，就直接测制动管是否击穿。如果制动管击穿，用同型号代换。经检查总结出的结论是，由于制动管击穿后导致整流电路的整流管过流，主电路导通电流过大而引起的烧保险以及空气开关跳闸。

五、保护电路的检修

在检修保护电路之前，先要了解保护电路的类型、保护电路的作用以及保护电路的结构。在变频器电路中一般有过流保护电路和过压保护电路两种结构，按电子元器件的结构特性分为以下 3 种：过流保护电路、过压保护电路、缓冲保护电路。

1. 过流保护电路的分析

过流保护电路采用熔丝作过流保护器件。熔丝放在不同的位置起的保护作用有所不同。

（1）将熔丝放在可控整流电路前。如果整流电路内部损坏，使熔丝过流熔断，则故障范围不再扩大。交流入端的电压升高，也会使熔丝断开，保护整流电路。

（2）将熔丝放在整流电路之后。如果整流的后负载电路有故障，将会导致熔丝断开，保护负载电路，故障范围不再扩大。

（3）将熔丝串联在整流电路中。如果整流管有阻值减小或击穿的故障，熔丝将会断开，整流电路故障不再扩大。

2. 过压保护电路的分析

1）RC 串联电路保护

常见的过压保护电路一般由 RC 电路构成。采用电阻 R 与电容器 C 串联，电容器在过压时以充电分流的方式保护变频主电路的整流电路元件。RC 电路有 3 种结构：

（1）将 RC 串联电路连接在全桥整流电路之前。当输入的交流电压由于某些原因升高时，瞬间给电容器充电分流，减小了交流电压升高对全桥整流电路元件的损坏。这是一个简易的保护方式。

（2）将 RC 串联保护电路连接在整流电路的后面，也就是直流工作供电区。当交流电压输入升高或者整流后的直流电压升高时，由于 RC 电路中电容器的充电分流，使直流输出电压下降，从而保护了负载电路的元件，也保护了整流电路。

（3）将 RC 串联电路并联于每个整流管的两端。在整流电路输入的交流电压升高时，每个整流管两端所并联的 RC 电路瞬时给电容器充电分流，使加在每个整流管的两端电压下降，保护了整流二极管，同时也保护了后负载电路。

2）压敏电阻保护

采用压敏电阻对变频主电路的整流电路以及整流后负载电路进行保护。压敏电阻的连接一般有以下 3 种方式：

（1）将压敏电阻并联在整流之前的交流电压输入端。当输入的交流电压升高，高于标准的电压值时，压敏电阻的阻值减小，将输入的交流电压进行分流，使送整流电路的交流电压降低到标准电压值，同时保护了整流电路的元件。单相变频器一般将1个压敏电阻并联于整流电路。

（2）将3个压敏电阻分别并联在三相变频器的整流入端，每两相交流火线之间并联一个压敏电阻。这样当输入的380 V交流电压升高时，由于压敏电阻的阻值减小，分流保护了三相整流电路的整流二极管。

（3）将压敏电阻并联在整流电路之后，如果整流后的直流电压过高，压敏电阻的分流，使送滤波电路的电压降低，避免了电压过高而使滤波电路损坏。

3. 缓冲保护电路的分析

我们一般将缓冲电路称为尖峰吸收电路，吸收电路就是消除开关管工作时产生的尖峰电压，不至于击穿开关管。缓冲保护电路主要功能是保护大功率的开关管。

在缓冲保护电路中，将尖峰吸收电路并联于变频开关管集电极与发射极两端。采用RC串联以及RD并联两方式，吸收电路同时在变频管的集电极连接L与RD串联电路，下面我们来分析吸收电路的基本工作过程。

在CPU电路产生的方波脉冲信号作用下，当变频管由导通状态转变为截止状态时，由于变频管两端电压瞬间升高，这时峰值电流就会给电容器充电，同时要经RC串联的电阻，也要经过并联于R的二极管，给电容器充电分流后变频管两端的电压降低，防止了峰值电流击穿变频管。当变频管在CPU送来的方波信号作用下，由截止转变为导通时，并联在变频管两端的电阻R与电容C就会经变频管集电极与发射极之间分流放电，保护变频管，可见在变频管导通截止周而复始转换时，由于吸收电路的作用，减小了变频管两端的高电压降低的程度，防止了变频管在峰值电压瞬间击穿。所以在变频器主电路中，变频逆变电路的保护电路一般都采用吸收电路的方式进行保护。

4. 过流过压保护电路与缓冲电路

1）过流过压保护电路

如图5－45所示，F1、F2、F3是变频器交流电压输入电路中三相交流熔丝，过压时保护元件，当整流电路与变频管电路有元件击穿与电路短路时，三相交流熔丝就会断开，保护整流与逆变电路。VD1～VD6是三相整流电路的整流二极管。F4是直流熔丝，当变频主电路中的逆变电路中有元件击穿及电路短路时，F4就会断开，使故障范围不再扩大。

R3、C1组成RC过压保护电路。当380 V交流电压升高或者整流后的直流电压升高时，给C1充电分流保护。逆变电路中的VT1、VT2是变频管，R4、VD7、C2是变频管并联的吸收电路。在变频管由导通变为截止时，由于R4、VD7并联使电容器C2充电分流，导致VT2管两端电压降低，保护了变频管。

2）过压过流缓冲电路

由于某原因使输入变频器的380 V电压升高，整流后的直流电压升高，这时会损坏整流与滤波元件以及逆变器的元件。此时由于R3与C1组成的RC吸收电路的分流作用，使主电路两端直流电压有所下降，保护了整流与逆变电路的元件。

如果整流电路元件的性能以及散热或电路短路等原因，使变频主电路电流过大，这时熔丝（F1、F2、F3等）烧断开路，使故障范围不再扩大，保护了整流电路。

如果主电路中逆变电路内部短路引起过流，会导致F4熔丝断开，使逆变电路故障不

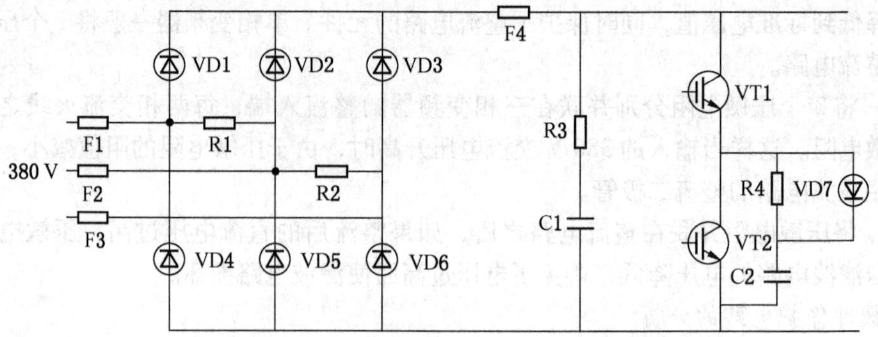

图5-45　过流过压保护电路

再扩大。

在 CPU 的方波脉冲作用下，变频管饱和与截止周而复始地工作，使变频管两端电压高低不断变化，饱和瞬间变为截止端电压升高。这时，由于 C2 的充电分流使 VT2 两端电压降低，防止了峰值电压击穿 VT2 变频管。其他管与 VT2 相同。

六、BPJ1 系列变频器故障分析与排除

BPJ1 系列变频器内部设置了功率器件超温、短路、过流、过压、欠压、接地、输入断相、电机断相等确保安全运行的故障保护措施，当出现故障时，变频就进入自锁保护状态，“故障”显示灯亮，且触摸屏上显示故障或报警类型，当故障排除后需复位才能重新进入待启动状态。如果只是报警，变频器不会停机，属于轻故障或提示语，需要引起注意。

1. 常见故障现象、原因及排除

BPJ1 系列变频器故障现象、原因及排除方法见表 5-1。

表5-1　BPJ1 系列变频器故障现象、原因及排除方法

故障现象	原因分析	排除方法
无电源指示	上级开关没有送电	上级开关送电
	隔离开关没有合上	将隔离开关合闸到位
	控制回路熔断器熔断或控制变压器损坏	更换熔断器/更换控制变压器
	控制电源开关没有合闸	合上控制电源开关
	指示灯损坏	更换新的指示灯
	输入电源与变频器额定电压不一致	调整输入电压
运行后电机不转动	触摸屏中无运行命令显示	可能外部连锁没有接通
	有运行命令，有电流输出	检查电机是否损坏或被堵转，确认产品参数是否设置正确
	有运行命令，无输出电压或电流	寻求服务商帮助

表5-1（续）

故障现象	原因分析	排除方法
上电后显示正常，但运行后前级开关跳闸	输出板块之间短路	排除存在问题
	电机引线之间短路或接地不良	排除存在问题
	潮湿或绝缘过低	排除存在问题
合闸后无直流电压	输入侧熔断器损坏	更换熔断器
故障灯亮且显示屏上有故障代码或故障内容	变频回路出现故障	根据故障代码或故障内容查找线路原因
功率组件升温过快	冷却水流量太小或没有	检查冷却水系统
	进出水接反	低进高出
	管路损坏	更换管路
变频器无法合闸	电源板损坏（板上工作指示灯熄灯）	更换电源板
	二次线路有问题	根据图纸查找原因

2. 故障信息及排除方法

BPJ1 系列变频器故障信息及排除方法见表5-2。

表5-2　BPJ1 系列变频器故障信息及排除方法

故障代码	故障类型	可能的故障原因	排除方法
过流	输出电流过大	1. 电机严重过载或堵转； 2. 加速时间过短； 3. 电机故障，电机电缆故障或接线错误	1. 排除过载或堵转； 2. 增大加速时间； 3. 检查电机或电缆是否短路接地或接线错误
直流过压	中间回路 DC 电压过高	1. 输入侧的供电电源发生静态或瞬态过电压； 2. 减速时间过短； 3. 能耗制动太小（若有）； 4. 确认过电压控制器处于开启状态	1. 检查输入电源； 2. 增大减速时间； 3. 增大能耗制动； 4. 开启过电压控制器
直流欠压	中间回路 DC 电压不足	1. 供电电源缺相； 2. 熔断器熔断； 3. 主电源欠压； 4. 直流电容器组容量下降过多（一般在5~10年后）	1. 检查并排除； 2. 排查出原因并更换； 3. 复位恢复； 4. 更换电容器组
过温	散热器过温（80 ℃）	1. 冷却水量无或太小； 2. 变频器容量偏小	1. 打开冷却水或加大； 2. 选用功率大1挡的变频器
短路	短路故障	1. 电机电缆或电机短路； 2. 供电电源扰动； 3. IGBT 或其驱动电路损坏； 4. 电磁干扰误动； 5. 电源板上检测电路损坏	1. 检查负载绝缘并排除； 2. 检查输入电源； 3. 更换 IGBT 或其驱动； 4. 检查接地是否良好； 5. 更换电源板

表5-2（续）

故障代码	故 障 类 型	可能的故障原因	排 除 方 法
AI1 丢失	模拟输入1丢失	1. 模拟输入信号源及其接线； 2. 参数 AI1 故障极限的设置，并且检查 AI 故障功能	1. 检查并排除； 2. 检查合理性并排除
AI2 丢失	模拟输入2丢失	1. 模拟输入信号源及其接线； 2. 参数 AI1 故障极限的设置，并且检查 AI 故障功能	1. 检查并排除； 2. 检查合理性并排除
电机过温	电机过热，基于变频器估算或温度反馈信号	1. 检查电机是否过载； 2. 调整用于电机过载保护中的相关参数； 3. 检查温度传感器和电机温度检测相关参数（若使用）	1. 检查并排除； 2. 设置更加合理的参数； 3. 检查并排除
辨识运行失败	电机辨识运行，未能成功完成	1. 过载； 2. 电机功率不够； 3. 堵转保护相关参数	1. 减轻负载； 2. 选择更大功率电机； 3. 检查堵转相关参数是否合理
外部故障1	第一外部故障报警，对应的数字输入激活	外部故障动作（如果有使用）	检查并排除
外部故障2	第二外部故障报警，对应的数字输入激活	外部故障动作（如果有使用）	检查并排除
接地故障	电机或电缆接地	1. 电机或电缆接地； 2. 电缆线过长	1. 检查并排除； 2. 减短电缆线，或关闭接地保护
热传感器故障	监测变频器的内部温度传感器断开或短路	1. 插件没插或接触不良； 2. 元件或引线短路	1. 重新插好插头； 2. 更换热传感器
电流测量	电流测量超过范围	1. 霍尔元件损坏； 2. 检测电路损坏	1. 更换同型号霍尔元件； 2. 更换电路板
电源缺相	DC 回路的纹波电压太高	1. 主电源缺相； 2. 熔断器熔断； 3. 电容器组老化，容量下降过多	1. 检查电源并排除； 2. 检查出原因并更换； 3. 更换电容器组
超速	电机转速超过最小转速或最大转速绝对值的120%	1. 最小转速或最大转速的设置； 2. 电机是否有足够的制动转矩； 3. 转矩控制是否适用； 4. 制动开关管和电阻是否正常或合理	1. 检查并设置合理； 2. 寻求商家服务； 3. 寻求商家服务； 4. 寻求商家服务
电机缺相	电机回路有故障；电机缺相	1. 电机故障； 2. 电机电缆故障； 3. 内部故障； 4. 输出接线故障	1. 检查电机； 2. 检查电机电缆； 3. 寻求商家服务； 4. 检查接线

表5-2（续）

故障代码	故障类型	可能的故障原因	排除方法
控制板过温	控制板温度超过88 ℃	1. 环境温度过高造成防爆箱内温度过高； 2. 防爆箱内有元器件发热异常	1. 降低环境温度（小于45 ℃）； 2. 开箱检查有无温度异常器件
用户定义负载曲线	用户定义曲线模式的条件被触发，且持续时间达到用户负载曲线时间	1. 检查用户可调节负载曲线参数组； 2. 检查负载是否正常	1. 设置合理的参数； 2. 检查负载

第六章 永磁同步电动机

第一节 永磁同步电动机理论知识

一、永磁同步电动机的结构

永磁同步电动机是由电励磁三相同步电动机发展而来的，它用永磁体代替了电励磁系统，从而省去了励磁线圈、集电环和电刷，而定子与电励磁三相同步电动机定子基本相同，故称为永磁同步电动机（permanent magnet synchronous motor，PMSM）。

根据转子和定子相对位置，永磁同步电动机可分为内转子转动与外转子转动两种。内转子转动即电动机中间的芯体为旋转体，外转子转动即电动机外体为旋转体。永磁同步电动机结构如图 6－1 所示。

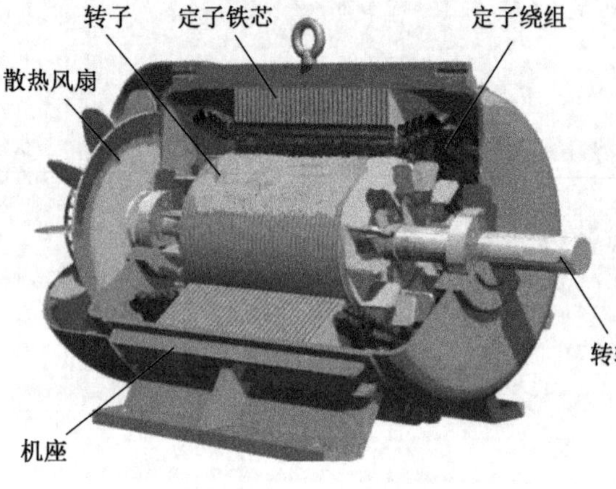

图 6－1 永磁同步电动机结构图

PMSM 的定子主要是指定子绕组和定子铁芯部分，转子包括永磁体、转子铁芯、转轴、轴承等。PMSM 的转子结构，按永磁体安装形式分类，有面装式、插入式和内置式 3 种，如图 6－2 所示。

图 6－3 和图 6－4 分别是二极面装式和内置式 PMSM 的结构简图。图中标出了每相绕组电压和电流的正方向，并取两者正方向一致（电动机原则），电压和电流可为任意波形和任意瞬时值；将正向电流流经一相绕组产生的正弦波磁动势的轴线定义为相绕组的轴线，并将 A 轴作为 ABC 轴系的空间参考坐标，同样可以将三相绕组表示为位于 ABC 轴上的线圈；假定相绕组中感应电动势的正方向与电流的正方向相反（电动机原则），取逆时针方向为转速和电磁转矩的正方向，负载转矩正方向与此相反。

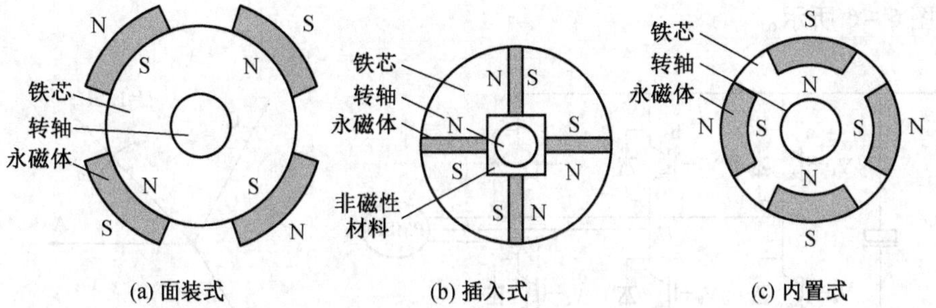

图 6－2 永磁体安装形式

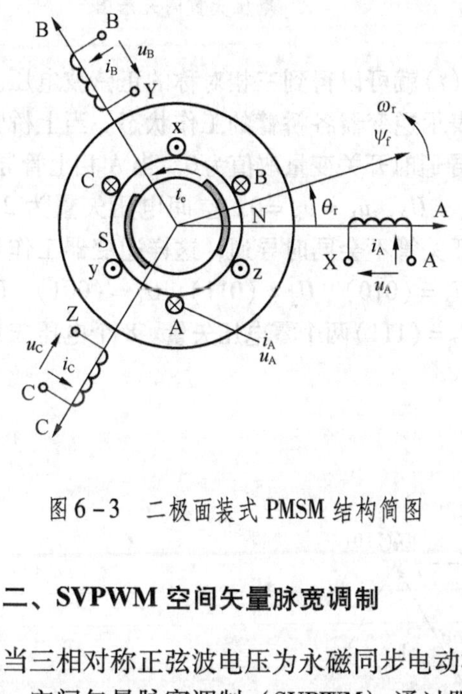

图 6－3 二极面装式 PMSM 结构简图

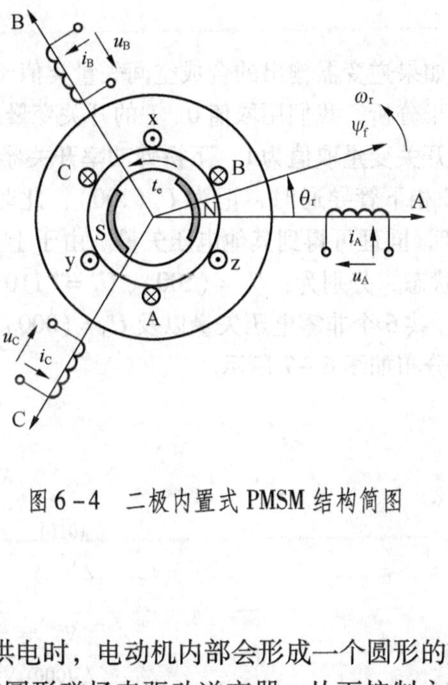

图 6－4 二极内置式 PMSM 结构简图

二、SVPWM 空间矢量脉宽调制

当三相对称正弦波电压为永磁同步电动机供电时，电动机内部会形成一个圆形的旋转磁场，空间矢量脉宽调制（SVPWM）通过跟踪圆形磁场来驱动逆变器，从而控制永磁同步电动机旋转。其实质上是通过三相逆变器中不同开关模式的变化产生 PWM 波形输出三相对称的正弦波电压。三相逆变器电路如图 6－5 所示。

设直流母线侧电压为 U_{dc}，逆变器输出的三相相电压为 U_a、U_b、U_c，其相位在空间上互差 120°。设 U_m 为相电压有效值，f 为电源频率，$\theta = 2\pi ft$ 则有：

$$\begin{cases} U_a(t) = U_m\cos(\theta) \\ U_b(t) = U_m\cos(\theta - 2\pi/3) \\ U_c(t) = U_m\cos(\theta + 2\pi/3) \end{cases} \tag{6-1}$$

三相电压空间矢量相加的合成空间矢量 $U(t)$ 就可以表示为

$$U(t) = \frac{3}{2}U_m e^{j\theta} \tag{6-2}$$

由式（6-2）可知 $U(t)$ 是一个按逆时针方向匀速旋转（角频率 $\omega=2\pi f$）的空间矢量，如图6-6所示。

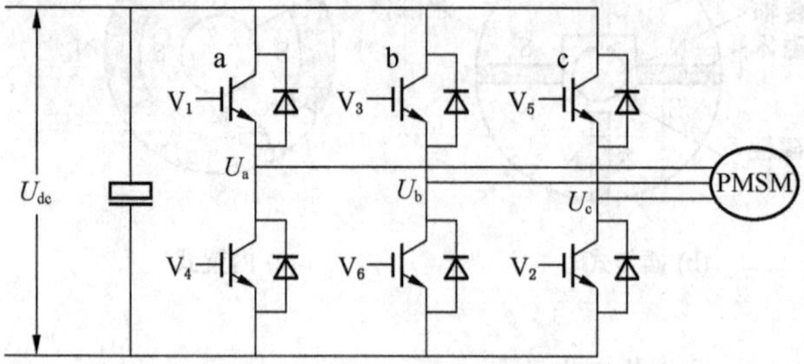

图6-5　三相逆变器电路

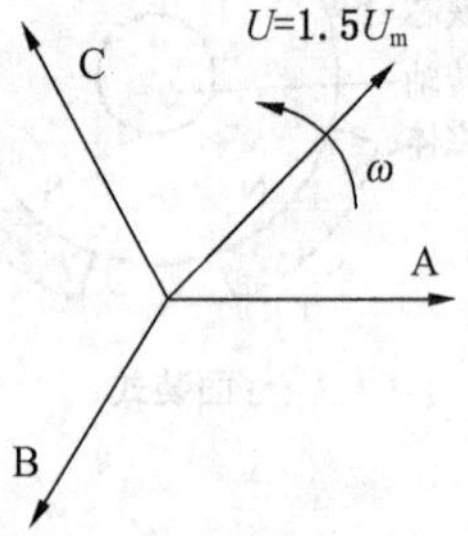

图6-6　合成电压矢量和三相电压矢量的关系图

如果逆变器输出的合成空间矢量类似于 $U(t)$ 就可以得到三相对称的正弦波电压。为了便于分析，我们用取值0、1的开关变量来表示逆变器各桥臂的工作状态。当上桥臂导通时开关变量取值为1，下桥臂功率开关器件导通时开关变量取值为0。当A相上管导通，B、C相下管导通时，记为 $U_4(100)$，此时 $u_a=U_d$，$u_b=u_c=0$。空间电压矢量为 $2U_{dc}/3\angle0°$，同理可得到其他电压矢量。由于上下开关管不会同时导通，这样逆变器工作具有8种状态，分别为：$U_4=(100)$、$U_6=(110)$、$U_2=(010)$、$U_3=(011)$、$U_1=(001)$、$U_5=(101)$ 共6个非零电压矢量以及 $U_0=(000)$、$U_7=(111)$ 两个零电压矢量。8个电压矢量的空间分布如图6-7所示。

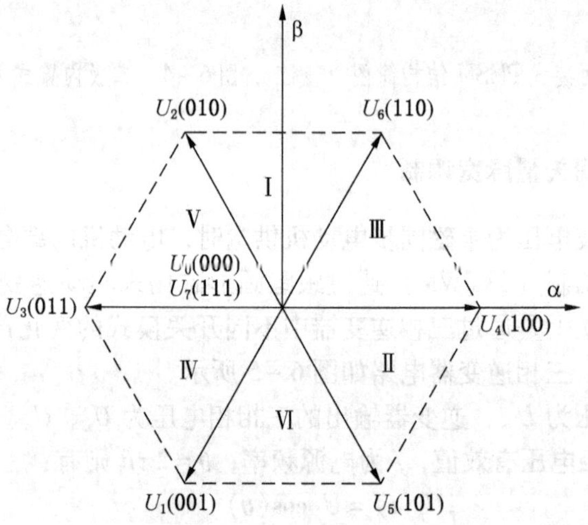

图6-7　8个电压矢量的空间分布图

设相邻的空间电压矢量与零矢量合成的电压矢量为 U_{ref}，当合成的电压矢量 U_{ref} 的运行轨迹接近为圆时就可以使逆变器输出的合成空间矢量类似于 $U(t)$。

如图6-8所示的第Ⅲ扇区的电压矢量合成关系，在 U_4 和 U_6 之间，给定电压矢量可以表示为

$$TU_{ref}=T_1U_4+T_2U_6 \qquad (6-3)$$

T_1、T_2 分别对应电压矢量 U_4 和 U_6 的导通时间；T 为采样周期；要产生三相正弦波电压，可以利用电压向量合成的技术，在电压空间向量上，将设定的电压向量由 $U_4(100)$ 位置开始，每一次增加一个小增量，每一个小增量设定电压向量可以用该区中相邻的两个基本非零向量与零电压向量予以合成，如此所得到的电压向量就等效于一个在电压空间向量平面上平滑旋转的电压空间向量。要实现这一目的，首先需要对 U_{ref} 的位置进行判断，得到合成 U_{ref} 的两项空间电压矢量，然后计算每个空间电压矢量的导通时间。

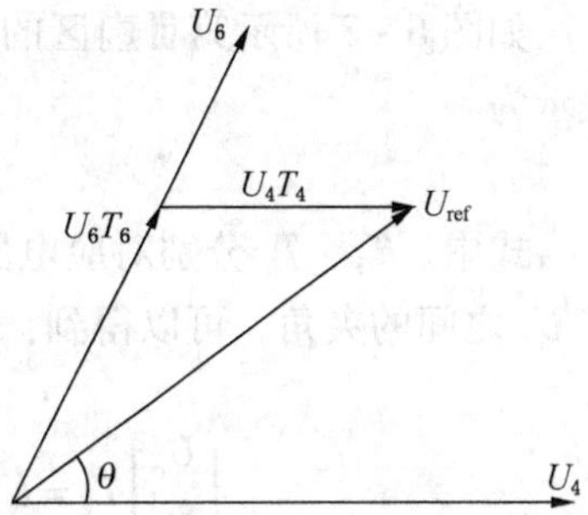

图6-8 空间电压矢量合成图

1. 扇区判断

由图6-7和图6-8可知，相邻的两个电压矢量之间夹角为60°，若 U_{ref} 在第Ⅲ扇区，在两相坐标系中位置可以表示为 $0°<\arctan(U_\beta/U_\alpha)<60°$，同时也可以表示为 $U_\alpha>0$，$U_\beta>0$ 且 $U_\beta/U_\alpha<\sqrt{3}$。同理可知，当 U_{ref} 在其他扇区的判断条件分别为：U_{ref} 在第Ⅰ扇区可以表示为 $U_\beta>0$，且 $U_\beta/|U_\alpha|>\sqrt{3}$；$U_{ref}$ 在第Ⅴ扇区可以表示为 $U_\alpha<0$，$U_\beta>0$ 且 $-U_\beta/U_\alpha<\sqrt{3}$；$U_{ref}$ 在第Ⅳ扇区可以表示为 $U_\alpha<0$，$U_\beta<0$ 且 $U_\beta/U_\alpha<\sqrt{3}$；$U_{ref}$ 在第Ⅵ扇区可以表示为 $U_\beta<0$ 且 $-U_\beta/|U_\alpha|>\sqrt{3}$；$U_{ref}$ 在第Ⅱ扇区可以表示为 $U_\alpha>0$，$U_\beta<0$ 且 $-U_\beta/U_\alpha<\sqrt{3}$。$U_{ref}$ 在第Ⅲ扇区时，对判断条件进行分析可以得到 $U_\alpha>0$，$U_\alpha<1/2U_{ref}$，$U_\beta>0$，$U_\beta<\sqrt{3}/2U_{ref}$，由此可表示为：$U_\beta>0$，$\sqrt{3}/2U_\alpha-1/2U_\beta\geqslant 0$；同理其他扇区也可以这样表示。

由此定义：

$$\begin{cases}U_1=U_\beta\\U_2=\sqrt{3}/2U_\alpha-U_\beta\\U_3=-\sqrt{3}/2U_\alpha-U_\beta\end{cases} \qquad (6-4)$$

规定参数 a、b、c 的取值由 U_1、U_2、U_3 决定，当 U_1、U_2、U_3 取值大于零时，分别取 $a=1$、$b=1$、$c=1$，当 U_1、U_2、U_3 取值小于零时，分别取 $a=0$、$b=0$、$c=0$。由于 a、b、c 不能同时为1或者0，所以 a、b、c 共有6种组合方式，组合取不同的值对应着不同的扇区，并且是一一对应的关系，为区别6种状态，令 $n=4c+2b+a$，则可以通过表6-1计算参考电压矢量 U_{ref} 所在的扇区。

表6-1 n 值与扇区对应关系

n	3	1	5	4	6	2
扇区号	Ⅰ	Ⅱ	Ⅲ	Ⅳ	Ⅴ	Ⅵ

2. 导通时间计算

如图 6－8 所示第Ⅲ扇区的电压矢量合成关系，在 U_4 和 U_6 之间，给定电压矢量可以表示为

$$TU_{\text{ref}} = T_1 U_4 + T_2 U_6 \tag{6-5}$$

式中，T_1、T_2 分别对应电压矢量 U_4 和 U_6 的导通时间；T 为采样周期；用 θ 表示 U_{ref} 与 U_4 之间的夹角，可以得到：

$$\begin{bmatrix} U_\alpha \\ U_\beta \end{bmatrix} T_s = U_{\text{ref}} \begin{bmatrix} \cos\theta \\ \sin\theta \end{bmatrix} T_s = \frac{2}{3} U_{\text{dc}} \left(\begin{bmatrix} 1 \\ 0 \end{bmatrix} T_4 + \begin{bmatrix} \cos\dfrac{\pi}{3} \\ \sin\dfrac{\pi}{3} \end{bmatrix} T_6 \right) \tag{6-6}$$

整理后得出：

$$\begin{cases} U_\alpha T_s = \dfrac{2}{3} U_{\text{dc}} \left(T_4 + \dfrac{1}{2} T_6 \right) \\ U_\beta T_s = \dfrac{2}{3} U_{\text{dc}} \left(\dfrac{\sqrt{3}}{2} T_6 \right) \end{cases} \tag{6-7}$$

$$\begin{cases} T_4 = \dfrac{3U_\alpha T}{2U_{\text{dc}}} - \dfrac{1}{2} T_6 = \dfrac{3U_\alpha T}{2U_{\text{dc}}} - \dfrac{1}{2} \dfrac{\sqrt{3} U_\beta T}{U_{\text{dc}}} = \dfrac{\sqrt{3} T}{U_{\text{dc}}} U_2 \\ T_6 = \dfrac{\sqrt{3} U_\beta T}{U_{\text{dc}}} = \dfrac{\sqrt{3} T}{U_{\text{dc}}} U_1 \end{cases} \tag{6-8}$$

由上式可以得到零矢量的作用时间 T_0 和 T_7 为

$$T_7 = T_0 = \frac{T - T_4 - T_6}{2} \tag{6-9}$$

为减小开关次数及损耗，将基本矢量作用顺序的分配原则选定为：在每次开关状态转换时，只改变其中一相的开关状态；并且对零矢量在时间上进行了平均分配，以使产生的 PWM 对称，从而有效地降低 PWM 的谐波分量。通过零矢量和非零矢量的组合输出第Ⅲ扇区的电压矢量工作时序如图 6－9 所示。

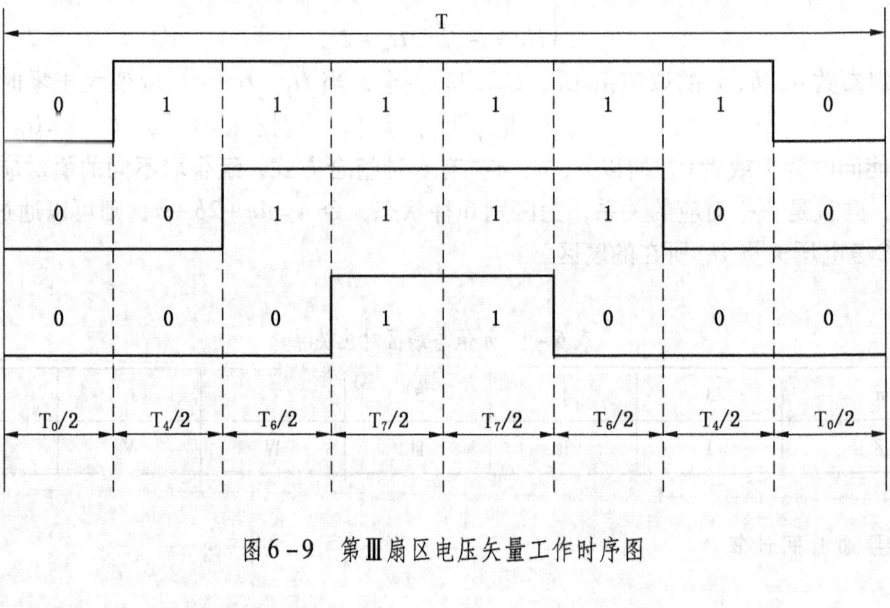

图 6－9　第Ⅲ扇区电压矢量工作时序图

在下一个周期 T 时，将 U_{ref} 与 U_4 的角度增加一个 $d\theta$，利用公式重新计算 T_0、T_4、T_6 及 T_7 的值；这样每一个载波周期 T 就会合成一个新的矢量，随着 θ 的逐渐增大，U_{ref} 将依序进入第Ⅰ、Ⅱ、Ⅲ、Ⅳ、Ⅴ、Ⅵ区。在电压向量旋转一周期后，就会输出一个周期的正弦波电压。

三、PMSM 中的 SVPWM 控制

（一）永磁同步电动机的矢量控制原理

电动机控制系统的实质归根到底是对电动机的速度进行控制及调节。从永磁同步电动机的运动方程中可知，当电动机型号确定的时候，电动机的系统转动惯量 J、阻尼系数 B 和磁极对数 p 等参数也确定了。对于负载转矩 T_L，在空载、加载或者满载的时候，也可以看作一个确定的量，所以电动机转子的角速度只与电磁转矩有关。因而，我们可以把对电动机的调速控制转成对电动机电磁转矩的控制。矢量控制正是一种对电动机电磁转矩的控制技术。

矢量控制也叫作磁场定向控制。我们知道定子绕组的三相对称交流电可以产生一个旋转磁场，这个旋转磁场拖着转子的永磁体旋转，电动机的电磁转矩与定子磁场强度、转子磁场强度、两个磁场之间夹角的正弦成正比。当两个磁场对齐的时候，两个磁场之间夹角的正弦值为 0，此时不存在电磁转矩；当两个磁场相差 90°的时候，两个磁场之间夹角的正弦值为 1，电磁转矩达到最大。电动机的电磁转矩可以由直轴电流 i_d 和交轴电流 i_q 以及三相绕组在 d_q 轴上的等效直轴电感 L_d 和交轴电感 L_q 确定，采用 $i_d=0$ 的控制策略。此时永磁同步电动机等效成为一台他励直流电动机，电磁转矩与 q 轴的电流成正比，这样就可以通过控制 q 轴电流来控制电磁转矩。这种方法忽略了磁阻转矩，电磁转矩没能达到最大，电动机只能在额定转速下工作，不过这种方法设计简单，在调速要求不高的情况下，非常适合工程应用。

（二）旋转原理及坐标变换基本原理

1. 旋转原理

永磁同步电动机的旋转是基于定子绕组中的电流与转子磁场的相互作用，定子绕组结构和连接形式以及绕组中的电流和产生的反电动势决定着电动机的工作模式和电动机形式。

图 6－10 中，定子三相绕组 AX、BY、CZ 沿圆周呈对称分布，每相电流的正方向如图，此时各绕组产生磁场方向规定为该绕组轴线的正方向，将这三个方向作为空间坐标轴的轴线，建立三相静止坐标系——ABC 坐标系。

以 A 相为例，如图 6－11 所示，定子 A 相通电后 A 相电流方向如图所示，此时 A 相绕组产生磁场分布如图，此时 S 极与 A 轴正方向重合。理想空载下，转子 N 极（即 d 轴）应该与 A 轴重合，此时转子保持不动，电动机电磁转矩与负载转矩相平衡。

电磁转矩可看成是定子励磁磁场和转子磁场相互作用的结果，转矩的大小和方向决定于两个正弦分布磁场的幅值和磁场轴线间的相对位置。当转子电流 i_B 为零时，气隙磁场仅为由定子电流 i_A 建立的励磁磁场，其轴线与 s 轴一致。当转子电流 i_B 不为零时，产生了转子磁场，它与励磁磁场共同作用，产生了新的气隙磁场，使原有气隙磁场发生了变化，从而产生电磁转矩，实现了机电能量转换。换言之，是转子磁场对气隙磁场的影响，

决定了电磁转矩的生成和机电能量转换过程。

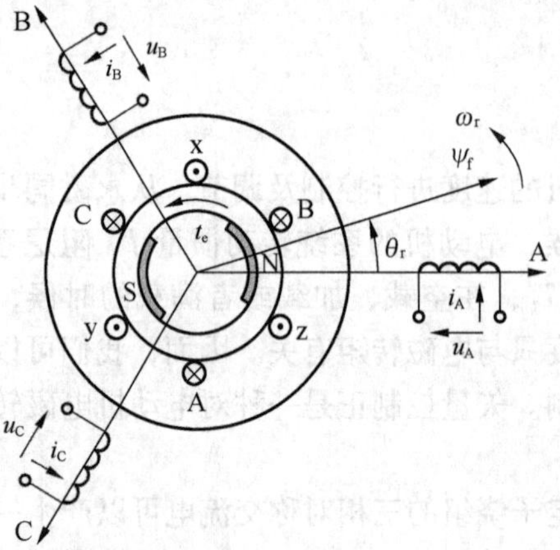

图 6－10　二极内置式永磁同步电动机结构示意图

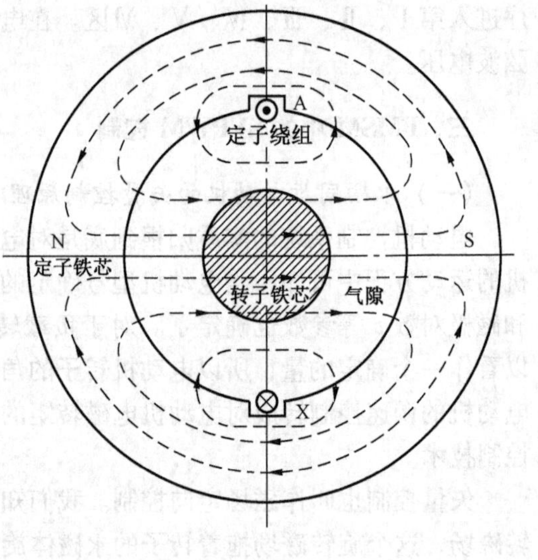

图 6－11　A 相定子绕组磁场分布

当转子磁场轴线与励磁场轴线一致或相反（$\theta_r=0°$或$\theta_r=180°$）时，电磁转矩为零。或者说，只有在转子磁场作用下，使气隙磁场轴线发生偏移时，才会产生电磁转矩。

2. 坐标变换

坐标变换以产生相同的旋转磁动势和总功率不变为准则，从而建立三相交流绕组、两相交流绕组和两相旋转直流绕组（图 6－12）三者之间相互转换的关系，应用这种方法可以简化永磁同步电动机的动态数学模型，并可以得到与其等效的直流电动机模型。

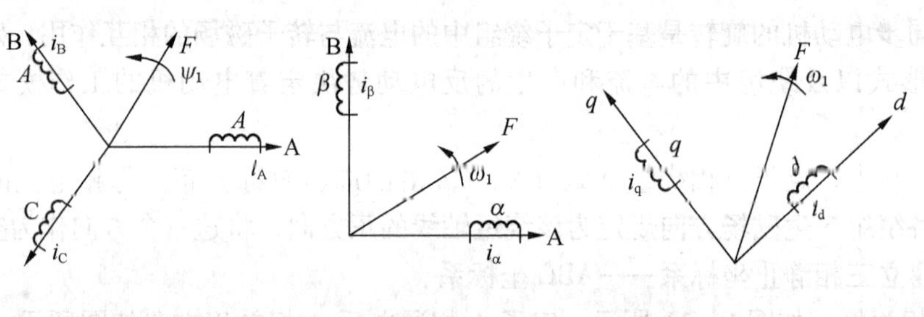

图 6－12　交流电动机和直流电动机绕组模型

1）CLARK 变换及其逆变换

电动机的旋转磁动势，除了单相电动机以外，两相、三相等任意对称的多相绕组电动机，只要通上平衡的对应多相电流，都可以产生旋转磁动势。

如图 6－13 所示，将三相静止坐标系下 ABC 变换到两相静止坐标系下 $\alpha-\beta$ CLARK 变换：

$$\begin{bmatrix} i_\alpha \\ i_\beta \end{bmatrix} = \sqrt{\frac{2}{3}} \begin{bmatrix} 1 & -\frac{1}{2} & -\frac{1}{2} \\ 0 & \frac{\sqrt{3}}{2} & -\frac{\sqrt{3}}{2} \end{bmatrix} \begin{bmatrix} i_A \\ i_B \\ i_C \end{bmatrix} \tag{6-10}$$

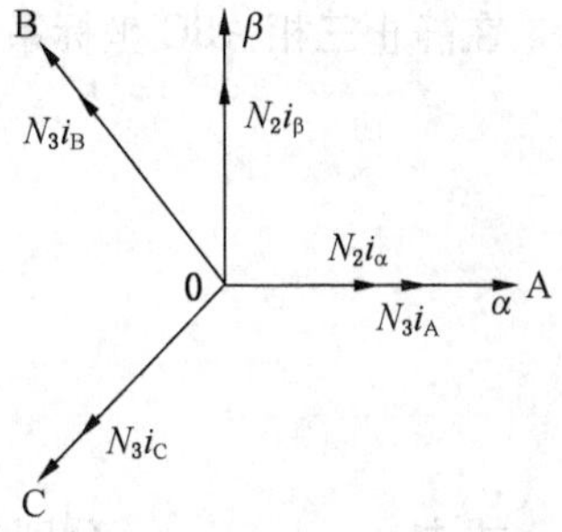

图 6-13　CLARK 变换示意图

CLARK 逆变换为

$$\begin{bmatrix} i_A \\ i_B \\ i_C \end{bmatrix} = \sqrt{\frac{2}{3}} \begin{bmatrix} 1 & 0 \\ -\frac{1}{2} & \frac{\sqrt{3}}{2} \\ -\frac{1}{2} & -\frac{\sqrt{3}}{2} \end{bmatrix} \begin{bmatrix} i_\alpha \\ i_\beta \end{bmatrix} \tag{6-11}$$

2）PARK 变换及其逆变换

如果能把三相交流电动机的数学模型等效地变换成直流电动机模型，则对三相交流电动机的分析和控制将大大简化。因而假设直流电动机电枢绕组以整体同步速度旋转，使其正交的绕组分别通以直流电，此时产生的合成磁动势相对于绕组来说是固定不变的，但从外部整体来看，这个合成磁动势也是旋转的。这样，就可以得到 PARK 变换，即把两相静止坐标等效成同步旋转坐标。

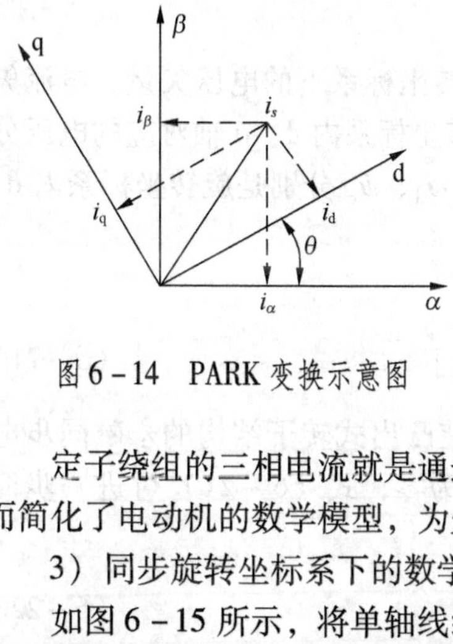

图 6-14　PARK 变换示意图

如图 6-14 所示，将静止坐标系 $\alpha-\beta$ 变换到 $d-q$ 坐标系称 PARK 变换，可以得到如下公式：

$$\begin{bmatrix} i_d \\ i_q \end{bmatrix} = \begin{bmatrix} \cos\theta & \sin\theta \\ -\sin\theta & \cos\theta \end{bmatrix} \begin{bmatrix} i_\alpha \\ i_\beta \end{bmatrix} \tag{6-12}$$

式中，θ 是 α 轴与 d 轴的夹角。

对式（6-12）求逆变换，就可以得到 PARK 的逆变换为

$$\begin{bmatrix} i_\alpha \\ i_\beta \end{bmatrix} = \begin{bmatrix} \cos\theta & -\sin\theta \\ \sin\theta & \cos\theta \end{bmatrix} \begin{bmatrix} i_d \\ i_q \end{bmatrix} \tag{6-13}$$

定子绕组的三相电流就是通过 CLARK 变换和 PARK 变换解耦成为两路直流电流，从而简化了电动机的数学模型，为矢量控制提供基础。

3）同步旋转坐标系下的数学模型

如图 6-15 所示，将单轴线线圈 s 分解成 dq 轴系上的双线圈，每个轴线上面的有效匝数与原来相同。因而可以求得 i_d 和 i_q 产生的电枢反应磁场

$$\psi_{md} = L_{md} i_d \tag{6-14}$$

$$\psi_{mq} = L_{mq} i_q \tag{6-15}$$

式中，L_{md} 和 L_{mq} 分别为直轴和交轴的等效励磁电感。于是可以求得在 d、q 轴的磁链方程为

$$\psi_d = L_d i_d + \psi_f \tag{6-16}$$

$$\psi_q = L_q i_q \tag{6-17}$$

式中，ψ_d 和 ψ_q 分别是 d、q 轴上的磁链；i_d 和 i_q 分别为 d、q 轴上的电流分量；L_d、L_q 分别是 d、

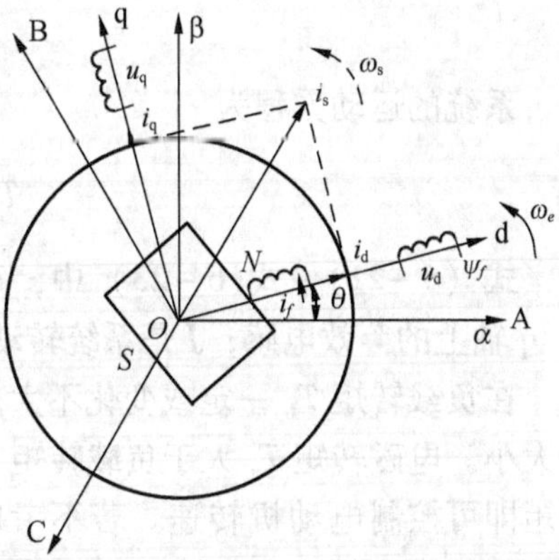

图 6-15　PMSM 矢量关系图

q 轴的同步电感；ψ_f 是永磁体转子磁链。

在静止三相 ABC 坐标系下，三相绕组的电压方程可以表示为

$$\begin{cases} u_A = R_s i_A + \dfrac{d\psi_A}{dt} \\ u_B = R_s i_B + \dfrac{d\psi_B}{dt} \\ u_C = R_s i_C + \dfrac{d\psi_C}{dt} \end{cases} \tag{6-18}$$

式中，u_A、u_B、u_C 分别是 ABC 三相对应的电压，I_A、I_B、I_C 分别是 ABC 三相对应的电流，ψ_A、ψ_B、ψ_C 分别是 ABC 三相绕组对应的全磁链。

旋转坐标系下的电压矢量方程：

$$u_s = R_s i_s^{dq} + j\omega_e \psi_s^{dq} + \frac{d\psi_s^{dq}}{dt} \tag{6-19}$$

将式（6－19）按照 d、q 轴的分量分解，就可以得到电压分量方程：

$$\begin{cases} u_d = \dfrac{d\psi_d}{dt} - \omega_e \psi_q + R_s i_d \\ u_q = \dfrac{d\psi_q}{dt} - \omega_e \psi_d + R_s i_q \end{cases} \tag{6-20}$$

式（6－19）、式（6－20）中，u_s、i_s、ψ_s 分别是旋转坐标系下的电压矢量、电流矢量和磁链矢量；ω_e 是转子的电角速度；u_d、u_q 分别是旋转坐标系内 d、q 轴对应的电压分量；i_d、i_q 分别是旋转坐标系内 d、q 轴对应的电流分量；ψ_d、ψ_q 分别是旋转坐标系内 d、q 轴对应的定子磁链分量。

电磁转矩方程为

$$T_e = \frac{3}{2} p [\psi_f i_q + (L_d - L_q) i_d i_q] \tag{6-21}$$

对于凸极永磁同步电动机，一般有 $L_d > L_q$；对于面装凸出式转子结构的永磁同步电动机，由于转子磁路对称，使得 $L_d = L_q$，所以磁阻转矩为零，式（6－21）可进一步简化为

$$T_e = \frac{3}{2} p \psi_f i_q \tag{6-22}$$

系统的运动方程为

$$T_e = J \frac{d\omega_e}{dt} + B\omega_e + T_L \tag{6-23}$$

式（6－21）～式(6－23）中，T_e 是电磁转矩；p 是磁极对数；L_d、L_q 是三相绕组在 d、q 轴上的等效电感；J 是系统转动惯量；B 是阻尼系数；T_L 是负载转矩。

在负载转矩 T_L 一定或变化不大的条件下，永磁同步电动机的转速取决于电磁转矩 T_e 的大小。电磁转矩 T_e 大于负载转矩 T_L，则转速提高，反之则下降，因此控制输出的电磁转矩即可控制电动机转速。若不考虑温度变化对转子磁链的影响，则 ψ_f 是定值，从式（6－21）可以看出电磁转矩 T_e 决定于转子磁链和转矩电流、励磁电流，所以对电动机转速的控制实际上是对励磁电流、转矩电流的控制。

4）基本的控制方法和数学模型

在分析永磁同步电动机数学模型之前作如下假设：

（1）定子绕组 Y 形接法，三相绕组对称分布，各绕组轴线在空间互差 120°。

（2）转子上的永磁体在定转子气隙内产生主磁场，转子绕组无阻尼。

（3）忽略定子绕组的齿槽对气隙磁场分布的影响。

（4）假设铁芯的磁导率无穷大，忽略定子铁芯与转子铁芯的涡流损耗和磁滞损耗。

（5）忽略电动机参数（绕组电阻、绕组电感和永磁体磁动势等）的变化。

对于面装式转子结构的 PMSM，由于永磁体内部磁导率很小，接近于空气，可以将置于转子表面的永磁体等效为两个空心励磁线圈（图 6－16a），假设两个线圈在气隙中产生的正弦分布励磁磁场与两个永磁体产生的正弦分布磁场相同。进一步，再将两个励磁线圈等效为置于转子槽内的励磁绕组，其有效匝数为相绕组的$\sqrt{\frac{3}{2}}$倍，通入等效励磁电流 i_f 在气隙中产生的正弦分布励磁磁场与两励磁线圈产生的相同。$\psi_f = L_{mf} i_f$，L_{mf} 为等效励磁电感。图 6－16b 为等效后的物理模型，图中已将等效励磁绕组表示为位于永磁励磁磁场轴线上的线圈。

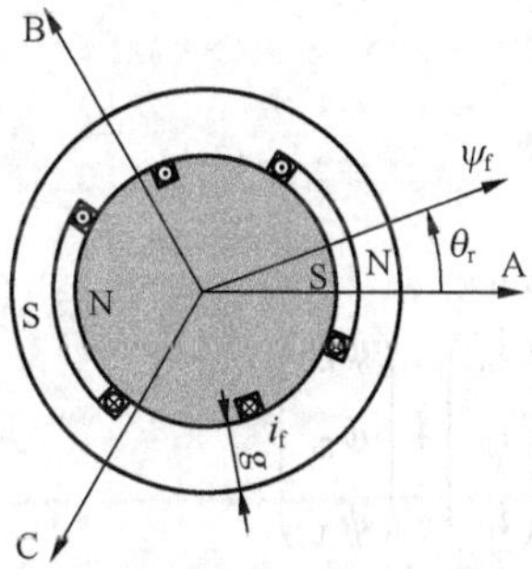

(a) 转子等效励磁绕组

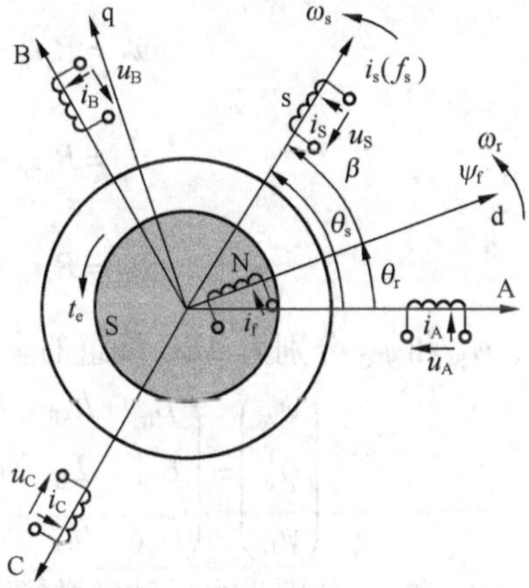

(b) 物理模型

图 6－16　面装式 PMSM 物理模型

图 6－16a 中，由于永磁体内部的磁导率接近于空气，因此对于定子三相绕组产生的电枢磁动势而言，电动机气隙是均匀的，气隙长度为 g。于是，图 6－16b 相当于将面装式 PMSM 等效为了一台电励磁三相隐极同步电动机，唯一的差别是电励磁同步电动机的转子励磁磁场可以调节，而面装式 PMSM 的永磁励磁磁场不可调节。在电动机运行中，若不计温度变化对永磁体供磁能力的影响，可认为 ψ_f 是恒定的，即 i_f 是个常值。

图 6－16b 中，将永磁励磁磁场轴线定义为 d 轴，q 轴顺着旋转方向超前 d 轴 90°。f_s 和 i_s 分别为定子三相绕组产生的磁动势矢量和定子电流矢量，产生 $i_s(f_s)$ 的等效单轴线圈位于 $i_s(f_s)$ 轴上，其有效匝数为相绕组的$\sqrt{\frac{3}{2}}$倍。

同理，可将插入式转子的两个永磁体等效为两个空心励磁线圈，再将它们等效为置于转子槽内的励磁绕组，其有效匝数为相绕组有效匝数的$\sqrt{\frac{3}{2}}$倍，等效励磁电流为 i_f。与面装式 PMSM 不同的是，电动机气隙不再是均匀的，此时面对永磁体部分的气隙长度增大为 $g+h$，h 为永磁体的高度，而面对转子铁芯部分的气隙长度仍为 g，因此转子 d 轴方向上的气隙磁阻要大于 q 轴方向上的气隙磁阻。

当 $\beta=0°$时，将 $i_s(f_s)$ 在气隙中产生的正弦分布磁场称为直轴电枢反应磁场；当 $\beta=90°$时，将 $i_s(f_s)$ 在气隙中产生的正弦分布磁场称为交轴电枢反应磁场。在幅值相同的 $i_s(f_s)$ 作用下，直轴电枢反应磁场要弱于交轴电枢反应磁场，于是有 $L_{md}<L_{mq}$，L_{md} 和 L_{mq} 分别为直轴等效励磁电感和交轴等效励磁电感。

插入式 PMSM 与电励磁三相凸极同步电动机相比，两个物理模型主要的差别在于后者的 $L_{md}>L_{mq}$，两者恰好相反。

对于内装式 PMSM，因直轴磁路的磁导要小于交轴磁路的磁导，故有 $L_{md}<L_{mq}$，其物理模型和插入式 PMSM 的基本相同。

对于面装式 PMSM，有 $L_{md}=L_{mq}=L_m$，L_m 称为等效励磁电感，且有 $L_m=L_{mf}$。

以面装式为例，图 6－16b 中，三相绕组的电压方程可表示为

$$u_A=R_s i_A+\frac{d\psi_A}{dt} \tag{6-24}$$

$$u_B=R_s i_B+\frac{d\psi_B}{dt} \tag{6-25}$$

$$u_C=R_s i_C+\frac{d\psi_C}{dt} \tag{6-26}$$

式中，ψ_A、ψ_B 和 ψ_C 分别为 ABC 绕组的全磁链。

$$\begin{pmatrix}\psi_A\\ \psi_B\\ \psi_C\end{pmatrix}=\begin{pmatrix}L_A & L_{AB} & L_{AC}\\ L_{BA} & L_B & L_{BC}\\ L_{CA} & L_{CB} & L_C\end{pmatrix}\begin{pmatrix}i_A\\ i_B\\ i_C\end{pmatrix}+\begin{pmatrix}\psi_{fA}\\ \psi_{fB}\\ \psi_{fC}\end{pmatrix} \tag{6-27}$$

式中，ψ_{fA}、ψ_{fB} 和 ψ_{fC} 分别为永磁励磁磁场链过 ABC 绕组产生的磁链。

同电励磁三相隐极同步电动机一样，因电动机气隙均匀，故 ABC 绕组的自感和互感都与转子位置无关，均为常值。于是有

$$L_A=L_B=L_C=L_{s\sigma}+L_{m1} \tag{6-28}$$

式中，$L_{s\sigma}$ 和 L_{m1} 分别为相绕组的漏电感和励磁电感。另有

$$L_{AB}=L_{BA}=L_{AC}=L_{CA}=L_{BC}=L_{CB}=L_{m1}\cos 120°=-\frac{1}{2}L_{m1} \tag{6-29}$$

式（6－27）可表示为

$$\begin{pmatrix}\psi_A\\ \psi_B\\ \psi_C\end{pmatrix}=\begin{pmatrix}L_{s\sigma}+L_{m1} & -\frac{1}{2}L_{m1} & -\frac{1}{2}L_{m1}\\ -L_{m1} & L_{s\sigma}+L_{m1} & -\frac{1}{2}L_{m1}\\ -\frac{1}{2}L_{m1} & -\frac{1}{2}L_{m1} & L_{s\sigma}+L_{m1}\end{pmatrix}\begin{pmatrix}i_A\\ i_B\\ i_C\end{pmatrix}+\begin{pmatrix}\psi_{fA}\\ \psi_{fB}\\ \psi_{fC}\end{pmatrix} \tag{6-30}$$

式中，$\psi_A=(L_{s\sigma}+L_{m1})i_A-\frac{1}{2}L_{m1}(i_B+i_C)+\psi_{fA}$。

若定子三相绕组为 Y 接，且无中线引出，则有 $i_A+i_B+i_C=0$，于是

$$\psi_A=(L_{s\sigma}+\frac{3}{2}L_{m1})i_A+\psi_{fA}=(L_{s\sigma}+L_m)i_A+\psi_{fA}=L_s i_A+\psi_{fA} \tag{6-31}$$

式中，$L_m=\frac{3}{2}L_{m1}$，为等效励磁电感；$L_s=L_{s\sigma}+L_m$，称为同步电感。

同样，可将 ψ_B 和 ψ_C 表示为式（6-31）的形式。由此可将式（6-30）表示为

$$\begin{pmatrix}\psi_A\\ \psi_B\\ \psi_C\end{pmatrix}=(L_{s\sigma}+L_m)\begin{pmatrix}i_A\\ i_B\\ i_C\end{pmatrix}+\begin{pmatrix}\psi_{fA}\\ \psi_{fB}\\ \psi_{fC}\end{pmatrix} \tag{6-32}$$

同三相感应电动机一样，由三相绕组中的电流 i_A、i_B 和 i_C 构成了定子电流矢量 $\boldsymbol{i}_s$。同理由三相绕组的全磁链可构成定子磁链矢量 $\boldsymbol{\psi}_s$，由 ψ_{fA}、ψ_{fB} 和 ψ_{fC} 可构成转子磁链矢量 $\boldsymbol{\psi}_f$，即有

$$\boldsymbol{i}_s=\sqrt{\frac{2}{3}}(i_A+ai_B+a^2i_C)$$

$$\boldsymbol{\psi}_s=\sqrt{\frac{2}{3}}(\psi_A+a\psi_B+a^2\psi_C)$$

$$\boldsymbol{\psi}_f=\sqrt{\frac{2}{3}}(\psi_{fA}+a\psi_{fB}+a^2\psi_{fC}) \tag{6-33}$$

将式（6-32）两端矩阵的第 1 行分别乘以 $\sqrt{\frac{2}{3}}$，第 2 行分别乘以 $\sqrt{\frac{2}{3}}a$，第 3 行分别乘以 $\sqrt{\frac{2}{3}}a^2$，再将 3 行相加，可得：

$$\boldsymbol{\psi}_s=L_{s\sigma}\boldsymbol{i}_s+L_m\boldsymbol{i}_s+\boldsymbol{\psi}_f \tag{6-34}$$

其中，$L_{s\sigma}\boldsymbol{i}_s$ 产生的漏磁链矢量，与定子相绕组漏磁场相对应；$L_m\boldsymbol{i}_s$ 产生的励磁磁链矢量，与电枢反应磁场相对应；$\boldsymbol{\psi}_f$ 转子等效励磁绕组产生的励磁磁链矢量，与永磁体产生的励磁磁场相对应。

通常将定子电流矢量产生的漏磁场和电枢反应磁场之和称为电枢磁场，将转子励磁磁场称为转子磁场，又称为主磁极磁场。

可将式（6-34）表示为

$$\boldsymbol{\psi}_s=L_s\boldsymbol{i}_s+\boldsymbol{\psi}_f \tag{6-35}$$

式（6-35）为定子磁链矢量方程，$L_s\boldsymbol{i}_s$ 为电枢磁链矢量，与电枢磁场相对应。

同理，可将式（6-24）~式(6-26）转换为矢量方程，即有

$$\boldsymbol{u}_s=R_s\boldsymbol{i}_s+\frac{d\boldsymbol{\psi}_s}{dt} \tag{6-36}$$

将式（6-35）代入式（6-36），可得：

$$\boldsymbol{u}_s=R_s\boldsymbol{i}_s+L_s\frac{d\boldsymbol{i}_s}{dt}+\frac{d\boldsymbol{\psi}_f}{dt} \tag{6-37}$$

式中，$\boldsymbol{\psi}_f = \psi_f e^{j\theta_r}$，$\theta_r$ 为 $\boldsymbol{\psi}_f$ 在 ABC 轴系内的空间相位。另有：

$$\frac{d}{dt}(\boldsymbol{\psi}_f e^{j\theta_r}) = \frac{d\boldsymbol{\psi}_f}{dt} e^{j\theta_r} + j\omega_r \boldsymbol{\psi}_f \tag{6-38}$$

式中，等式右端第 1 项为变压器电动势项，因 $\boldsymbol{\psi}_f$ 为恒值，故为零；第 2 项为运动电动势项，是因转子磁场旋转产生的感应电动势，通常又称为反电动势。

最后，可将式（6-36）表示为

$$\boldsymbol{u}_s = R_s \boldsymbol{i}_s + L_s \frac{d\boldsymbol{i}_s}{dt} + j\omega_r \boldsymbol{\psi}_f \tag{6-39}$$

式（6-39）为定子电压矢量方程。

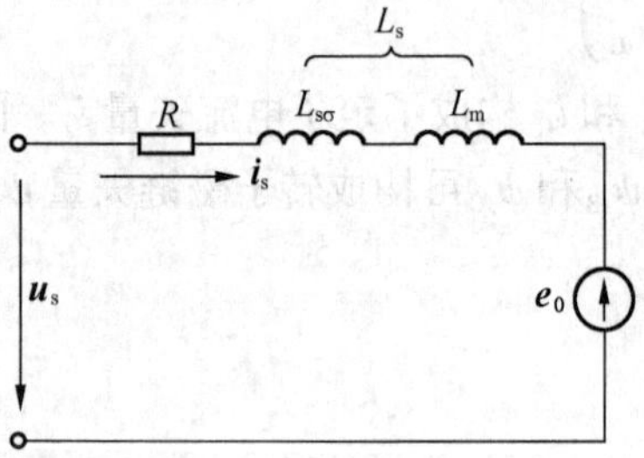

图 6-17　面装式 PMSM 等效电路

可将电压矢量方程表示为等效电路形式，如图 6-17 所示。图中，$\boldsymbol{e}_0 = j\omega_r \boldsymbol{\psi}_f$，为感应电动势矢量。在正弦稳态下，因 $\boldsymbol{i}_s$ 幅值恒定，则有 $L_s \frac{d\boldsymbol{i}_s}{dt} = j\omega_s L_s \boldsymbol{i}_s$，于是式（6-39）可表示为

$$\boldsymbol{u}_s = R_s \boldsymbol{i}_s + j\omega_s L_s \boldsymbol{i}_s + j\omega_s \boldsymbol{\psi}_f \tag{6-40}$$

由式（6-35）和式（6-40）可得如图 6-18a 所示的矢量图。

在正弦稳态下，矢量（空间）和相量（时间）具有时空对应关系，若同取 A 轴为时间参考轴，可将矢量图直接转换为 A 相绕组的相量图，或者反之。因此可将图 6-18a 所示的矢量图直接转换为 A 相绕组的相量图，如图 6-18b 所示。

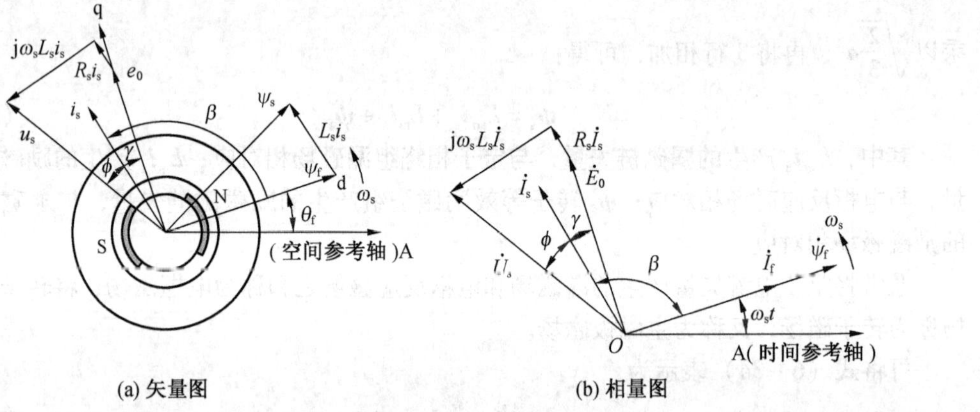

图 6-18　面装式 PMSM 矢量图和相量图

此时，可将式（6-40）直接转换为

$$\dot{U}_s = R_s \dot{I}_s + j\omega_s L_s \dot{I}_s + j\omega_s \dot{\Psi}_f = R_s \dot{I}_s + j\omega_s L_s \dot{I}_s + j\omega_s L_m \dot{I}_f = R_s \dot{I}_s + j\omega_s L_s \dot{I}_s + \dot{E}_0 \tag{6-41}$$

式中，$E_0 = \omega_s \Psi_f = \omega_s L_{mf} I_f$；因 $L_{mf} = L_m$，故有 $E_0 = \omega_s L_m I_f$。

由式（6-41）可得图 6-19 所示的等效电路。图中，将永磁体处理为一个正弦电流源。

根据电励磁三相隐极同步电动机物理模型，电磁转矩为

$$t_e = p\psi_f i_s \sin\beta = p\boldsymbol{\psi}_f \times \boldsymbol{i}_s \tag{6-42}$$

当 $\boldsymbol{\psi}_f$ 和 $\boldsymbol{i}_s$ 幅值恒定时，电磁转矩就仅与 β 有关，将此时的 $t_e-\beta$ 关系曲线称为矩－角特性，如图6－20所示，β 为转矩角。

将式（6－42）表示为

$$t_e = p\frac{1}{L_m}\boldsymbol{\psi}_f \times (L_m\boldsymbol{i}_s) \tag{6-43}$$

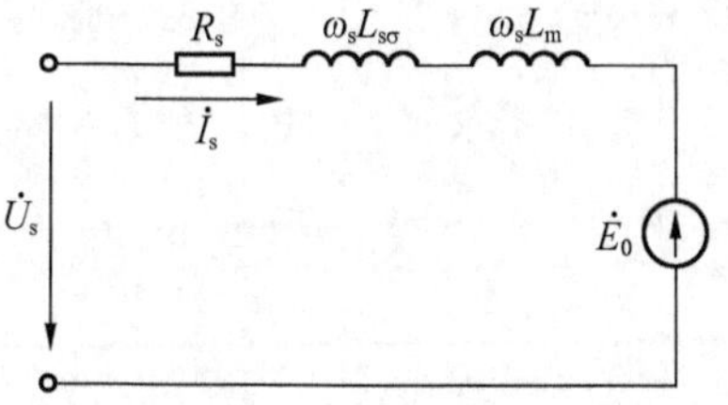

图6－19　以电压源表示的等效电路

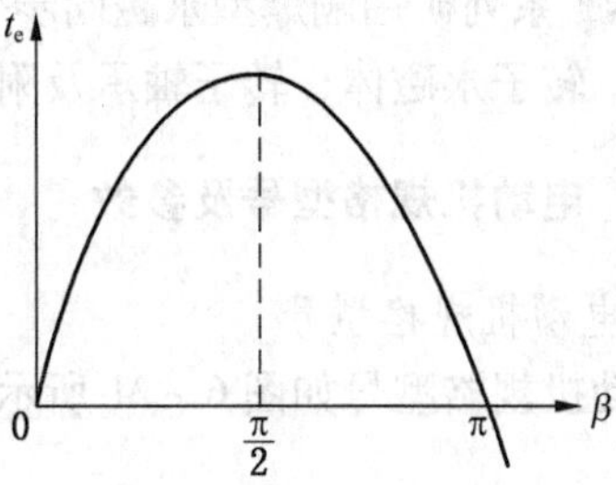

图6－20　$t_e-\beta$ 关系曲线

式（6－43）表明，电磁转矩可看成是由电枢反应磁场与永磁励磁磁场相互作用的结果，且取决于两个磁场的幅值和相对位置。由于 ψ_f 幅值恒定，因此电磁转矩取决于电枢反应磁场 $L_m i_s$ 的幅值和相对 ψ_f 的相位 β。在电动机学中，将 $f_s(i_s)$ 对主极磁场的影响和作用称为电枢反应，正是由于电枢反应使气隙磁场发生畸变，促使了机电能量转换，才产生了电磁转矩。由式（6－43）也可看出，电枢反应的结果取决于电枢反应磁场的强弱和其与主极磁场的相对位置。

应该指出，$f_s(i_s)$ 除产生电枢反应磁场外，还产生了电枢漏磁场，但此漏磁场不参与机电能量转换，不会影响式（6－43）所示的电磁转矩生成。

根据图6－19b和图6－20，可得正弦稳态下电动机的电磁功率为

$$P_e = 3E_0 I_s \cos(\beta - 90°) = 3E_0 I_s \cos\gamma \tag{6-44}$$

式中，γ 为内功率因数角。

或者

$$P_e = 3\omega_s L_m I_f I_s \sin\beta \tag{6-45}$$

电磁转矩为

$$T_e = \frac{3p}{\omega_s}E_0 I_s \cos\gamma \tag{6-46}$$

或者

$$T_e = 3pL_m I_f I_s \sin\beta \tag{6-47}$$

则

$$T_e = p(\sqrt{3}L_m I_f)(\sqrt{3}I_s)\sin\beta = p\psi_f i_s \sin\beta = p\boldsymbol{\psi}_f \times \boldsymbol{i}_s \tag{6-48}$$

式（6－48）表明，在转矩的矢量控制中，控制的是定子电流矢量 i_s 的幅值和相对 ψ_f 的空间相位角 β，而在正弦稳态下，就相当于控制定子电流相量 $\dot{\boldsymbol{I}}_s$ 的幅值和相对 $\dot{\boldsymbol{\psi}}_f$ 的相位角 β，或者相当于控制 $\dot{\boldsymbol{I}}_s$ 的幅值和相对 $\dot{\boldsymbol{E}}_0$ 的相位角 γ。

第二节　TBVF 系列矿用隔爆型永磁同步电动机

TBVF 系列矿用隔爆型永磁同步电动机可用于驱动各种通用机械，如带式输送机、球磨机、切削机床及其他机械设备，在矿山等工矿企业中作原动机用。

一、电动机结构

TBVF 系列矿用隔爆型永磁同步变频电动机主要由电动机壳体、定子绕组线圈、定子硅钢片、转子永磁体、转子轴承及附属设施组成。

二、电动机规格型号及参数

1. 电动机规格型号

电动机规格型号如图 6－21 所示。

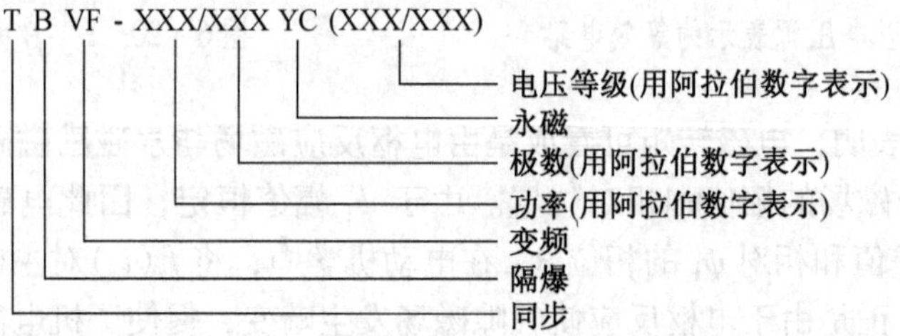

图 6－21　电动机规格型号

2. 电动机基本参数

本系列电动机的外壳防护等级为 IP55，冷却方式为 IC46W（水冷），安装方式为 IMB3，也可根据用户要求制成相应的防护类型、冷却方式和安装方式。电动机的定额是以连续工作制（S1）为基准的连续定额。电动机的额定电压为 660 V、1140 V、3300 V、6000 V，接法 Y。

3. 电动机主要性能参数

矿用隔爆型永磁同步变频电动机性能参数见表 6－2～表 6－4。

表 6－2　矿用隔爆型永磁同步变频电动机性能参数（660 V/1140 V）

序号	规　格　型　号	额定转矩/（N·m）	额定功率/kW	额定电压/V	额定电流/A	额定频率/Hz
1	TBVF－40/40YC（660/1140）	4244	40	660/1140	40/23	22.5
2	TBVF－55/40YC（660/1140）	5836	55	660/1140	55/32	22.5
3	TBVF－75/40YC（660/1140）	7958	75	660/1140	75/43	22.5
4	TBVF－90/40YC（660/1140）	9550	90	660/1140	89/52	30

表6-2（续）

序号	规 格 型 号	额定转矩/（N·m）	额定功率/kW	额定电压/V	额定电流/A	额定频率/Hz
5	TBVF-110/40YC（660/1140）	11672	110	660/1140	109/63	30
6	TBVF-160/40YC（660/1140）	16978	160	660/1140	159/92	30
7	TBVF-200/40YC（660/1140）	21222	200	660/1140	199/115	30
8	TBVF-250/40YC（660/1140）	26528	250	660/1140	249/144	30
9	TBVF-315/40YC（660/1140）	33425	315	660/1140	313/181	30
10	TBVF-355/64YC（660/1140）	37669	355	660/1140	353/204	48
11	TBVF-400/64YC（660/1140）	42444	400	660/1140	398/230	48
12	TBVF-450/64YC（660/1140）	47750	450	660/1140	447/259	48
13	TBVF-500/80YC（660/1140）	53056	500	660/1140	497/288	60
14	TBVF-560/80YC（660/1140）	59422	560	660/1140	557/322	60
15	TBVF-630/80YC（660/1140）	66850	630	660/1140	626/363	60
16	TBVF-710/60YC（1140）	75339	710	1140	398	45
17	TBVF-800/80YC（1140）	84889	800	1140	444	45
18	TBVF-900/80YC（1140）	95500	900	1140	500	45

表6-3 矿用隔爆型永磁同步变频电动机性能参数（3300 V）

序号	规 格 型 号	额定转矩/（N·m）	额定功率/kW	额定电压/V	额定电流/A	额定频率/Hz
1	TBVF-560/60YC（3300）	59422	560	3300	109	45
2	TBVF-630/60YC（3300）	66850	630	3300	122	45
3	TBVF-710/60YC（3300）	75339	710	3300	138	45
4	TBVF 800/80YC（3300）	84889	800	3300	153	60
5	TBVF-900/80YC（3300）	95500	900	3300	173	60
6	TBVF-1000/80YC（3300）	106111	1000	3300	190	60
7	TBVF-1120/80YC（3300）	118844	1120	3300	210	60
8	TBVF-1250/60YC（3300）	132639	1250	3300	235	45
9	TBVF-1400/60YC（3300）	148556	1400	3300	263	45
10	TBVF-1600/60YC（3300）	169778	1600	3300	301	45

表 6-4 矿用隔爆型永磁同步变频电动机性能参数（6000 V）

序号	规格型号	额定功率/kW	额定转矩/(N·m)	额定电压/V	额定电流/A	额定转速/($r \cdot min^{-1}$)
1	TBVF-560/60YC（6000）	560	59422	6000	60	90
2	TBVF-630/60YC（6000）	630	66850	6000	67	90
3	TBVF-710/60YC（6000）	710	75339	6000	76	90
4	TBVF-800/80YC（6000）	800	84889	6000	84	90
5	TBVF-900/80YC（6000）	900	95500	6000	95	90
6	TBVF-1000/80YC（6000）	1000	106111	6000	104	90
7	TBVF-1120/80YC（6000）	1120	118844	6000	116	90
8	TBVF-1250/60YC（6000）	1250	132639	6000	129	90
9	TBVF-1400/60YC（6000）	1400	148556	6000	145	90
10	TBVF-1600/60YC（6000）	1600	169778	6000	165	90

4. 防爆形式

电动机防爆形式为 ExdIMa，适用于甲烷或煤尘的爆炸性混合物存在的煤矿井下环境。

5. 绝缘等级及绝缘测量

电动机绝缘等级是依据电动机所用绝缘材料的允许极限温度划分的，TBVF 系列矿用隔爆型永磁同步变频电动机绝缘等级为 H 级，绝缘材料极限温度为 180 ℃。电动机使用时要进行绝缘测量，冷态绝缘电阻测量值达到要求方可使用电动机。

一个直流电压加在绕组被测部分及接地的机壳之间，在施加电压 1 min 以后量取电阻值。绕组不进行测试的部分以及测温元件都要接地。

绝缘电阻在很大程度上依赖于绕组的温度，所给出的最低值只在 20 ℃时有效。按照经验，温度每增加 12 ℃，绝缘电阻则降低到一半，反之亦然。例如，一个绕组在 44 ℃时有 20 MΩ 的绝缘电阻，这相当于在 20 ℃时有 80 MΩ。后者则与最低允许值作比较。

额定电压大于 1 kV 的电动机，定子成型绕组的绝缘电阻在冷态时，最小绝缘电阻不低于 100 MΩ。

电动机绝缘电阻测量工具选用参见表 6-5。

表 6-5 绝缘电阻测量工具规格

电动机额定电压/V	兆欧表规格/V	绝缘电阻/Ω
1000 以下	500	∞
100～3000	1000	∞
3000 以上	2500	∞

测量电动机绝缘电阻注意以下问题：

（1）每3个月测试1次。

（2）测量埋置式检温计（如埋置在上下层绕组之间的铂热电阻 Pt100）的绝缘电阻时，应采用不高于250 V的兆欧表。

（3）如果绝缘达不到最低绝缘要求，应检查原因并进行干燥处理，不得烘干，此后每2~3 h测1次，观察绝缘电阻变化情况。

6. 防护等级

TBVF系列矿用隔爆型永磁同步变频电动机防护等级为IP55。

防护等级见表6-6、表6-7。

表6-6　第一位表征数字及数后补充字母表示的防护等级

第一位表征数字	表征符号	防护等级	
		简述	含义
0	IP0X	无防护	无专门防护
1	IP1X	防止大于50 mm的固体异物	能防止人体的某一大面积（如手）偶然或意外地触及壳内带电部分或运动部件，但不能防止有意识地接近这些部分，能防止直径大于50 mm的固体异物进入壳内
2L	IP2LX	防止大于12.5 mm的固体异物	能防止直径大于12.5 mm的固体异物进入壳内和防止手指或长度不大于80 mm的类似物体触及壳内带电部分或运动部件
3	IP3X	防止大于2.5 mm的固体异物	能防止直径（或厚度）大于2.5 mm的工具，金属线等进入壳内
3L	IP3LX	防止大于2.5 mm的固体异物进入和防止2.5 mm的探针触及	能防止直径大于2.5 mm的固体异物进入壳内和防止长度不大于100 mm直径为2.5 mm的试验探针触及壳内带电部分和运动部件
4	IP4X	防止大于1 mm的固体异物	能防止直径（或厚度）大于1 mm的固体异物进入壳内
4L	IP4LX	防止大于2.5 mm的固体异物进入和防止1 mm的探针触及	能防止直径大于2.5 mm固体异物进入壳内和防止长度不大于100 mm直径为1 mm的试验探针触及壳内带电部分和运动部件
5	IP5X	防尘	不能完全防止尘埃进入壳内，但进尘量不足以影响电器的正常运行
6	IP6X	尘密	无尘埃进入

表6-7　第二位表征数字表示的防护等级

第二位表征数字	表征符号	防护等级	
		简述	含义
0	IPX0	无防护	无专门防护

表6-7（续）

第二位表数字	表征符号	防护等级	
		简述	含义
1	IPX1	防滴	垂直滴水应无有害影响
2	IPX2	15°防滴	当电器从正常位置的任何方向倾斜至15°以内任一角度时，垂直滴水应无有害影响
3	IPX3	防淋水	与垂直线呈60°范围以内的淋水应无有害影响
4	IPX4	防溅水	承受任何方向的溅水应无有害影响
5	IPX5	防喷水	承受任何方向由喷嘴喷出的水应无有害影响
6	IPX6	防海浪	承受猛烈的海浪冲击或强烈喷水时，电器的进水量应不致达到有害的影响
7	IPX7	防浸水影响	当电器浸入规定压力的水中经规定时间后，电器的进水量应不致达到有害的影响
8	IPX8	防潜水影响	电器在规定的压力下长时间潜水时，水应不进入壳内

7. 使用环境要求

（1）海拔不超过2000 m。

（2）环境空气温度应不超过40 ℃，不低于-15 ℃。

（3）冷却水入口处温度应不高于25 ℃（如有需要，冷却水温应不高于33 ℃），也应不低于5 ℃。

8. 工作运行条件

TBVF系列矿用隔爆型永磁同步变频电动机只能使用专用的永磁同步变频驱动装置，不得使用其他变频驱动装置进行驱动，更不允许直接接入三相工频电源进行使用。

9. 主电源接线盒与温控接线盒

1）主电源接线盒

TBVF系列矿用隔爆型永磁同步变频电动机主电源接线盒内有3个接线螺栓（或接线板），不同电压等级主电缆及温控接线腔结构如图6-22所示。

3个接线螺栓分别为U、V、W三相，电源进线电缆通过接线喇叭口上的密封圈进入接线盒内部，进线电缆用喇叭口上的卡板固定。

2）温控接线盒

轴承测温、定子测温等装置，如不特别说明，测温元件为铂热电阻Pt100，输出信号为电阻信号。

（1）定子测温。定子测温元件埋置在定子槽中、上下层线圈之间最热部位，每相1支，共3支。测温元件的引接线引到单独的接线盒中。TBVF系列电动机定子测温接线腔及温控元件接线图如图6-23所示。

每台电动机共3个Pt100温控元件，分3组通过九芯端子由隔爆主腔向外接线腔引

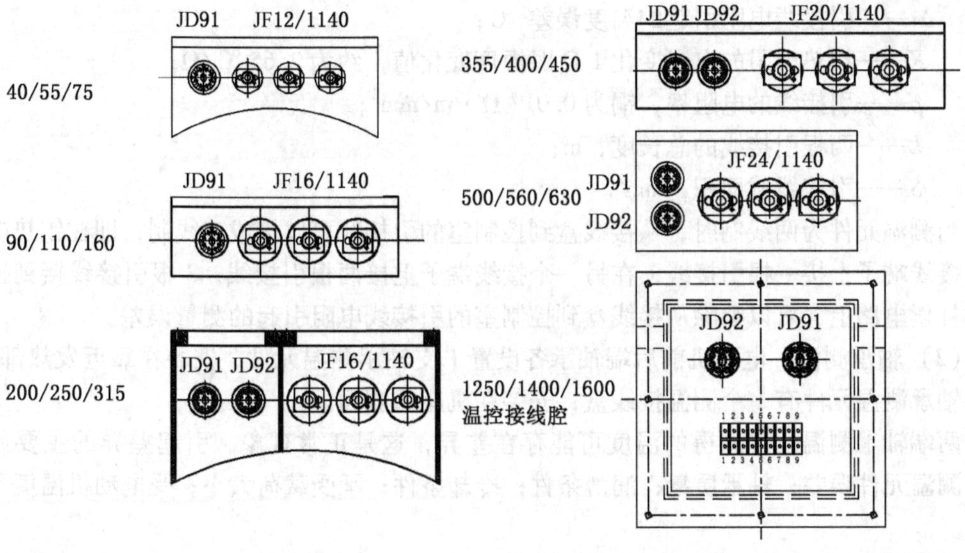

图6-22　不同电压等级主电缆及温控接线腔结构图

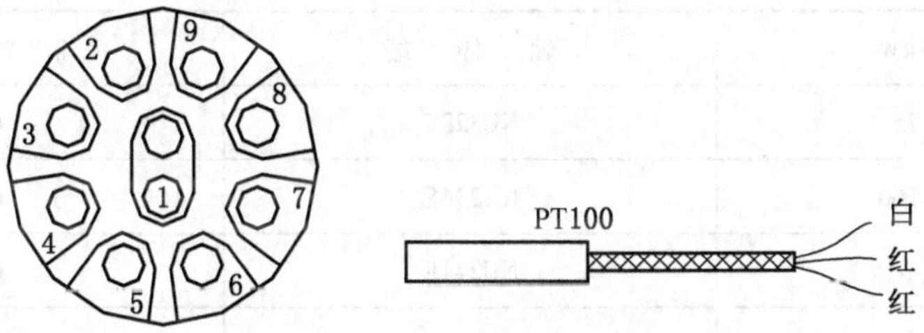

图6-23　TBVF系列电动机定子测温接线腔及温控元件接线图

出，每个Pt100温控元件有3根引出线，颜色分别为白、红、红。对应九芯端子JD91（JD92为备用）的信号分别为123、456、789三组，其中1、4、7连接每组的白色引出线，其余为红色引出线。

当电动机正常工作时，三相定子测温元件测得的温度存在差异的主要原因有：测温元件的误差；不同部位的电磁线和硅钢片不完全相同，使各部位产生的损耗不同；冷却系统不完全对称。

图6-23中，测温元件为三线制，通过测温接线盒用引接线连接到控制室。三线制的优点是通过补偿电路消除引接线电阻引起的测量误差。当测温元件为两线制时，引接线的电阻与测温元件的电阻叠加在一起，使测得的阻值大于铂热电阻的实际阻值，测得的温度大于实际温度。从测温元件到接线盒的引接线的电阻约为0.05 Ω，引起的测量误差约为0.15 ℃，可以忽略不计。从接线盒到控制室的引接线引起的测量误差与引接线的材质、直径、长度有关，可用下式计算：

$$\Delta t = K\rho S/L \tag{6-49}$$

式中 Δt——引接线电阻引起的温度误差，℃；

K——铂热电阻的电阻变化 1 Ω 时温度变化值，约为 2.65 ℃/Ω；

ρ——引接线的电阻率，铜为 0.017 $\Omega \cdot m/mm^2$；

L——两根引接线的总长度，m；

S——引接线截面积，mm^2。

当测温元件为两线制时，从接线盒到控制室的引接线可以接成三线制，即在铂热电阻一个接线端子上接一根引接线，在另一个接线端子上接两根引接线，3 根引接线接到控制室的补偿电路上，可以消除从接线盒到控制室的引接线电阻引起的测量误差。

（2）轴承测温。电动机前后端轴承各设置 1 支轴承测温元件，安装在靠近发热部位。每个轴承测温元件有 1 个测温接线盒，安装在机座的侧面。

两端轴承测温元件测得的温度可能存在差异，这是正常现象，引起差异的主要原因有：测温元件误差；轴承质量；润滑条件；冷却条件；承受载荷大小；受电动机温度不均影响。

10. 轴承

TBVF 系列矿用隔爆型永磁同步变频电动机轴承型号见表 6-8。

表 6-8 TBVF 系列矿用隔爆型永磁同步变频电动机轴承型号

额定功率/kW	轴伸端	非轴伸端
40、55、75	NU328E	6328
90、110、160	NU234E	6234
200、250、315	NU244E	6244
355、400、450	NU1056	6056
500、560、630	NU1060	61960
710	NN 3056 W33	23056 CA/W33
800、900、1000、1120	NN 3060 W33	23060 CA/W33
1250、1400、1600	NNU4972 W33	23072 CA/W33

三、电动机安装

1. 安装前注意事项

（1）按照电动机使用说明书，编制操作规程。

（2）核对电动机基础。

（3）核对电动机及其配套的其他电气设备的选型是否符合设计要求。

（4）检查设备有无“防爆合格证”及“防爆标志”。

（5）检查管路、电缆等安装配件是否备齐。

（6）绝缘检查，绝缘电阻的测定及规定值。

2. 安装场所要求

（1）排水设备完善并方便检查、润滑及维护。室外安装时，要求不受风雨侵蚀。

（2）具有合适的空间，拆卸电动机时不用挪动被驱动设备。

3. 电动机与联轴器连接

联轴器的类型应根据使用要求和工作条件来确定。具体选择时可考虑以下几点：

（1）所需传递的转矩大小和性质以及对缓冲和减振方面的要求。例如，对大功率的重载传动，可选用弹性柱销齿式联轴器；对有严重冲击载荷或要求消除轴系扭转振动的传动，可选用蛇形弹簧联轴器等具有高弹性的联轴器。

（2）联轴器的可靠性和工作环境。通常，由金属元件制成不需润滑的联轴器比较可靠；需要润滑的联轴器，其性能易受润滑条件的影响且可能污染环境。

（3）联轴器安装、维护和成本。在满足使用性能的前提下，应选用装拆方便、维护简单、传递扭矩大的联轴器。例如：刚性联轴器不但结构简单，而且装拆方便，其中罩壳式蛇形弹簧联轴器，可在不移动两轴的情况下装拆联轴器，可用于低速、刚性大的传动轴。

（4）检查找正。TBVF 系列矿用隔爆型永磁同步变频电动机输出轴端为光轴结构（40、55 kW 为矩形花键），采用胀套连接，其中电动机轴伸端尺寸及公差规定见表 6-9。

表 6-9 电动机轴伸端尺寸及公差规定 mm

系列号	型号	轴伸直径 D	公差
1	TBVF-710/60YC（1140）	260	$\phi260^{+0.052}_{+0.002}$
2	TBVF-800/80YC（1140）	280	$\phi280^{+0.052}_{+0.020}$
3	TBVF-900/80YC（1140）	280	$\phi280^{+0.052}_{+0.020}$
4	TBVF-560/60YC（3300）	260	$\phi260^{+0.052}_{+0.002}$
5	TBVF-630/60YC（3300）	260	$\phi260^{+0.052}_{+0.002}$
6	TBVF-710/60YC（3300）	260	$\phi260^{+0.052}_{+0.002}$
7	TBVF-800/80YC（3300）	280	$\phi280^{+0.052}_{+0.020}$
8	TBVF-900/80YC（3300）	280	$\phi280^{+0.052}_{+0.020}$
9	TBVF-1000/80YC（3300）	280	$\phi280^{+0.052}_{+0.020}$
10	TBVF-1120/80YC（3300）	280	$\phi280^{+0.052}_{+0.020}$
11	TBVF-1250/60YC（3300）	340	$\phi340^{+0.057}_{+0.021}$
12	TBVF-1400/60YC（3300）	340	$\phi340^{+0.057}_{+0.021}$
13	TBVF-1600/60YC（3300）	340	$\phi340^{+0.057}_{+0.021}$

表6-9（续） mm

系列号	型　号	轴伸直径 D	公　差
14	TBVF-560/60YC（6000）	260	$\phi260^{+0.052}_{+0.002}$
15	TBVF-630/60YC（6000）	260	$\phi260^{+0.052}_{+0.002}$
16	TBVF-710/60YC（6000）	260	$\phi260^{+0.052}_{+0.002}$
17	TBVF-800/80YC（6000）	280	$\phi280^{+0.052}_{+0.020}$
18	TBVF-900/80YC（6000）	280	$\phi280^{+0.052}_{+0.020}$
19	TBVF-1000/80YC（6000）	280	$\phi280^{+0.052}_{+0.020}$
20	TBVF-1120/80YC（6000）	280	$\phi280^{+0.052}_{+0.020}$
21	TBVF-1250/60YC（6000）	340	$\phi340^{+0.057}_{+0.021}$
22	TBVF-1400/60YC（6000）	340	$\phi340^{+0.057}_{+0.021}$
23	TBVF-1600/60YC（6000）	340	$\phi340^{+0.057}_{+0.021}$

4. 电动机与底座的连接

将电动机底座安装在基础或其他支撑上，加薄垫片找水平。用激光及水平仪在90°的两个方向检查，以保证地脚螺栓拧紧后底座上表面在一个水平面上。将电动机放在底座上，上好底座螺栓（或螺母）并拧紧，在没找正之前不要拧紧底座螺栓（或螺母）。

电动机安装时，不允许用重物撞击，以免使机座变形或损坏轴承等零部件。

5. 电气连线

接线前应进行如下检查：

（1）确定所有临时性支撑都已拆除。

（2）开盖后将接线盒外盖按照防爆要求正确放置，对接线腔内部件进行检查有无缺少、松动，然后对电动机进行绝缘检查。

（3）根据接线图检查电动机、变频控制器及信号控制连接部件是否完整。

（4）检查联轴器是否脱开，并通过联轴器进行二次找平，并锁紧地脚螺栓。

（5）检查供电系统的电压、相位、频率等是否符合电动机铭牌上的额定值。

（6）接线前将接线盒清理干净，检查电缆进线口的密封，并卡紧进线电缆，电动机内、外接地线按规定接牢。

（7）检查电动机随机使用记录及标签，确定轴承润滑情况，并按要求注油。

（8）检查水冷管路接头是否连接好。

（9）启动控制和过载控制必须符合电动机额定值。为了安全和方便，可以将它们安装在与电动机保持一定距离的地方。

（10）按照变频控制装置的说明，正确地安装和连线，所用电源要符合国家电力标准，线路电压和导线容量符合铭牌上的额定值。

6. 完成安装

在找正和拧紧底脚螺栓后，在空载（或负载尽可能小）的情况下运转电动机。检查电动机的振动，如振动严重，需检查是不是安装问题，如不是则检查变频控制装置。

7. 水冷系统连接

TBVF 系列矿用隔爆型永磁同步变频电动机的冷却方式为 IC46W（水冷），可直接使用矿井复用水，进出水孔的安装尺寸为 M27×2（内螺纹）。出厂配置 ϕ18 mm 矿用快速接头。冷却水压为 0.3～0.8 MPa，流量＞2.8 t/h，如无合适水源可选配厂家永磁电动机自循环水冷系统。

冷却水尽量为中性水质，无颗粒杂质，水质不好的要加过滤器，地面使用冬季需要防止水结冰；不得造成进出水口堵塞，防止温度升高及水压过大造成电动机损坏。

8. 注油润滑

电动机不要频繁注油，前后轴承外盖分别留有注油孔（图 6－24）。注油时进出油口都要打开，以致废油可以流出，不可带电注油。润滑油一般选择“长城 3 号通用锂基脂”。电动机出厂前已按规定加注适量润滑油。

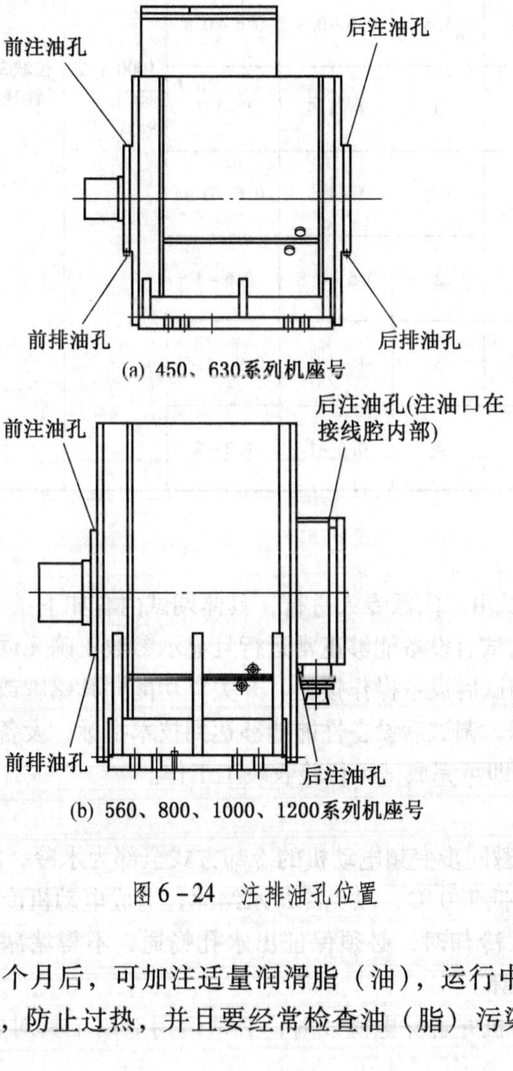

图 6－24　注排油孔位置

电动机安装投产 3 个月后，可加注适量润滑脂（油），运行中要密切监视电动机轴承、定子温度变化情况，防止过热，并且要经常检查油（脂）污染变质情况，避免造成事故。

注油量及时间参考表见表6-10。

表6-10　注油量及时间参考表

电动机规格	空腔容积/L		注油量(30%~50%空腔容积)/L		注油周期	油品牌号	注意事项
	前轴承	后轴承	前轴承	后轴承			
40~75 kW（中心高450 mm）	1.4	1.8	0.3~0.7	0.6~0.9	1000 h或3个月	长城3号锂基脂	1. 电动机在出厂前都是注好油的，初次运行不再加润滑油；2. 在注油时将底部的排油孔打开，按建议注油量，加注完毕后无论排油孔是否排出废油都不再增加注油量；3. 表中给出的注油量和注油周期为理论值，润滑油过多或过少都会造成轴承温度过高，用户可按现场轴承实际运行温度来调节注油量和注油周期
90~160 kW（中心高560 mm）	1.9	2.4	0.6~0.9	0.8~1.2			
200~315 kW（中心高630 mm）	2.4	2.4	0.7~1.2	0.8~1.2			
355~450 kW（中心高800 mm）	1.6	1.6	0.5~0.8	0.6~0.8			
500~630 kW（中心高1000 mm）	3	3	1~1.5	1~1.5			
315 kW加长系列（中心高630 mm）	3.2	1.8	1~1.5	0.6~0.9			
450 kW加长系列（中心高450 mm）	1.7	2	0.5~0.8	0.6~1			
630 kW加长系列（中心高1000 mm）	3	3	1~1.5	0.9~1.5			
1250~1600 kW（中心高1120 mm）	2	4	0.6~1	1.2~2			

9. 电动机的调试

TBVF系列产品调试由厂家派专人进行，具体调试内容如下：

（1）设备运行。调试后设备能够正常运行且显示参数正确无误。

（2）设备操作。调试后设备操作按钮、开关等功能同其铭牌或说明书标注作用一致。

（3）设备技术指标。调试后设备性能能够达到技术指标；设备井下安装后正常运行1个月，达到使用要求，即可完成试运行验收竣工工作。

10. 注意事项

（1）TBVF系列永磁同步变频电动机的冷却方式全部为水冷，故在冬天使用时注意电动机周边环境温度不得低于0 ℃，以免冷却水结冰，造成电动机冷却系统损坏。

（2）电动机采用水冷却时，必须保证出水孔畅通，不得堵塞出水孔以免水压过高，造成电动机冷却系统损坏。

（3）因工作需要停机并解除电源线时，必须运用专用工具对电动机接线端子进行放电，以免触电。

（4）电动机与联轴器采用胀套连接，使用时每 2 个月应将胀套螺栓紧固 1 次，防止螺栓松动导致电动机轴端损坏，影响使用。

（5）引入的电缆芯线，须用接线压板压紧固定，防止电缆窜动，否则易发生短路，引起放电爆炸。

（6）电动机外接地螺栓必须有可靠的接地。

（7）严禁带电开盖。

（8）安装、使用、维护过程中注意保护隔爆面，严禁磕碰、划伤。

（9）使用屈服应力大于等于 640 MPa(8.8 级)的紧固件。

四、电动机运行维护

1. 维护检查记录

为了避免频繁停机造成的绕组击穿或严重的损坏，应设有预防性维护检查一览表。这张表取决于电动机的运行情况和类似电动机的使用经验。为了保证适当的维护，要保存每一台电动机的完整记录，参考表 6－11 执行，包含电网状态、电动机运行参数、运输负载情况、温升数据、维护情况（水冷和注油）等，以便巡检人员查看，及时了解每一台设备的运行情况。

表 6－11　TBVF－/YC(　/　)电动机维护检查记录

序号	电压/V	运行电流/A	工作频率/Hz	转速/($r \cdot min^{-1}$)	定子温度/℃			轴承温度/℃		注油时间	注油量	记录日期
1					A	B	C	前	后			
2												
3												
4												
⋮												

2. 周期性检查

电动机应进行周期性的维护和检查，应保证：

（1）电动机清洁，电动机工作环境通风良好，无积水，无腐蚀性液体存在。

（2）负载不超过额定值和使用系数。

（3）绕组线圈温升不超过额定值。

（4）绝缘电阻要大于推荐的最小值。

（5）电压、频率的变化应符合规定。

（6）轴承检查，检查润滑脂贮存、注油时间、注油量及监测轴承温度。

（7）没有异常的振动和噪声。

（8）必要零件的贮备及备用件库存一览表。

3. 维护计划

1）一般检查

（1）在提供的测温装置处测量温度，它们是为了测量定子绕组、冷却空气及轴承的温度。

（2）察听电动机是否有不正常的机械噪声或者出现变化的响声（如摩擦或敲击声等）。

（3）当有水－空气交换器装置时，用目检查水管是否漏水。

（4）当采用过滤器装置时，检查过滤器的沾污程度。

（5）用手检查或用温度计（如果装有）在测温装置处测量并记录轴承温度；检查定子、转子之间的间隙，清理集电环和刷架上的积灰和油污。

2）每月的检查

（1）用轻便型测量设备测量振动，测量点位置在轴承室中部。

（2）连接线及其紧固情况。

（3）当有过滤器装置时，在过滤监视器动作后（如流量开关）则应更换或清理过滤器。

（4）检查轴承运转是否平稳以及温度情况，检查是否漏油，如果已弄脏，则清除脏物。

3）每季的检查

（1）测量绕组的绝缘电阻、温升情况。

（2）检查轴承的温升及润滑脂情况。

（3）用目检查电动机外部及轴缝隙处灰尘沉积的程度。

（4）检查电源、仪表及控制接线上灰尘沉积的程度。

4）定期检查

按照使用条件每年或每半年对电动机进行检查。保证每半年进行检查的非常规条件有：

（1）腐蚀性的或导电性的灰尘。

（2）所积累的灰尘会影响正常通风及运转。

（3）化学的烟雾、蒸汽、盐雾气或油雾。

（4）潮湿或非常干燥、辐射热、害虫侵扰或导致霉菌生长的大气。

（5）不正常的冲击、振动或者外来的机械负荷。

（6）与额定电压和（或）频率的偏离过大。

（7）房间的通风差或环境的空气温度超过 40 ℃。

（8）电动机承受扭转冲击负载，反复地过载、反接或制动，或者由于负载惯量大而产生长的加速时间。

（9）检查所有螺栓及螺母，确保是紧固的。

（10）检查主引出线，是否有过热或电晕的迹象。

（11）空气清洁法。以喷射的空气吹掉灰尘，只用于几乎无法接近的缝隙处，并且电动机不能是潮湿的；空气吹拂的方向应不使灰尘被带入电动机内部深处，以免难以清除且可能阻塞通风道。

特别注意：所用空气压力不得高于 2×10 Pa。这是为了避免损伤绝缘。在绝缘松散的情况下吹拂灰尘，要确保空气是干燥的，并且不含来自空气管路的冷凝水。

（12）溶剂清洁法。清除电气设备上的沥青、脂、蜡及油，溶剂清洁法特别有效。用一块蘸有溶剂的布块揩抹表面，然后用干布揩擦。建议用无机类挥发性溶剂或石油类溶剂清洁绝缘。

特别注意：当采用溶剂清洗时，应有适当的通风，以免火灾、爆炸以及危害人体的健康。

（13）绝缘电阻。绕组的绝缘电阻定义为绝缘对于直流电压的电阻，此电压导致产生通过绝缘体及表面的泄漏电流。

绕组的绝缘电阻揭示了绕组吸潮及灰尘沉积程度等的信息，即使没有达到最低值，也应干燥电动机并且根据需要清洁电动机。

五、电动机的拆卸

TBVF 系列矿用隔爆型永磁同步变频电动机体积比较大，且电动机转子中含有大量的稀土永磁体，转子对金属具有很强的吸附性，整机拆卸时必须使用专用设备，非专业人员不可随意拆卸。

六、常见故障及处理

常见故障及处理见表 6－12～表 6－16。

表6－12　电动机不能启动故障

故　障	可能的原因	处理方法
电动机完全不动	至少有两根电源引线开路	检查熔丝、电源进线及引线端子
	无电压	检查电源进线
电动机不能带负载启动，但发出正常的磁噪声	过大的负载转矩	修理传动装置的故障，不对接电动机，并检查空载运转
	电源电压太低	测量电源电压
电动机空转，但不能带负载	启动后， 根电源进线断开	检查电源进线

表6－13　轴承发热故障

故　障	可能的原因	处理方法
轴承过热	不适合的润滑剂	参看润滑铭牌所推荐的脂或油
	注油过量	注排油孔打开，运转一段时间后关闭，检查是否还过热
	负载过大	检查轴线对准情况，是否存在轴向推力负荷，检查轴是否弯曲

表6-14 振动、噪声故障

故障	可能的原因	判别方法与处理方法
振动、噪声	转子不平衡	将电动机与负载不对接，再作检查
	安装不紧固或基础不好	重新拧紧螺栓、检查垫片、加固定装置固定
	联轴器不平衡	检查键的超出部分是否已平衡
	轴中心线未对准	机组重新对中，基础恢复到正确的平面
	电动机支承结构的共振	在电动机底脚处振动大，随着速度的改变或者在电动机断电后迅速消失

表6-15 绝缘电阻故障

故障	可能的原因	处理方法
绝缘电阻低	潮湿、灰尘、导电微粒或其他污染物	清洁电动机，按需要清洁并干燥电动机
	温度过高	检查是否过负荷，冷却系统、积灰是否过多，电压是否平衡

表6-16 电动机过热故障

故障	可能的原因	处理方法
电动机过热	主电源电压太高	检查主电源电压及空载电流
	水冷系统故障	检查水冷系统
电动机负载时过热	电动机过负荷	核对电流
	电压太高或太低	核对电压
	电动机单相运行	查出进线断开处
	转子碰定子	检查气隙

第三节 永磁电动机在带式输送系统中的应用

一、永磁电动机在带式输送系统中的应用背景

带式输送机因其结构简单，便于维修，运行花费少等优点在煤矿广泛用于物料输送，成为矿上物料搬运设备中的首选。

带式输送机是一种以输送带做牵引和承载构件，连续输送物料的机械设备。其结构如图6-25所示。输送带绕经驱动滚轮和尾部滚筒形成无极环行带，输送带由托辊支撑以限制挠曲垂度，拉紧装置为输送带正常运行提供所需的张力。传统带式输送机工作时，由电动机通过减速器驱动驱动滚轮，依靠驱动滚轮与输送带之间的摩擦力使输送带连续运动，被运物品靠它与输送带之间的摩擦力，随输送带运到卸载地点卸载。

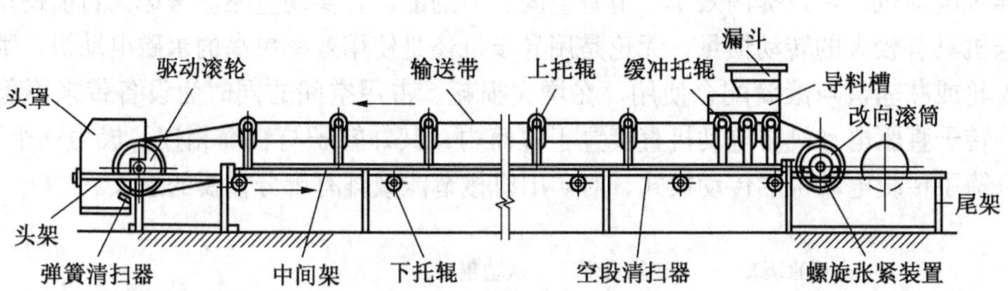

图 6－25　带式输送机结构图

二、外转子直驱辊永磁同步系统

普通异步电动机驱动的带式输送机实物图如图 6－26 所示。目前，矿山绝大多数大功率运料设备采用异步感应电动机加减速机的驱动系统，在传动环节上安装减速机或者液力耦合器用以减速来增大输出转矩，然后连接负载。这种异步电动机加减速的传动模式不仅在传动环节上消耗了大量的能量，而且异步电动机常常为了满足最大负载而使电动机长时间工作在轻载状态。根据现场测量的数据显示，当带式输送机正常运行时，电动机的使用功率维持在额定功率的 20% ~30%，甚至更低，存在“大马拉小车”的现象。在异步电动机中，转差损耗以及由各次谐波引起的谐波损耗等不可避免地存在，致使异步电动机的负载效率始终在 0.7 ~0.9 之间。而异步电动机的效率和功率因数是与负载率直接相关的，当负载率低于 0.7 时，其效率和功率因数下降十分明显。这就说明异步电动机在带式输送机实际运行过程中的效率更低，从而导致整个系统传递效率低。

图 6－26　普通异步电动机驱动的带式输送机实物图

外转子直驱式带式输送机结构示意图如图 6－27 所示。带式输送机用永磁同步电动机取代异步电动机，可以提高效率、节省空间、节约能源，实现直驱。考虑到目前使用的带式输送机具有较大的转动惯量，无论是用异步机还是使用效率更高的永磁电动机，都必须要用齿轮或减速机与滚筒配合使用，在增大损耗、占用空间的同时为设备带来不稳定因素。外转子直驱电动机将电动机直接置于辊筒内，其外转子与辊筒相连，成为一个整体，彻底取缔了传统电动机的传动模式，对矿山机械节能减排有十分重要的意义。

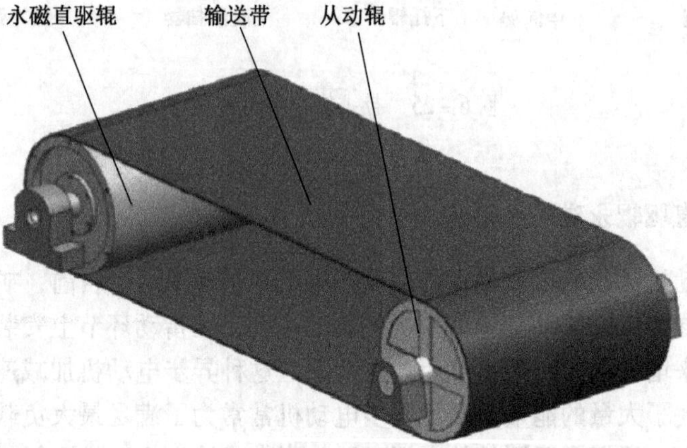

图 6－27　外转子直驱式带式输送机结构示意图

三、永磁电动机在带式输送系统中的应用优势

大型带式输送机由于输送带的黏弹特性在启停时往往会出现输送带张力不稳定的现象，进而引发输送带紧带或松带，一般会在输送机中设置张紧装置来补偿输送带的变化量。例如：神东大柳塔矿发生的冲顶事故，事故原因就是带式输送机张紧装置出现故障；中煤平朔矿井输送带发生的刹车失灵事故。在带式输送机系统中，输送机的动态特性受到多方面因素的影响，主要可以通过不同的驱动方式和控制输送带张力来调节输送机的动态特性。

张紧装置是调节输送带张力的重要设备，对输送机动态特性的影响巨大，而其中起主要作用的是张紧力的变化方式。当前大型带式输送机的张紧装置已经发展成为集机电液于一体的动态自动张紧设备，可以实现对输送带张力的实时监控和调节。自动张紧装置可以分为液压自动张紧装置和变频自动张紧装置。液压自动张紧装置存在输送带张力调节较慢、故障率高等不足，而传统的变频自动张紧装置往往采用“变频器＋电动机＋减速器”的驱动形式，结构较为复杂，而且由于减速器的存在，使得驱动系统的传动效率和可靠性降低，制造成本和后期维护难度增加。

永磁同步电动机具备良好的低速带载能力且节能效果优越，将低速直驱永磁同步电动机作为张紧装置的驱动电动机可以有效地简化其结构，降低维护难度和生产成本。

采用“变频器＋永磁同步电动机”直驱方式的永磁变频自动张紧装置，可以满足带式输送机在启动、满速、机尾自移和停机阶段对张力的不同要求，基本可以做到对张力的实时调节。

第七章　煤矿电气设备防爆技术

第一节　煤矿电气设备防爆概述

煤矿电气设备在正常运行或故障状态下可能出现火花、电弧、热表面和灼热颗粒等，它们都具有一定的能量，可以成为引燃瓦斯和粉尘的火源，加上电气设备绝缘老化会出现漏电或绝缘击穿。这些电火花或电弧等都是强点燃源，遇着瓦斯（煤尘）就可能发生瓦斯（煤尘）爆炸事故。因此，煤矿井下有瓦斯爆炸危险场所必须使用防爆电气设备。

一、爆炸理论

1. 爆炸条件

爆炸必须具备的3个必要条件：

（1）爆炸性物质：能与氧气（空气）反应的物质，包括气体（甲烷、氢气、乙炔等）、液体（酒精、汽油等）和固体（煤尘、粉尘、纤维粉尘等）。

（2）氧化剂：空气或氧气等。

（3）点燃源：能提供爆炸的热源，包括明火、电气火花、机械火花、静电火花、高温、化学反应、光能等。

2. 煤矿爆炸条件的情况

煤矿井下几乎所有的场所存在爆炸性物质，空气中的氧气无处不在，在生产过程中大量使用电气、仪表，各种摩擦火花、机械磨损火花、静电火花、高温等不可避免产生点燃源。当爆炸性物质与氧气的混合浓度处于爆炸极限范围内时，若存在点燃源，将会发生爆炸。

3. 防止煤矿爆炸

防止煤矿爆炸应从3个必要条件来考虑，限制了其中的一个必要条件，就限制了爆炸的产生。通常从下述3个方面着手对易燃易爆场合进行处理。

（1）最大限度地减少易燃物质或降低易燃物质浓度。

（2）不用或尽量少用易产生电火花的电气设备。

（3）采取充氮气之类的方法维持惰性状态。

二、煤矿防爆电气设备的保护级别

根据《爆炸性环境　第1部分：设备　通用要求》(GB/T 3836.1—2021)，煤矿瓦斯气体环境所用电气设备为Ⅰ类。Ⅰ类设备的防爆型式考虑了瓦斯和煤尘的点燃以及地下用设备的物理保护措施。当煤矿环境中还可能包含其他爆炸性气体时，应按Ⅰ类和Ⅱ类相应可燃性气体进行选型。

通常情况下，煤矿电气设备使用的环境：压力80～110 kPa，空气中氧含量21%，温

度 -20 ~ +60 ℃，超出以上环境温度时视为特殊情况。Ⅰ类电气设备的最高表面温度不应超过 150 ℃（当电气设备表面可能堆积煤尘时）或 450 ℃（当电气设备表面不会堆积煤尘时）。

煤矿设备保护级别有 Ma 和 Mb 两级：

Ma 级具有“很高”的保护级别，在设备正常运行、出现预期故障或罕见故障，甚至在气体突然出现设备仍带电的情况下均不可能成为点燃源。该级别的设备在爆炸性环境出现时，即使在设备出现罕见的故障情况下仍能保持其功能，其保护措施应达到：①一个保护措施失效时，至少还有第二个独立的保护措施提供必需的保护级别；②同时出现两个各自独立的故障时，仍能保证规定的保护级别。该级别的设备用于煤矿井下和有煤矿瓦斯气体和/或可燃煤尘危险的地面装置上。

Mb 级具有“高”的保护级别，在设备正常运行中或在气体突然出现和设备断电之间的时间内出现预期故障条件下不可能成为点燃源。该级别的设备在爆炸性环境出现时应停机。该级别的设备用于煤矿井下和可能有煤矿瓦斯气体和/或可燃煤尘危险的地面装置上。

三、煤矿电气设备的防爆技术

煤矿电气产设备可能采用了多种防爆保护技术。例如，照明装置可能采用了增安型保护（外壳和接线端盒）、隔爆型保护（开关）和浇封型保护（镇流器）。煤炭企业可根据自己的实际需要来选择性价比较高的防爆电气设备。煤矿电气设备的防爆技术归纳起来主要包括以下几种。

1. 间隙隔爆技术

将电气设备的带电部件放在特制的外壳内，该外壳具有将壳内电气部件产生的火花和电弧与壳外爆炸性混合物隔离开的作用，并能承受进入壳内的爆炸性混合物被壳内电气设备的火花、电弧引爆时所产生的爆炸压力，且外壳不被破坏；同时能防止壳内爆炸生成物向壳外爆炸性混合物传爆，不会引起壳外爆炸性混合物燃烧和爆炸。这种特殊的外壳叫“隔爆外壳”。具有隔爆外壳的电气设备称为“隔爆型电气设备”。

2. 本质安全技术

本质安全是指通过设计等手段使生产设备或生产系统本身具有安全性，即使在误操作或发生故障的情况下也不会造成事故的功能，具体包括失误 - 安全功能（误操作不会导致事故发生或自动阻止误操作）、故障 - 安全功能（设备、工艺发生故障时还能暂时正常工作或自动转变安全状态）。本质安全防爆方法是利用安全栅技术将提供给现场仪表的电能量限制在既不能产生足以引爆的火花，又不能产生足以引爆的仪表表面温升的安全范围内，从而消除引爆源的防爆方法。

3. 超前切断电源和快速断电技术

（1）超前切断电源技术。启动器中漏电保护与屏蔽电缆配合，当屏蔽电缆受到机械损伤时，相间绝缘被破坏，电缆芯线与屏蔽层接触造成漏电，检漏继电器动作使启动器跳闸，这样在电缆内部还未形成短路之前即可切断电源。当电气设备出现故障时，在可能点燃瓦斯之前，利用自动断电装置将电源切断，达到防爆目的，这种措施称为超前切断电源。

（2）快速断电技术。当矿井低压电网发生单相漏电或短路时，电网的全断电时间

（安全断电时间为2.5~3 ms）小于形成外露故障电明火的时间（故障形成最小时间不少于5 ms），从而保证防火、防爆及人身触电安全的电气安全技术。

4. 增安措施

在结构上采取措施（如密封等），提高其安全程度，以避免在正常和规定的过载条件下出现点燃混合物的火花或危险温度的防爆技术。

四、煤矿防爆电气设备的失爆和防爆误区

煤矿防爆电气设备的失爆是指煤矿电气设备失去了耐爆性或不传爆性（隔爆性）。失爆的电气设备十分危险，已经失爆的电气设备，都必须禁止使用。

1. 常见的失爆现象

（1）隔爆外壳严重变形或出现裂纹、焊缝开焊，连接螺栓不齐全，螺纹扣损坏或拧入深度小于规定值，隔爆外壳内外有锈皮脱落，致使其机械强度达不到耐爆性的要求。

（2）隔爆接合面严重锈蚀、机械划伤、凹坑、间隙过大、连接螺钉没拧紧等，使接合面达不到隔爆的要求。

（3）电缆进、出口没有使用合格的密封圈和封堵挡板，或者安装不合格。

（4）在设备外壳内随意增加电气元部件，使某些电气设备的爬电距离和电气间隙小于规定值，或绝缘损坏、消弧装置失效而造成相间经外壳弧光接地短路，使外壳被短路电弧烧穿而失爆。

（5）外壳内两个隔爆空腔由于接线柱、接线套管烧毁而连通，内部爆炸时压力形成叠加，导致外壳失爆。

（6）开关的连锁装置不全、变形、损坏，起不到连锁作用。

（7）隔爆室的观察窗的透明件松动、破裂或机械强度不符合规定。

2. 防爆电气设备的防爆误区

（1）防爆电气设备能防雨水。有些人认为，既然防爆电气设备能在含有爆炸危害性气体的环境中正常工作，它的密封性能一定非常好，安装在户外露天场所应该不会发生问题，在搞设备卫生时，也常用水冲洗防爆电动机，认为防爆电动机当然防水。其实，这是混淆了电气设备的防爆等级和外壳防护等级这两个概念。当设备内部发生爆炸时，它的隔爆间隙能够冷却火焰、降低火焰传播速度，使之不能引爆外部的爆炸性气体，从而起到隔爆作用。但它并不一定能阻止外部雨水的渗入。

增安型防爆电气设备是在正常运行条件下不会产生电弧、火花或可能点燃爆炸性混合物的高温设备结构上，采取措施提高安全程度，以避免在正常和认可的过载条件下出现这些现象的电气设备。本质安全型防爆电气设备（多见于小型弱电设备）是全部电路为在规定的故障状态下产生的电火花和热效应均不能点燃规定的爆炸性混合物的电气设备。这两种防爆电气设备或是不产生火花和高温，或是产生的火花和热效应不足以点燃爆炸性混合物，显然其防爆性能也与外壳防护等级无关。防爆电气设备能否用于户外，主要看其外壳防护等级。只有达到IP54级及以上者方允许直接使用于户外露天场所。它的铭牌上在产品型号后面一般有字母“W”，表示户外的意思。对于沿海湿热带地区使用的设备，一般还应使用“湿热带”型，即型号后面加有“TH”字样的设备。户外垂直安装的防爆电动机，即使外壳防护等级已达到IP54，也以加装防雨罩为宜，免得雨水从电动机转轴缝

隙渗入电动机内部。

（2）防爆电气设备的进线口用密封胶泥堵塞可以达到防爆要求。因为使用便利，许多人对密封胶泥十分青睐，当防爆电气设备进线口的密封橡胶圈找不到或不合适时，喜欢用密封胶泥来堵塞，认为这样能防止外部爆炸性气体进入设备内部而达到防爆目的。

其实不然，密封胶泥只有与相应的隔离密封盒配套正确使用时，才能达到隔离密封效果。如直接用于堵塞防爆电气设备的进线口，则设备内部发生爆炸时，密封胶泥可能经受不起爆炸产生的压力而冲出，使爆炸时产生的火焰传到设备外部，以致起不到防爆作用。

五、煤矿防爆电气设备的安全通用要求

煤矿是一个高风险的作业场所，存在大量的可燃气体和粉尘，容易引发火灾和爆炸。煤矿防爆电气设备安全通用要求如下：

（1）防爆等级：煤矿防爆电气设备应该具备相应的防爆等级，以确保其在易燃易爆危险环境下的安全使用。

（2）耐用性：煤矿防爆电气设备应该具备足够的耐用性，以保证其长期的安全使用和可靠性。

（3）安全可靠性：煤矿防爆电气设备应该具备良好的安全可靠性，避免在使用过程中出现电气故障等安全问题。

（4）标识和说明：煤矿防爆电气设备应该有明显的标识和说明，以方便使用者正确使用和维护设备。

（5）电源和接地：煤矿防爆电气设备应该满足电源和接地方面的相关要求，以确保其电气安全性。

（6）温升和热稳定性：煤矿防爆电气设备应该具备良好的温升和热稳定性，避免在高温环境下出现安全隐患。

（7）防护等级：煤矿防爆电气设备应该具备相应的防护等级，以避免其在使用过程中受到外界物理损害。

（8）尺寸和安装：煤矿防爆电气设备的尺寸和安装应该符合相关的标准和要求，以确保其在煤矿生产中的正常使用。

（9）防爆电气设备故障检查的通用要求：①外部检查铭牌、标志牌完好情况，外壳及外壳零部件完好情况，外壳紧固件完好情况，接地端子完好情况，运行装置完好情况，通电运行，查明故障做好记录；②检查产品时务必小心，避免猛烈敲打撞击以免造成新的变形和损坏。对复杂设备应注意拆卸顺序，将容易丢失的小零件应集中按顺序存放在容器中。紧固件最好拧入原有的螺孔。重新组装时应按其相反顺序进行。拆检后将故障零件以及外部存在的问题一并列入故障报告表。

（10）防爆电气设备检修的通用要求：①检修前必须确认设备停电，以确保安全；②检修人员必须熟悉设备的结构和工作原理，了解相关的安全规定和检修标准；③检查设备的接线、接头是否松动或腐蚀，是否有烧蚀或短路现象，如有异常情况应及时处理；④检查设备的密封性能是否良好，是否有油渍、水渍、灰尘等污染物，如有需要则进行清洗或更换密封件；⑤检查设备的外壳和保护罩是否完好，是否有裂纹、变形等损坏情况，如有需要及时更换；⑥检查设备的电气元件是否损坏、老化或松动，如有需要及时更换；

⑦检查设备的防爆等级是否符合要求，是否需要更换或升级；⑧在检修过程中，必须使用符合要求的检修工具和设备，确保检修过程中的安全；⑨检修完成后，必须进行各项试验，如常温试验、高温试验、冲击试验等，以确保设备的安全性和可靠性。

（11）防爆电气设备管理的通用要求：①煤矿企业应建立健全煤矿防爆电气设备台账，对设备进行全面登记、管理和跟踪；②煤矿企业应制定煤矿防爆电气设备的安全管理制度，并建立防爆电气设备管理机构；③煤矿企业应对防爆电气设备进行定期检查、维护和保养，及时处理设备故障和缺陷；④煤矿企业应对防爆电气设备进行定期检验和鉴定，保证设备的安全可靠；⑤煤矿企业应制定应急预案，加强防爆电气设备的管理和维修，确保设备在突发情况下能够及时运行；⑥煤矿企业应加强对防爆电气设备使用人员的培训和管理，确保操作人员了解设备的安全使用规定；⑦煤矿企业应加强对防爆电气设备供应商的管理，建立供应商评价制度，确保设备质量可靠；⑧煤矿企业应建立防爆电气设备事故统计和分析机制，及时总结教训，完善管理措施。

六、常见防爆电气设备及选用原则

1. 常见防爆电气设备

（1）控制箱类。该类产品主要包括用于控制照明系统的照明配电箱和用于控制动力系统的动力箱。这类产品大部分结构为组合式，最多可控制12个回路，其外壳大部分是以铸造铝合金料制作的，也有一部分为钢板焊接的，还有很少一部分为绝缘材料外壳。其内部主要由断路器、接触器、热继电器、转换开关、信号灯、按钮等元件构成，制造厂还可根据用户需要而选择配备。顺便指出，防爆自动开关、防爆刀开关以及熔断器在一些控制场合也常用作控制动力或照明配电系统的线路分合之用，只是变成一个单件而已。因此这些产品也划归到这类产品中来。

（2）启动器类。该类产品包括手动启动器、电磁启动器、可逆电磁器、自耦减压启动器、Y-Δ变换降压启动器和馈电开关等。防爆启动器类产品作为终端控制设备，一般是一台启动器控制一台电动机。这类产品外壳壳体通常由铸造铝合金或钢板制成，内部一般由接触器（空气式或真空式）、电动机保护系统、信号灯、按钮和自耦变压等元件组成，一般具有就地控制、远距离控制和自动控制功能。也有的产品中安装有断路器总开关，使产品更加完善。

（3）控制开关类。该类产品主要包括照明开关、转换开关（组合开关）、行程开关、拉线开关等小型防爆产品。这些产品的防爆外壳通常采用铸造铝合金压铸而成，也有少数采用其他材质外壳。这类产品的特点是体积小、内部元件单一、结构简单、制作容易。

（4）主令电器类。主令电器是用作闭合或断开控制电路，以发出命令程序控制的开关电器。这类防爆电器主要包括控制按钮和操作柱。防爆控制按钮外壳一般用聚碳酸酯、玻璃纤维增强不饱和聚酯树脂或ABS塑料注塑来制造，也有少量用铸铝压铸成形。一般结构为增安型外壳，内装隔爆型元件，而且可以实现防腐功能。操作柱主要由主箱、接线箱和支柱组成。主箱和接线箱有的制成一体，有的制成分体，各有特点。其材质基本上用铸造铝合金材料制造。内部由各种仪表、转换开关、按钮和信号灯等元件组成，也可以根据不同需要进行组合。

（5）接线箱类。电气设备在使用中须经电线或电缆与供电网络连接起来，形成系统来完成其使用功能。但其连接导线或电缆不可能无限长，而且在连接过程中有很多地方需要串联、并联。这就势必造成接头部分外露，容易引发事故。防爆接线箱类产品就是为解决这类问题而生产的产品，以求进一步保证安全生产。这类产品包括接线箱、接线盒、穿线盒、吊线盒、分线盒等，其外壳主要由铸造铝合金制造。根据需要设有很多进线和出线引入装置，内装有接线端子，用来进行连接或分接之用。这类产品大部分制成隔爆型或增安型，体积有大有小，差异较大。

（6）灯具类。任何一个工作场所和环境都必须采取照明措施，含有各种爆炸性气体的场所也不例外。这类产品品种多、规格全，大致可分为照明用、标志用、信号用、手提用等几种形式。从光源种类可分为白炽灯、汞灯、钠灯、卤灯、镝灯和荧光灯，从结构上分更加繁多，大致上有吊式、挂式、墙壁安装式、吸顶式、手提式、悬臂式等。从功率来说，可以从几十瓦到几百瓦。安装高度从地面开始到几米高。可以说，防爆灯具是所有防爆电气产品中产量最大、使用最多的产品。这类产品的结构形状各异，变化很多，但从防爆性能方面来分，基本上是隔爆型为主，外壳材质以铸造铝合金为多。

（7）连接类。防爆连接件主要功能是进行电缆连接和电缆分支之用，其主要产品为防爆插销和防爆电源插座箱。额定电压为 220 ~ 380 V，额定工作电流最大可达 100 A，品种有两极、三极加中性线和接地线结构，产品外壳由金属和塑料材质制成。其内部主要由接插件组成，有的产品加装有带断点的开关，这个开关与接插件之间均具有连锁功能，即先断开开关后拔插，先插入插头后关合。不带开关的产品也具有先断开主回路后断开接地线，先插入接地线后插入主回路之功能。这都是为保证安全状态下操作。这类产品大部分用手直接操作，所以对其绝缘性能要求一般较高，切不可忽视。

（8）风扇类。此类产品主要包括防爆吊扇、防爆通风机和防爆轴流风机等产品，其结构由防爆电机、防爆接线盒和防爆调速控制器及叶片组成。

（9）加热功能的防爆电器类。该类产品主要有防爆电暖器、防爆加热器等。尽管防爆控制变压器和防爆镇流器等产品的主要功能不是获取热能，但其在运行中也会发热，也应引起极大重视，所以全部划入此类产品中。防爆发热设备主要元件为绕组、控制器和接线盒等，往往具有温度控制或监视保护功能。

（10）隔爆电器类。在某些生产场合，往往需要一些灯光和声响来提示人们的行动，在含有爆炸性危险气体的环境中，这类电器就显得更加重要。其主产品有防爆指示灯、防爆电铃、防爆电笛、防爆蜂鸣器等产品，结构通常为隔爆型，用铸造铝合金制造。其工作电压可分为直流 36 ~ 220 V，交流可达 380 V。防爆接线盒和防爆壳体是其主要结构件。

（11）磁铁类。这类产品主要有防爆电磁铁、防爆电磁阀、防爆电磁驱动器等。其工作原理是在电磁场作用下，通过产生的电磁力来推动机械设备工作，一般作制动用。结构大部分为隔爆型，用铸钢或铸铁制造。

（12）其他类。在生产过程中往往会遇到许多的特殊要求，对此需要制造出特殊的防爆电器产品。由于此类产品产量少，要求特殊，属非标准类产品，因此将其归纳为防爆其他类。主要有电工仪表、温度变送器、压力变送器、速度变送器、液位计、定量控制仪、点火装置、摄像机等产品。这些产品基本上是以生产需要而制造的，尽管其性能要求各不相同，但大部分产品为金属制作的外壳，其形式为隔爆型或增安型结构，也有很少一部分为本质安全型产品，其工作电压和工作电流一般都比较低。

应当指出的是：还有一些产品，如变径接头、密封接头、管接头、活接头、挠性连接管等产品，很多制造厂将它们也列为防爆产品，这是一个错误认识。这些产品只能称之为防爆电器产品的辅助件。因此，这里的产品分类没有包括这些产品。

2. 选用防爆电气设备遵循原则

（1）设备选型原则。选择防爆电气设备必须与爆炸性混合物的危险程度相适应。所谓爆炸性混合物的危险程度，是针对爆炸性混合物的防爆级别、点燃温度的组别而言的，选用的防爆电气设备必须与爆炸性混合物的防爆级别、组别、危险区域的级别相适应，否则就不能保证安全。此外，如同一区域内存在两种以上不同危险等级的爆炸性物质时，必须选择与危险程度最高的爆炸等级相适应的防爆结构。在非危险区域中，一般都是选用普通的电气设备，但是，装有爆炸性物质的容器置于非危险区域时，在异常的情况下，亦存在危险的可能性。比如，或因容器腐蚀溢出危险性物质，或因运转工人误操作放出危险性物质，或因异常反应而形成高温高压，使装置、容器受到破坏而泄漏出爆炸性物质等。因此，必须考虑意外发生危险的可能性。

（2）选择合适的防爆类型。选择防爆结构必须适用于危险区域，什么性质的危险区域就必须采用什么样的防爆结构。防爆性能因结构的不同而不同，故必须根据爆炸性物质的种类、设备的种类、安装场所的危险程度等选择相适应的防爆类型。

（3）适应于环境条件。防爆性能都以标准环境作为基本条件。防爆设备有“户内使用”与“户外使用”之分。户内使用的设备用于户外，环境温度为40 ℃就不合适了。户外使用的设备要适应露天环境，要求采取防日晒、雨淋和风沙等措施。另外，也有些设备在有腐蚀性或有毒、高温、高压或低温环境中使用，而在选用防爆设备时，应考虑适应这些特殊环境的特殊要求。

（4）要便于维修。防爆电气设备使用期间的维护和保养极为重要。选择防爆电气设备的结构越简单越好，同时注意管理方便，维修时间短，费用少，还要做好备品和备件的正常储存。

（5）要注意经济效益。选用防爆电气设备，不仅要考虑购销价格，同时还要考虑电气设备的可靠性、寿命、运转费用、耗能及维修等，以选择最合适、最经济的防爆电气设备。

第二节　隔爆型电气设备安全技术

一、隔爆型电气设备的防爆原理和防爆要求

1. 隔爆型电气设备的防爆原理

将电气设备的带电部件放在特制的外壳内，该外壳具有将壳内电气部件产生的火花和电弧与壳外爆炸性混合物隔离开的作用，并能承受进入壳内的爆炸性混合物被壳内电气设备的火花、电弧引爆时所产生的爆炸压力，而外壳不被破坏；同时能防止壳内爆炸生成物向壳外爆炸性混合物传爆，不会引起壳外爆炸性混合物燃烧和爆炸。这种特殊的外壳叫“隔爆外壳”。具有隔爆外壳的电气设备称为“隔爆型电气设备”。隔爆型电气设备具有良好的隔爆和耐爆性能，被广泛用于煤矿井下等爆炸性环境工作场所。隔爆性电气设备的标

志为“d”。根据隔爆型电气设备的防爆原理，隔爆外壳应具有耐爆和隔爆性能。所谓耐爆就是外壳能承受壳内爆炸性混合物爆炸时所产生的爆炸压力，且本身不产生破坏和危险变形的能力。所谓隔爆性能就是外壳内爆炸性混合物爆炸时喷出的火焰，不引起壳外可燃性混合物爆炸的性能。为了实现隔爆外壳耐爆和隔爆性能，对隔爆外壳的形状、材质、容积、结构等均有特殊的要求。

2. 隔爆型电气设备的壳上的主要附件

隔爆型电气设备主要由壳体与盖组成，常带有一些附属其壳上的部件，主要有电缆及导线的引入装置、接线盒、透明件、衬垫等。

1）接线盒

隔爆型电气设备的电缆和导线的引入装置包括直接引入和间接引入两种。对于符合下述条件的电气设备可采用直接引入。

（1）正常运行时设备不产生火花、电弧和危险温度。

（2）I 类电气设备，功率不大于 250 W，电流不大于 5 A。

（3）II 类电气设备，功率不大于 1 kW。

间接引入装置是指电缆或导线通过接线盒或插销与电气设备进行连接。对于不能使用直接引入装置的电气设备必须采用间接引入装置，这样才能保证在隔爆外壳内部发生爆炸时，不会发生由于引入装置的不可靠而造成传爆事故。无论采用何种方式的引入装置，都必须符合有的规定，确保隔爆型电气设备的防爆性能。

接线盒是电气设备间接引入的中间环节。隔爆型电气设备的接线盒可采用隔爆型、增安型或其他防爆型式。无论何种型式的接线盒，都应符合通用要求中对接线盒的有关要求。接线盒的空腔与主腔之间要采用隔爆或胶封结构，对于 II 类电气设备可采用密封结构。接线盒内的电气间隙和爬电距离应符合规定。

2）透明件

透明件主要指照明灯具的透明罩、仪器窗口和指示灯罩，它们是隔爆外壳的一部分。因此这些透明件必须能承受隔爆型电气设备使用环境的爆炸性混合物爆炸时产生的爆炸压力和温度的作用，同时也能承受使用环境中外界因素的影响，包括机械、化学、热能的作用。透明件一般采用玻璃和钢化玻璃制成。透明件必须能承受国家规定的机械冲击和热冲击试验。灯具透明件与外壳之间可以直接胶封。观察窗透明件可采用密封结构，此时密封垫既有密封度不小于 2 mm。为保证密封的可靠性，密封垫一般采用硅橡胶或氟橡胶等离火能自动熄灭的材料制成。

3）衬垫

隔爆外壳上有些零件是用塑料玻璃等脆性材料制成的。为了使这些零件与金属零件能够安全接合，实现防潮和防尘的要求，常常需要使用衬垫。衬垫的使用有两种情况。第一种是用在设备维修中需要打开的外壳部件上，此时衬垫仅起密封作用，而不能作隔爆措施。维修需要打开部件，其衬垫容易丢失，一旦丢失，整个隔爆结构就被破坏了。但观察窗内密封衬垫例外，它既有密封作用，又有隔爆作用。第二种是衬垫用在设备维修中不经常打开的部件上，此时衬垫可作隔爆措施，但衬垫必须符合以下 4 点要求：

（1）衬垫须采用具有一定强度的金属或金属包覆的不燃性材料制成。

（2）衬垫的厚度不能小于 2 mm。

（3）当外壳净容积不大于0.1 L时，衬垫宽度不得小于6 mm，当外壳容积大于0.1L时，衬垫宽度不得小于8 mm。

（4）衬垫安装后要保证不脱落，并在外壳产生爆炸压力时也不会被挤出外壳。

4）通气与排液装置

通气与排液装置也是隔爆外壳的一部分。通气与排液装置是隔爆外壳内的电气设备或元件在正常运行或停机泄压时向壳外环境通气或排液的重要装置。通气、排液装置要与外壳可靠连接，并要保证良好的隔爆和耐爆性能。由于煤矿井下空气中粉尘多、湿度大、含有腐蚀性气体，因此通气、排液装置要用防腐蚀金属材料制成，并要有防尘措施，以防止通气孔或排液孔被堵塞，失去通气和排液功能。

3. 煤矿隔爆型电气设备的防爆要求

（1）煤矿隔爆型电气设备要防滴溅、防锈蚀，电气设备的绝缘材料要求耐潮湿。

（2）煤矿井下电气设备应具有坚固的外壳。

（3）电气设备应尽可能轻便、运行可靠、操作及维修方便。

（4）电气设备应有机械、电气闭锁及专用接地螺栓。

（5）根据使用场所不同，严格按照《煤矿安全规程》选用电气设备。

（6）电气设备对电网电压波动适应能力要强。

（7）电气设备应运行可靠、有一定的过载能力。

（8）隔爆型电气设备的安装要求：①隔爆面应涂防锈油，不允许涂油漆或胶；②隔爆型电气设备电缆引入装置的橡胶密封圈的内径应与引入电缆外径相适应，并用原配压紧螺母或压盘充分压紧，不能直接用钢管或挠线管压紧密封圈；③冗余电缆引入口应用符合标准规定的盲垫进行堵封；④隔爆面紧固件应设弹簧垫圈，并充分拧紧，用于外部导线或电缆接线的接线盒的电气间隙和爬电距离应满足标准规定要求。

二、隔爆型防爆设备的使用与维护

隔爆型防爆设备在使用中会受到工作条件和环境条件的影响，也会受到不同程度的磨损和损害，某些损害对防爆电气产品的使用性能产生不利影响，甚至会降低防爆电气设备的防爆安全性。例如：煤矿隔爆型开关的操作手柄轴或按钮的轴与轴孔之间的长期磨损会使隔爆接合面的间隙增大，影响隔爆性能；隔爆外壳的隔爆接合面长期受到腐蚀作用而发生锈蚀，使产品隔爆性能降低甚至丧失等。因此，为了保证防爆电气设备的防爆安全性和运行安全性，应该对在用的防爆电气设备加强监督和检查。

1. 煤矿隔爆型电气设备安全检查的方法

1）目测检查法

检查各类防爆电气设备的铭牌。铭牌主要内容应包括：产品型号、名称、规格、防爆标志、安标证号、防爆证号、生产日期或产品编号。其材质应为铜或不锈钢，严禁使用铝材。若产品铭牌丢失，将很难判定电气设备所使用的范围是否合适。

QBZ－120和QBZ－200煤矿隔爆型真空电磁启动器，4.0 kV·A（或2.5 kV·A）照明信号综保和煤电钻综保，以及其他一些煤矿电气产品从外观上很难区分产品的规格和名称，很容易因混用或误用造成安全事故。

可根据产品铭牌上的生产日期或产品编号对照安标证书号（有效期3年）和防爆证

号（有效期5年），以判定该产品出厂时是否在安标证书和防爆证书有效期内。根据产品防爆标志来确定产品的防爆形式，以判定该设备是否适用于该场所。

防爆标志示例：ExdI，其中“Ex”代表防爆；“d”代表隔爆型（也可互换为其他防爆形式。用电气产品主要涉及本安型“ib”或隔爆兼本安型“d［ib］”）；“i”代表I类，其他标志均不适用于煤矿井下。若防爆标志为“KY”，代表该产品为矿用一般型。

检查各类防爆电气设备的螺栓紧固情况。矿用防爆电气设备普遍采用螺栓紧固的平面隔爆形式，螺栓紧固质量的好坏将直接影响到隔爆壳体的防爆性能。螺栓紧固时，必须设有防松的弹簧垫圈，并且拧紧压牢，不得松动。若紧固螺栓缺少弹簧垫圈，虽然表面上是将防爆电气设备的隔爆门、盖拧紧压牢，但防爆电气设备在搬运和使用过程中因受颠簸和震动力的作用，会使无防松措施的紧固螺栓发生松动情况，从而造成防爆电气设备的隔爆门、盖的紧固强度的降低。此时，隔爆壳体内部若发生失爆情况，在爆炸力的作用下隔爆壳体和门、盖均将发生瞬间的弹性变形。该弹性变形会造成防爆电气设备门、盖与壳体配合的隔爆间隙瞬间增大，其间隙瞬间增大的幅度甚至超出相关标准所规定的间隙（隔爆面间隙≤0.40 mm）范围，爆炸所生成的火焰或炙热颗粒将会通过瞬间增大的间隙喷射到隔爆壳体外的爆炸性气体环境中，从而造成瓦斯爆炸事故的发生。若紧固螺栓虽设有防松的弹簧垫圈，但没有拧紧和压牢，其后果也是同样的。

2）触摸检查法

通过感知器官对壳体、附件进行性能判断。

（1）观察窗的检查。部分带有仪表或指示装置的电气设备，其隔爆外壳或门、盖上均设有作为显示用的观察窗，观察窗装配质量的好坏也将直接影响到防爆壳体的隔爆性能。通常情况下，观察窗的玻璃透明件、金属垫和壳体的相互配合部分不应有间隙产生（可用塞尺测量），更不能出现上下、前后窜动现象（可用手触摸测试）。

（2）煤矿隔爆型电气设备快开式门、盖的检查。部分煤矿隔爆型电气设备（如启动器、馈电开关等），为了便于门、盖的开启，将其门、盖设计成快开式结构（即无螺栓紧固结构）。但该快开式结构对隔爆外壳的整体防爆性能具有一定的影响。质检部门通过对此类产品进行防爆性能试验证明，当该种结构的门、盖与壳体静配合间隙（i）范围在0.25～0.40 mm时，仍有可能发生失爆现象。这是因为，当隔爆壳体内部发生爆炸情况时，钢质的隔爆壳体和门、盖，以及相应的卡块（该卡块在快开式结构中起紧固门、盖作用，并保证隔爆间隙）在爆炸力的作用下均将发生不同程度的瞬间拉伸并产生瞬间弹性变形；该种拉伸和弹性变形会造成防爆电气设备门、盖与壳体配合的隔爆间隙瞬间增大，其间隙瞬间增大幅度甚至超过相关标准所规定的间隙（$i \leqslant 0.40$ mm）范围，爆炸产生的火焰或炙热颗粒将会通过瞬间增大的间隙喷射到隔爆壳体外的爆炸性气体环境中造成失爆现象。在检查过程中，应使用0.25 mm的塞尺测量该结构的隔爆间隙。若塞尺不能插入或全部插入被测间隙内，证明该隔爆间隙$i \leqslant 0.25$ m，此结构的防爆壳体才具有防爆性能。

（3）煤矿隔爆型电气设备按钮和操纵杆的检查。具有操作手柄或按钮的煤矿隔爆型电气设备在长期使用过程中，操作手柄轴或按钮的轴与轴孔之间因长期磨损会使隔爆接合面的间隙增大，将影响煤矿隔爆型电气设备的防爆性能。

《爆炸性环境　第2部分：由隔爆外壳“d”保护的设备》（GB 3836.2—2021）中规

定，操纵杆和轴（包括操作手柄轴和按钮轴）与轴孔配合接合面长度（L）在12.5～25 mm范围时，其配合间隙$i \leq 0.40$ mm。在实际检查操纵杆和轴（包括操作手柄轴和按钮轴）与轴孔配合的过程中，若发现晃动的幅度过大，则表明该配合间隙有可能超出国家标准要求的范围。

（4）煤矿隔爆型电气设备外壳最高表面温度的检查。I类（用）电气设备表面不会堆积煤尘时，最高表面温度不得超过450 ℃；可能有煤尘堆积时最高表面温度不得超过150 ℃。在实际检查中，若感觉电气设备外壳表面温度过高，难以用手触摸或烫手，可要求进行实际温度测量，以保证电气设备安全运行。

2. 煤矿隔爆型电气设备的使用注意事项

失爆大多是由于安装、运行、维修质量不符合标准或产品质量不合要求所引起的。因此，只有保证质量，才能防止失爆。要严格控制隔爆型电气设备的各接合面的间隙、长度和粗糙度等指标。检查者需用钢板尺、游标卡尺、塞尺及粗糙度样块等工具进行测定，看看检查结果是否符合要求。此外，还要检查壳体是否有永久变形、裂纹；电缆引出、引入装置是否符合规定；紧固用的螺栓是否上紧，螺钉垫圈是否齐全，连锁装置是否完整及是否符合有关电气设备完好标准的有关规定。

（1）煤矿隔爆型电气设备可以在煤矿井下使用，其防爆标志为ExdI。应根据《煤矿安全规程》的有关规定和产品使用说明书中要求的工作条件，安装、使用隔爆型电气产品。

（2）验收时应核对产品是否具有有效的煤矿产品安全标志和产品出厂合格证，产品铭牌中反映的相关信息是否与安全标志证书中标注的内容（包括产品名称、规格型号、安全标志编号、生产单位及地址等）一致，安全标志的配套件是否具有有效安全标志，产品安全警示牌板是否齐全、清晰、完整。

（3）体积大于2000 cm^3、外壳材质是铸铁的隔爆型电气设备，不得用于采掘工作面。

（4）下井前需检查产品隔爆参数：隔爆面长度、隔爆面粗糙度、隔爆面间隙（隔爆面的间隙应在盖好盖板后或关上门后进行检查测量）、电气间隙、爬电距离（在最苛刻条件下，接线后是否还满足要求）、引入装置（橡胶圈是否符合要求）等，符合要求后方可下井投入使用。

（5）凡是有内、外接地的设备，必须完好接地；有保护功能的电气设备，应按产品说明书要求的参数调整保护整定值。

（6）在使用前，应检验设备保护功能是否正常，动作是否灵活，闭锁是否可靠，显示是否止确，符合要求后，方可投入使用，按产品使用书中“严禁带电开盖”或“断电××分钟后方可开盖”等警示要求操作，不得带电检修、搬迁防爆电气设备。

（7）正常运行时产生火花或电弧的电气设备，须设有连锁装置。当电源接通时，设备外壳不能打开；壳盖打开时，电源不能接通。用螺栓紧固的外壳，允许用“警告牌”代替，警告牌须标有“断电源后开盖”的字样。

（8）禁止对隔爆型电气设备进行带电搬迁、检查和维修作业。在具有爆炸危险的区域检修电气设备时，要事先检查附近的甲烷浓度，所使用的测量仪器必须具有防爆性能。禁止对电气设备进行敲打和撞击，防止产生火花。

（9）隔爆接合面须定期采取防锈措施，如电镀、磷化、涂防锈油等，否则会影响外壳的隔爆性能。

（10）未经磷化处理的隔爆设备在潮湿地点使用时，一般 3～5 天应维护 1 次；在干燥地点使用时，一般 7～10 天维护 1 次。维护时需打开隔爆接合面检查有无生锈情况，如有生锈情况，应采取相应的除锈、涂油措施。在维修时要小心谨慎，防止碰伤隔爆面。

（11）平面对平面的隔爆接合中，主要有转盖、插盖和螺钉紧固 3 种情况，除采取防锈措施外，还必须有防松措施。螺钉紧固中，应用弹簧垫圈防松，拧紧时，只需将弹簧垫圈压平即可，不许拧得太紧；否则螺钉预应力太大，在受爆炸压力作用时，就易发生断裂而破坏防爆性能。

（12）设备的输出端断电后，如壳内仍有带电部件，须加设防护性绝缘盖板，并标识“带电”字样的警告标志。

（13）隔爆结构一经固定后，就不允许随意打开。若需要打开时，必须使用专用工具，不能用锤子、铁棍敲打。打开隔爆接合面时，不能用螺丝刀、扁铲之类的工具插入防爆间隙。

（14）检查接线装置是否完整、齐全、紧固，导电是否良好；进线嘴连接是否紧固，密封是否良好，接线腔内导电芯线应无“鸡爪”“毛刺”；进出线无“羊尾巴”，无明接头。

（15）为了防止飞弧现象，接线盒内壁应涂耐弧漆，与铝芯电缆连接的连接件则须采用过渡接头，以防止电腐蚀现象发生。为了防止电气设备外壳带电，造成人身触电或对地放电引起瓦斯爆炸，电气设备外壳必须采取接地措施。

3. 煤矿隔爆型电气设备的维护

煤矿井下防爆电气设备的运行、维护和修理，必须由经过培训的专职维修电工担任。对隔爆外壳和隔爆接合面的精心维护，是保持设备耐爆性和隔爆性能的一项重要内容。为此，在拆卸隔爆外盖时，不能重锤敲打，打开外盖后，必须对隔爆接合面妥善加以保护，防止机械损伤和污染；不允许用金属利器刮拭接合面；为防止生锈，可在隔爆接合面上涂上薄薄一层凡士林或防锈油，在使用中须防止它们与锈蚀的钢件撞击。这是因为铝合金与锈蚀的钢件撞击摩擦所产生的机械火花，足以点燃瓦斯引起空气混合物爆炸。为了防止这一危险，可以在外壳表面覆盖一层有足够厚度和耐久性的合成树脂薄膜。

隔爆型电气设备是通过隔爆外壳实现防爆的。隔爆壳体和盖一般比较厚，材料需要满足有关标准的规定，能够承受住外壳内部的爆炸且不会损坏。固定隔爆外壳的紧固件必须有足够的机械强度，能承受上述的爆炸压力作用不断裂和不变形。外壳上的任何接合面或结构间隙，必须能够阻止外壳内部的可燃性混合物爆炸时产生的火焰通过间隙传到外壳外部。因此，接合面的宽度、间隙和表面粗糙度应满足防爆标志的规定。

（1）隔爆壳体修理。金属外壳或外壳零部件损坏，可以修理或仿造、更换改造。如果可能影响外壳机械强度时，须做水压试验，试验压力按标准规定进行，保持 10 s 不产生滴水和永久性变形为合格。

（2）隔爆接合面维护与修理。①如果有轻度锈蚀，可以用煤油或抹布将锈斑擦去，并且涂以薄层润滑油脂防锈；②如果铁锈严重，建议用除锈剂去锈，并检查接合面情况，如果隔爆间隙值不大于图纸的规定，不超过防爆标准的规定，可以不加修理；③如果隔爆面上局部出现直径不大于 1 mm、深度不大于 1 mm 的凹坑，在每平方厘米范围内不超过 2

个，也可以不加修理；如果凹坑超过上述规定，对于非活动隔爆接合面，可用胶黏剂调入金属粉粘补；④如果隔爆接合面损坏严重，间隙超过防爆标准的规定，对于平面接合面，可将损坏的一侧磨平，对于圆筒形接合面，可将一侧轻微加工，另一侧采用焊接、电镀或镶套的方法增添金属，然后加工到规定尺寸；⑤活动接合面应该用熔焊或硬钎焊后磨平或镶套的方法修理。

（3）紧固件螺孔的修理。加大钻孔尺寸，重新攻丝或者焊死螺孔，磨平重新钻孔攻丝，或原攻丝螺孔扩孔后焊入螺母代替。

（4）紧固件允许用相同尺寸和相同等级的新品更换。隔爆外壳上的观察窗（透明件）如果损坏，透明件和密封垫不允许修理，只有用新的更换。

（5）隔爆外壳内零部件的修理。隔爆外壳内部零件原则上按一般产品的维修方法修复或修理，但应该注意修理后隔爆外壳表面温度不超过设备铭牌或防爆标准的规定。

第三节　增安型防爆设备电气安全技术

增安型结构在防爆电气设备上使用也很广泛，如电动机、变压器、灯具和带有电感线圈的电气设备等。增安型防爆设备常采用高质量的绝缘材料、降低温升、增大电气间隙、提高导线连接质量等，使它在最大限度内不致产生电火花、电弧或危险温度，或者采用有效的保护元件使其产生的火花、电弧或温度不能引燃爆炸性混合物等系列的安全措施，以达到防爆的目的。

一、煤矿增安型电气设备的防爆原理和电气安全措施

1. 增安型电气设备防爆原理

增安型防爆结构只能应用于正常运行条件下不会产生电弧、火花或可能点燃爆炸性混合物的高温热源的设备上。这类设备是在其结构上采取一定措施提高其安全程度，以避免在正常和认可的过载条件下出现上述现象。也就是说，这种防爆途径的实质就是采取一定结构型式及防护措施，以防止电火花、电弧和过热等现象的发生。这种防爆型式适用于电动机、变压器、照明灯具等一些电气设备。在正常运行时产生电弧、电火花和过热等现象的电气设备及部件不可制成增安型结构。

增安型电气设备的外壳应具备较好的防水、防外物能力，以确保增安型电气设备安全可靠运行。为此，增安型电气设备的外壳应采用耐机械作用和热作用的金属制成。对有绝缘带电部件的外壳，其防护等级应达到 IP44，对于有裸露带电部件的外壳，其防护等级应达到 IP54。

为了保证电气设备正常运行，增大电气间隙与爬电距离是制造增安型电气设备采取的重要措施之一。电气设备中有一些零部件在正常工作情况下是不带电的，但当带电零部件的绝缘发生损坏而又未接地时，那些不带电的零部件就有可能带电，这时一旦发生碰撞就会产生电火花，有引爆周围爆炸性混合物的危险。因此，带电零部件之间、带电零件与接地零件之间或带电零件与不带电零件之间都应保持一定距离，即一定的电气间隙。如果电气间隙过小，就容易发生击穿电现象，因此增大电气间隙在一定程度上能够提高增安型电气设备的安全性。煤矿井下电气设备处在空气潮湿、粉尘散落的环境中工作，这种环境会

降低电气设备的绝缘性能，绝缘表面易发生碳化，导致短路击穿现象发生。为提高增安型电气设备的绝缘性能和安全性能，就需要增大其爬电距离。因此，增安型电气的电气间隙和爬电距离均应高于一般电气设备。

为了提高电气设备的绝缘性能，对于有绕组的电气设备，如电动机、变压器的绕组还要进行特殊的绝缘处理。

（1）要选用适用于煤矿井下恶劣环境下长期工作的带绝缘层的绕组导线（包括导线的绝缘类型和绝缘层的厚度），一般选用有一层绝缘层的漆包线或有两层绝缘层的裸导线。

（2）当绕组制成后要进行干燥和浸渍绝缘漆的处理，这样既可以提高绕组的机械强度，还可以提高绕组的耐潮、耐热和耐电弧能力，大大提高增安型电气设备的安全性。

对于那些可以制成增安型电气设备的普通电气设备，需要采取一些增安措施，才能达到增安型电气设备的性能要求。常见的措施有制成有效的防护外壳、选择合适的爬电距离和电气间隙、提高绝缘材料的绝缘等级、限制设备的温度、电路和导线要可靠连接等。

2. 增安型电气设备安全措施

绝缘材料是保证电气设备正常运行的重要条件，为了提高增安型电气设备的安全性能，在制造设备时要尽量提高绝缘等级。煤矿井下的电气设备是在潮气大、粉尘多、机械振动严重等环境条件下运行，同时设备在运行时还会发生过载、堵转、频繁启动等现象，这些情况必然会使设备内部的绝缘材料性能下降，加速老化，影响其使用寿命。因此，制造增安型电气设备必须采取吸潮性小、耐热性好、耐电弧性能好、具有良好的电气性能和力学性能、绝缘等级较高的固体绝缘材料。

任何绝缘材料的绝缘性能都是相对的，如果超过了它的使用条件（主要是指绝缘材料的耐热等级所规定的极限温度，见表7－1），绝缘性能就会被破坏，电气设备就会发生短路、击穿、火花放电等危险现象，甚至会点燃周围爆炸性混合物。因此使用温度的高低是关系电气设备的绝缘性能好坏和整个设备能否安全运行的关键。严格控制电气设备的最高温度（也就是它的极限温度）是提高增安型电气设备安全性能的重要措施。在确定增安型电气设备的极限温度时主要考虑两个因素：一是设备使用环境中爆炸性混合物被点燃的危险温度；二是结构材料的热稳定温度。在这两者中选较低的温度作为增安型电气设备的极限温度。

表7－1　电气设备绝缘材料的耐热等级

耐热分级	极限温度/℃	耐热等级定义	符合各耐热等级的绝缘材料
Y	90	经试验证明，在90 ℃极限温度下能长期使用的绝缘材料或其组合物所组成的绝缘结构	用未浸渍过的棉纱、丝及纸等材料或其组合物所组成的绝缘结构
A	105	经试验证明，在105 ℃极限温度下能长期使用的绝缘材料或其组合物所组成的绝缘结构	用在液体电解质中浸渍过的棉纱、丝及纸等材料或其组合物所组成的绝缘结构
E	120	经试验证明，在120 ℃极限温度下能长期使用的绝缘材料或其组合物所组成的绝缘结构	用合成有机薄膜、合成有机瓷漆等材料或其组合物所组成的绝缘结构。

表7-1（续）

耐热分级	极限温度/℃	耐热等级定义	符合各耐热等级的绝缘材料
B	130	经试验证明，在130℃极限温度下能长期使用的绝缘材料或其组合物所组成的绝缘结构	用合适的树脂黏合或浸渍、涂覆后的云母、玻璃纤维、石棉等，以及其他无机材料、合适的有机材料或其组合物所组成的绝缘结构
F	155	经试验证明，在155℃极限温度下能长期使用的绝缘材料或其组合物所组成的绝缘结构	
H	180	经试验证明，在180℃极限温度下能长期使用的绝缘材料或其组合物所组成的绝缘结构	
C	>180	经试验证明，在超过180℃极限温度下能长期使用的绝缘材料或其组合物所组成的绝缘结构	用合适的树脂黏合或浸渍、涂覆后的云母、玻璃纤维等，以及未经浸渍处理的云母、陶瓷、石英等材料或其组合物所组成的绝缘结构

增安型电气设备的极限温度要求电气设备无论在何种状态下（启动、额定运行或规定的过载情况下），它的任何部件的最高表面温度都不能超过对最高表面温度所规定的数值。电气设备中绝缘绕组的温度除必须符合规定外，同时还应满足表7-2的规定。测量方法中的R和T是代表两种不同的测量方法。R表示电阻法，它是根据直流电阻随温度变化而相应变化的关系来确定绕组平均温度的一种方法；T表示温度计法，是采用某种温度计（或非埋入式热电偶或电阻温度计）直接测量绕组温度的一种方法。这两种方法相比较，电阻法比温度计法的精度高，通常采用电阻法来测量绕组的温度。

表7-2 绝缘绕组的极限温度

运行方式	绕组类型	测量方法	极限温度/℃ 绝缘材料等级 A	E	B	F	H
额定运行时	所有绝缘绕组（单层绝缘绕组除外）	R	90	105	110	130	155
		T	80	95	100	115	135
	单层绝缘绕组	R	95	110	120	130	155
		T	95	110	120	130	155
t_E 时间结束时	所有绝缘绕组	R	160	175	185	210	235

3. 煤矿增安型设备的电气安全措施

1）煤矿增安型设备的保护控制装置

增安型电气设备的安全性在很大程度上取决于设备运行的温度。为了确保电气设备运行时不超过其极限温度，就需要增加各种方式的保护控制装置。增安型电气设备常用的保护装置有两种。一种是电源式保护装置，也称为间接控制装置，它是由熔断器、空气开关和限流继电器（热继电器）组成的，该种保护装置与电气设备接在同一主回路中，并根据电气设备的额定电流进行整定（一般为85%的额定值）。当电气设备的电流超过整定值时，热继电器就会自动切断电路，保证电气设备的安全性能。另一种是温度式保护装置（也称为直接式），这种保护装置由热敏元件组成，将热敏元件埋置于电气设备的内部，通过引线接到电气设备的控制电路。当电气设备绕组温度上升时，热敏元件的电阻值会迅速上升，相当于处于开路状态。这时温度开关和中间继电器动作控制了主回路的空气开关，实现了对电气设备的保护作用。

测温保护装置在使用中应注意以下3点：

（1）使用测温元件进行温度保护的增安型电动机，在下井前应验证在堵转时间 t_E 内保护装置动作的可靠性，若不符合要求，必须重新调整。

（2）在绕组中有测温元件的鼠笼型电动机，当绕组进行大修时，测温元件应按原来的方式埋入。

（3）保护特性曲线是整定保护装置的依据。测定保护特性曲线时，应在环境温度为20℃的冷却条件下开始测温，电流范围至少为3倍额定电流，断开时间误差不大于±20%。

2）煤矿增安型设备的连接件

任何电气设备都存在电缆和导线的连接问题。实践证明，有些爆炸性事故的发生就是因为导线或电缆连接松动、接触不良等所产生的过热或电火花而引起的。

为了保证增安型电气设备安全可靠地运行，增安型电气设备电路上元件的连接、导线和电缆的连接必须牢固、安全、可靠，不能发生因为振动等原因形成电缆或导线的松动或自行脱离而产生过热或电火花。因此，在制造增安型电气设备时要做到接线方便、操作简单，并能保持连接具有一定的压力。电气设备电缆和导线的连接大部分是通过连接件进行的，连接件主要由导电螺杆、接线座等部件构成。为了确保增安型电气设备的安全性能，对其连接件提出了一些要求：

（1）所用连接件不能有损伤电缆或导线的棱角及毛刺，正常紧固时不能产生永久变形和自行转动。

（2）连接件中不能用绝缘材料构件传递压力，连接件中的导电部件与绝缘物构件之间必须备有弹性中间构件（弹簧垫圈、平垫圈和螺母等组合件），这样既能保证绝缘材料构件不传递接触压力，又能保证电缆或导线连接牢固可靠，不会产生接触不良和电火花现象。

（3）不能用铝质材料做连接件，因为铝质材料容易被电腐蚀和发生氧化，如果用做连接件会形成接触不良、发热等现象，产生火花形成不安全因素。

3）煤矿增安型设备导线和电缆的连接

选用了符合要求的连接件，还应当正确使用这些连接件，才能使导线和电缆的连接牢固、可靠，不会产生过热、火花等现象，才不会出现点燃爆炸性混合物的危险。所以，导线和电缆的正确连接方式也是提高增安型电气设备所采取的重要措施。增安型电气设备的电缆和导线的常用连接方法有以下几种：

（1）采取有防松措施的螺栓或螺钉连接，这种连接方式比较安全可靠。

（2）将要连接的部件用机械挤压的方法（如使用压线钳）压在一起的挤压连接，这种连接方法具有较好的导电能力。机械连接与焊物连接共用的连接方式，这种连接方式先用机械的方法将要连接的部件先进行连接，使其连接点具有一定的机械强度和导电性能，然后再采用焊锡进行焊接。

（3）硬焊和熔焊的焊接连接方式，这两种焊接方式在焊接工艺上略有差异，但都不需要采取其他辅助连接方式，可直接进行焊接连接。这两种连接方式能承受一定的热应力和机械应力，具有较高的机械强度和很好的耐热及导电性能。

二、煤矿增安型电气设备的使用与维护

增安型电气设备是在电气设备原有的技术条件上，采取了一定的措施，提高其安全程度，但并不是说这种电气设备就比其他防爆形式的电气设备的防爆性能好。增安型电气设备的安全性能达到什么程度，不但取决于设备的自身结构形式，也取决于设备的使用环境和维护的情况。

1. 影响增安型电气设备安全性能的主要因素

（1）运行条件恶劣。设备在运行中受到强烈振动或冲击，能够影响小电气设备的机械结构和强度，也能使电气连接产生松动；电动机频繁启动、反向制动、过载等运行条件会影响电动机的绕组温度和表面温度，影响设备的安全性和使用寿命。增安型电气设备易受运行条件的不利影响。

（2）潮湿环境。设备长期在潮湿环境下运行或储存，会对电气设备的绝缘产生影响，使电气设备绝缘电阻降低，发生电击穿或漏电，破坏增安型和无火花型设备的防爆安全性，也会使隔爆型或其他防爆类型的电气设备的安全性产生不利影响。

（3）腐蚀环境。腐蚀性环境对设备的影响很大，严重的腐蚀会使电气设备外壳和紧固件及隔爆接合面产生锈蚀，会使设备壳体的防护等级降低。另外，腐蚀性环境还会对电气设备的绝缘产生不利影响，还会腐蚀裸露的导体，使其接触不良，产生火花。

（4）温度。环境温度超过40 ℃，会影响电气设备的绕组温度和表面温度。通常设备的允许环境温度范围为 -20 ~40 ℃，环境温度超过 +40 ℃，会使电气设备的温度升高，影响防爆安全。另外，电气设备长期在高温条件下运行，会影响电气绝缘材料的寿命。如果电气设备具有塑料外壳，高温会加速塑料的老化，影响设备的运行安全和防爆。

（5）雨、雪、灰尘、雷电等条件都会对设备产生不利的影响。阳光照射能加快绝缘材料、塑料外壳的光老化；雨、雪、灰尘能使绝缘件的耐漏电性能降低，灰尘还会影响设备相对运动件（如轴承）之间的润滑，使其产生摩擦高温；雷电在电网上产生感应冲击电压，对电气设备的绝缘造成损害。

2. 煤矿增安型电气设备使用的通用要求

为确保增安型电气设备的防爆性能符合要求，在安装使用中应注意保持外壳防护等级不低于标准的规定；在搬运中，应轻搬轻放，不得发生碰撞；安装使用地点支护应可靠，防止煤、矸石对设备碰砸；内装裸露带电体的外壳须用特殊紧固件进行紧固，只有使用专用工具才能开启外壳；外壳上密封用的橡胶密封垫必须完好无损，凡有损坏或老化，影响密封性能的必须更换，防护漆必须完好。具有以下 9 个方面的要求：

（1）要求绝缘绕组允许温升比其他防爆电气设备的标准规定温升低 10 ℃。

（2）隔离和电气间隙应尽可能取得大一些，其最小值不得低于有关规定。壳体要有

一定的防护措施，并能达到IP54防护要求。

（3）允许堵住时间最低不少于5 s，启动电流与额定电流之比不得超过10倍。在堵住时间内的温升不得有引燃爆炸性混合物的可能，也不得破坏绝缘。

（4）各组匝间和对地试验电压须比普通电气设备有所提高。低压设备提高10%，高压设备提高30%，并要求所有导体的连接可靠，在过载震动等影响下，也不得发生接触不良现象。

（5）增安型电动机、变压器等，须配备相应的过载保护装置或过热装置。此外，鼠笼型感应电动机，必须加以保护，运行时不得超过容许堵住时间值。

（6）设备在拆卸检修时，应先取下风罩、风扇，再用套管扳手拆卸端盖和轴承盖的螺栓，用圆木或铜棒沿轴向撞击轴承，使端盖和机座分开，最后取下转子。拆除零件，防爆面应朝上搁置，并用橡皮或布衬垫盖上，紧固螺栓、弹簧垫等注意不要丢失。不能用零件的防爆面做撬棒的支点，更不允许敲打或撞击防爆面。

（7）组装时，应将防爆面附着的绝缘漆或脏物清洗干净，不得用铁片等硬物刮划，但可以用油石研磨不平整的地方。若防爆面损伤，必须用铅锡焊料或含锡58%～60%的锡锌焊料，焊剂为氯化铵30%，氯化锌70%，加水100%～150%混合溶液（对铸铁件）进行焊补，焊料与零件的结合要牢固，凸起部分要磨平，达到规定的光洁度。为防止防爆面生锈，应在防爆面上涂抹机油或置换型防锈油。

（8）设备防爆性能的失效和降级。防爆电气设备因外力损伤、大气锈蚀、化学腐蚀、机械磨损、自然老化等原因导致防爆性能下降或失效时，应予修理。经过检修不能恢复原有等级的防爆设备，可根据设备实际技术性能，按降低防爆等级使用或是降为非防爆电气设备使用。

（9）爆性能降级的处理办法：①批准防爆性能降级使用的防爆电气设备，须除去原有防爆等级标志，更换相应的防爆等级标志，并从使用部位上拆除，此外还应将其批准降级使用的文件、防爆性能的测试记录等资料一并存入设备档案，并随设备转移；②批准降为非防爆的电气设备，应即除去防爆标志，不得在爆炸危险区域使用，其批准文件、防爆性能的测试记录等资料应一并存入设备档案，并随设备转移。

3. 煤矿增安型设备电气安全的检查

（1）工作的手段和内容划分。目测检查——用肉眼而不用检验设备或工具来识别明显缺损的检查，即日常运行检查。仔细检查——包括目测检查以及使用检验设备进行检查。例如，使用活梯（必要的地方）和/或工具才能识别明显缺损的检查。这种检查属于专业检查，一般应定期进行。逐项检查——包括仔细检查以及只有打开外壳和/或（必要时）采用工具和检测设备才能识别明显缺损的检查。这种检查属于设备大修期间的检查。

（2）按照检查实施的时间划分。初始检查——所有的电气设备、系统和装置在投入运行前进行的检查。它一般与工程项目或设备的安装验收相结合进行。定期检查——对所有的电气设备、系统和装置进行的例行检查。可以进行仔细检查或逐项检查。定期检查按照检查的目的和内容分为专业检查和大修检查。抽样检查——对部分电气设备、系统和装置进行的检查。抽样检查以是目检、仔细检查或逐项检查，所有抽查样品的规格和构成应根据检查的目的确定。可以通过抽样检查来监控环境条件、振动、设计的内在缺陷等产生的影响。连续监督——由有经验的熟练技术人员进行经常保养、检查、维护、监控和维修电气设备，以便保持装置的防爆性能处于良好状态。

4. 煤矿增安型电气设备的维护与检修

增安型电气设备与隔爆型电气设备相比具有结构简单、维修方便、造价低廉等优点，所以在煤矿井下应用较多。但是，增安型电气设备的防爆性能较隔爆型的防爆性能差。因此，煤矿井下增安型电气设备的正确使用和维修管理，是保证增安型电气设备的防爆性能、充分发挥其效能的重要环节。

煤矿增安型电气设备的日常维护、检修内容主要是：加强对导体连接情况、绝缘绕组的温升、绝缘水平及正常工作时会出现电火花或电弧的部位的检查，对保护装置应正确地整定，并定期调整和试验。

（1）防护性能的维护。增安型电气设备外壳的防护性能对保证设备的正常运行十分重要。在运行中应保证增安型电气设备绝缘带电部件的外壳防护等级符合 IP54 的要求，裸露带电部件的外壳防护等级符合 IP54 的要求，任何可能使外壳防护性能下降的现象都应避免，如防止增安型电气设备被砸、压、挤等，若外壳的防护漆脱落，则应重新涂刷，防止外壳锈蚀。

（2）接线盒的检查和维护。接线盒内的接线端子及绝缘件表面有吸收水分、附着粉尘的可能，将会大大降低绝缘表面的电阻而造成漏电事故，因此在日常维修中要注意检查和清除接线盒内外的灰尘和污垢等以保持应有的绝缘水平；接线盒中的接线柱及螺母的螺纹必须良好，如有滑扣应立即更换；各种连接件必须保持齐全、紧固，导线连接必须良好，如发现有变色情况，说明线头未压紧而发热，必须立即紧固。

（3）运行时产生火花部件的检查。增安型电气设备正常运行时产生火花的部位（如绕线式感应电动机的滑环、灯具的灯口等部分）必须装在隔爆外壳内。

（4）电动机的日常维护。增安型电动机的安全性能依赖于保护装置的配套及正确整定，精心维护。增安型电动机日常维护的主要内容有以下几方面：①要经常检测电动机的三相电流，尽量避免增安型电动机过负荷运行；②为了防止增安型电动机在运行时转子被堵住而产生危险温度，必须严格按电动机的转子堵转时间 t_E 去整定保护装置；③为了防止增安型电动机运行中出现定子、转子间单边气隙过小而发生定子与转子相摩擦的现象，维修电工每月应用塞尺检查 1 次单边气隙，气隙大小应符合相关的规定，若气隙过小，应立即停止运行进行处理；④为了防止鼠笼型电动机在启动时鼠笼笼条和转子铁芯之间产生火花，在地面拆开检修增安型电动机时，应检查电动机所有槽楔是否牢靠，松动的槽楔应更换，还应检查鼠笼转子是否有断条、开焊或端环裂缝等故障；⑤大修后的增安型电动机要作绝缘强度试验，要求耐压试验电压在国家标准的基础上低压绕组再提高 10%。

参 考 文 献

[1] 方大千，朱丽宁．变频器、软启动器及 PLC 实用技术 260 问［M］．北京：化学工业出版社，2016.
[2] 方大千，孙思宇．软启动器、变频器及 PLC 控制线路［M］．北京：化学工业出版社，2018.
[3] 王冰．基于故障分析的调速型液力耦合器可靠性研究［D］．大连：大连交通大学，2019.
[4] 樊思．矿用限矩型液力耦合器常见故障分析［J］．煤矿机械，2003（5）：96－97.
[5] 仝浩．调速型液力耦合器在管状带式输送机功率平衡的应用研究［J］．内燃机与配件，2019，284（8）：112－113.
[6] 闫向元．限矩型液力耦合器的研究与应用［J］．科技情报开发与济，2010，20（20）：190－192.
[7] 高安邦，胡乃文．变频器应用与维修实例精解［M］．北京：化学工业出版社，2019.
[8] 史晗．1140 V 大功率矿用防爆变频器研制［D］．徐州：中国矿业大学，2019.
[9] 郭丽艳．内置式永磁同步电机的建模、分析与设计［D］．天津：天津大学，2017.
[10] 陈滇斐．表贴式永磁同步电机建模、分析与设计［D］．天津：天津大学，2014.
[11] 中国煤炭教育协会职业教育教材编审委员会．煤矿安全技术［M］．北京：煤炭工业出版社，2011.

图书在版编目（CIP）数据

快掘系统电气传动技术／呼少平主编. -- 北京：应急管理出版社，2023

煤炭职业教育“十四五”规划教材

ISBN 978－7－5020－9973－2

Ⅰ.①快… Ⅱ.①呼… Ⅲ.①电力传动—职业教育—教材 Ⅳ.①TM921

中国国家版本馆 CIP 数据核字（2023）第 094835 号

快掘系统电气传动技术（煤炭职业教育“十四五”规划教材）

主　　编　呼少平
责任编辑　肖　力
责任校对　李新荣
封面设计　之　舟

出版发行　应急管理出版社（北京市朝阳区芍药居 35 号　100029）
电　　话　010－84657898（总编室）　010－84657880（读者服务部）
网　　址　www.cciph.com.cn
印　　刷　北京虎彩文化传播有限公司
经　　销　全国新华书店

开　　本　787mm×1092mm 1/16　**印张**　13 1/2　**字数**　313 千字
版　　次　2023 年 7 月第 1 版　2023 年 7 月第 1 次印刷
社内编号　20221028　　**定价**　48.00 元